KISP
Prof. Kunow + Partner

Annette Kunow

Finite-Elemente Methode / Computer Aided Engineering

Theoretische Grundlagen

und praktische Anwendungen

COPYRIGHT © 2019

NAME: Annette Kunow

ADRESSE: Baumhofstr. 39 d, 44799 Bochum

Web: www.kisp.de

E-Mail: info@kisp.de

Tel: 02349730006

Illustration: Annette Kunow

ISBN Nummer: 978-3-96695-000-8

Vorwort

Die Finite-Elemente-Methode ist heute für jeden Berechnungsingenieur und Konstrukteur zu einem wichtigen Werkzeug geworden. Durch sie werden die Möglichkeiten, komplizierte Tragwerksstrukturen zu untersuchen, wirtschaftlich und sinnvoll. Aus diesem Grund kommt dieser Methode in Lehre, Forschung und Industrie eine große Bedeutung zu. Kennzeichnend für das Studium der Finite-Elemente-Methode ist, dass es sich um ein interdisziplinäres Fachgebiet handelt, das über die mathematischen und physikalischen Grundlagen hinaus, Kenntnisse zahlreicher Fachgebiete erfordert, vor allem der Technischen Mechanik mit anwendungsorientierten Fächern.

Das vorliegende Buch "Finite-Elemente-Methode" ist aus den Vorlesungen an der Hochschule Bochum und Seminaren in der Industrie entstanden.

Eine Hauptzielsetzung dieses Lehrbuchs richtet sich auf die praxisnahe Darstellung der Methode, die jeweils durch Beispiele, die leicht im Selbststudium am Rechner nachvollzogen werden können, erläutert wird. Eine beiliegende CD-ROM (nur 1. Auflage) ermöglicht die farbige Darstellung der Beispiele.

Die Zielgruppe sind Praktiker in der Lehre und Industrie. Dabei wird besonderer Wert darauf gelegt, die notwendigen mathematischen Herleitungen so kurz wie möglich zu formulieren.

Die Verfasserin bedankt sich bei ihren Mitarbeitern und Diplomanden für deren wertvolle Mitarbeit, sowie ihren Kollegen Prof. Dr.-Ing. M. Bleicher und Prof. Dr.-Ing. G. Zidaru für die Anregungen und Hinweise sowie deren kritisches Engagement bei der Durchsicht des Manuskripts. Dem Verlag dankt die Verfasserin für die hervorragende Zusammenarbeit.

Vorwort zur Neuauflage

Ich habe mich entschlossen zum Ende meiner Lehrtätigkeit das Buch noch einmal zu überarbeiten.

Der Grund dafür ist meine Beobachtung, dass den Grundlagen der finiten-Elemente-Methode heute nicht mehr viel Wert geschenkt wird. Das sehe ich auch bei der Durchsicht der aktuellen Abschlussarbeiten.

Es scheint, dass viele Anwender diese grundsätzlichen Überlegungen wegen der automatischen Vernetzung nicht benötigen oder vermissen.

So sehe ich in den letzten Jahren immer wieder grobe Vernetzungsfehler, die zu falschen Beurteilungen der Bauteile führen.

Dies ist mein Motor, dieses Buch noch einmal aufzulegen.

Ich habe diesmal einige wichtige Kernsätze mit Ausrufungszeichen markiert, um besonders darauf hinzuweisen. ☺

Bochum, im Dezember 2018
Prof. Dr.-Ing. Annette Kunow

Hier können Sie eine kostenlose Strategie-Session buchen oder schreiben Sie mir, wenn Ihnen dieses Buch gefällt und Sie Anregungen oder Fragen haben.

Hier kommen Sie zum kostenlosen Bonusmaterial zum Buch.

Besuchen Sie auch meinen Blog „Selbstführung & Produktivität". Ich helfe Ihnen, bessere Ergebnisse zu erzielen.

Inhaltsverzeichnis

1 EINFÜHRUNG

1.1 Bedeutung und Nutzen der Finite-Elemente-Methode

Die Finite-Elemente-Methode ist heute für jeden Berechnungsingenieur und Konstrukteur zu einem wichtigen Werkzeug geworden. Durch sie werden die Möglichkeiten, komplizierte Tragwerksstrukturen zu untersuchen, wirtschaftlich und sinnvoll.

Davor waren die Untersuchungen auf einfache Strukturen beschränkt, die durch analytische Methoden des Problems, zum Beispiel mit Hilfe von Differentialgleichungen als mathematisch geschlossene Lösung oder mit den Energiemethoden durchgeführt wurden. Die Akzeptanz dieser Ergebnisse war häufig unzureichend, weil keine der Methoden zu ausreichend genauen Ergebnissen führte. Erst als die numerischen Methoden entwickelt und mit Hilfe der modernen Rechner auch durchführbar wurden, konnten komplexe Tragwerksstrukturen genauer untersucht werden. Zuerst gab es Näherungsverfahren, die die Differentialgleichungen näherungsweise lösen konnten, wie zum Beispiel die Finite Differenzenmethode, die Numerische Integration oder das Verfahren mit Hilfe der Übertragungsmatrizen. Die Finite-Elemente-Methode entwickelte sich aus der Kraftgrößenverfahren und der Verschiebungsgrößenverfahren. Das Verschiebungsgrößenverfahren hat sich als Berechnungsgrundlage bis heute mehr und mehr durchgesetzt. Daneben wurde die Boundary-Elemente-Methode entwickelt.

Heute ersetzen systematische numerische Berechnungen viele experimentelle Untersuchungen, da diese sehr teuer und zeitraubend sind und auch sie nicht zu unterschätzende Ungenauigkeiten aufweisen. Mit Hilfe der Finiten-Elemente-Methode können heute praktisch alle Systeme mit großer Genauigkeit berechnet werden. Das Rechenmodell wird nach dem Baukastenprinzip aus einzelnen finiten Elementen aufgebaut und kann so den wirklichen Strukturen gut angepasst werden. Alle Auflager, Diskontinuitäten, geometrischen Besonderheiten und Belastungen können als Randbedingungen und Lastannahmen formuliert werden und sind so variabel darstellbar.

Durch den Einsatz von den heute preiswerten, leistungsstarken Computern werden die Berechnungen schnell und wirtschaftlich durchgeführt. Die zeitaufwendigen Zahlenrechnungen werden vom Computer übernommen und der Ingenieur und Konstrukteur kann sich auf das Wesentliche seiner Arbeit konzentrieren: der Erfassung der physikalischen Eigenschaften des Systems im Rechenmodell und der Kontrolle und Beurteilung der Ergebnisse der Berechnung.

Dabei hat die Kostenreduktion der Hardware, fast alle Finite-Elemente-Programme sind heute auf einem Personal Computer zu bedienen, und die Entwicklung der leistungsstarken Vor- und Nachlaufprogramme, den sogenannten Pre- und Postprozessoren, einen entscheidenden Beitrag geleistet. Sie ermöglichen eine einfache Approximation der vorhandenen Struktur und eine gute Aufbereitung der numerischen Ergebnisse. Mit Hilfe eines Preprozessors kann man zum Beispiel aus einer numerisch erstellten Konstruktionszeichnung, der CAD-Zeichnung (Computer Aided Design), das Rechenmodell entwickeln. Ein Postprozessor stellt die berechneten Ergebnisse in einer klaren, gut interpretierbaren Form dar. Zum Beispiel werden die Verformungen oder die Spannungen als Verläufe der Strukturen dargestellt. Einige Programme können vollständig parametrisiert werden. Das heißt, wenn Konstruktionsmaße voneinander abhängen, bleibt das bereits erstellte Finite-Elemente-Netz sofort mit allen Abhängigkeiten in der aktuellen Form erhalten, wenn ein Maß in der Konstruktion (CAD-Zeichnung) geändert werden muss.

Die Finite-Elemente-Methode hat den großen Vorteil, dass sie in allen Bereichen erweiterbar ist und somit allen naturwissenschaftlichen Disziplinen zur Verfügung steht. So werden heute neben den bekannten linearen auch die komplizierteren nichtlinearen Berechnungen durchgeführt.

Die Anwendungsbereiche der Methode verändern sich ständig. Heute werden elektrische Felder oder Magnetfelder ebenso berechnet wie Strömungsprobleme oder Akustikprobleme. Dabei wird im Computer durch die entsprechende Software die jeweilige Umgebung, zum Beispiel ein Schallraum simuliert, der früher nur teuer als Labor zu realisieren war.

Optimierungen bezüglich einer Zielgröße, zum Beispiel die Reduzierung des Gewichts und damit des Materialbedarfs sind ohne Probleme möglich.

Damit ist die Finite-Elemente-Methode das am weitesten verbreitete numerische Berechnungsverfahren für alle Aufgabenstellungen der technischen Physik geworden. Im Bereich der Ingenieurwissenschaften hat sie sich seit über 20 Jahren bewährt und alle Disziplinen erobert.

Der ursprüngliche Anwendungsbereich der Finiten-Elemente-Methode war die Luft- und Raumfahrtindustrie. Hier wurde schon sehr frühzeitig die Leistungsfähigkeit dieser Methode zur Auslegung von Flugzeug- und Raumfahrzeugstrukturen erkannt. Danach wurde sie in der Automobilindustrie und im Bauwesen eingeführt. In der Automobilindustrie reicht das Spektrum von der Dimensionierung einzelner Automobilkomponenten bis hin zu Windkanal-Untersuchungen oder der Simulation von Crash-Tests. Sicher kann auch heute nicht ganz auf experimentelle Untersuchungen verzichtet werden, aber sie lassen sich auf ein Mindestmaß reduzieren. In der Bauindustrie wurde die Finite-Elemente-Methode besonders im Bereich der ein- und zweidimensionalen Tragwerke eingesetzt. Im kerntechnischen Ingenieurbau wurden schon vor 20 Jahren komplizierte dynamische Berechnungen durchgeführt.

Heute gibt es eigentlich keine Disziplin der Ingenieurwissenschaften, in der die Methode nicht eingesetzt wird. Man findet sie seit etwa 10 Jahren im allgemeinen Maschinenbau, wo im Wesentlichen dreidimensionale Strukturen zu untersuchen sind. Im Laufe der Zeit können es sich sogar mittelständische Unternehmen leisten, diese Untersuchungsmethode einzusetzen, obwohl dort auch heute immer noch das eigentliche Problem ist, ausreichend qualifiziertes Personal einzustellen und auszulasten.

Es werden auch dynamische Simulationen durchgeführt oder Spritzgussanalysen, die sehr genau zum Beispiel das Formfüllverhalten von Thermoplasten nachvollziehen. In der Elektro- und Elektronikindustrie werden neben herkömmlichen Berechnungen die Analysen von elektrostatischen und elektromagnetischen Feldern durchgeführt. Auch in der Leiterplattenherstellung hat die Finite-Elemente-Methode Einzug gehalten, da die Belastungen infolge gesteigerter Temperaturbeanspruchung immer wesentlicher werden. In der Mikrosensortechnik werden die piezoelektrischen Signale mit den Spannungen aus der Berechnung verglichen.

Die Finite-Elemente-Methode gewinnt weiter an Bedeutung. Um Produkte erfolgreich an seine Zielgruppe verkaufen zu können, muss heute ein Unternehmen verstärkt auf die Wirtschaftlichkeit achten. Die Sicherheitsaspekte sind zwar immer noch wichtig, aber nicht mehr ausreichend. Die teilweise rasanten Entwicklungen stellen immer wieder neue Herausforderungen an ein Unternehmen. Es wird durch den Markt gezwungen, die Entwicklungszeiten eines Produktes drastisch zu verkürzen, um wettbewerbsfähig zu bleiben.

Dieses sogenannte Simultaneous Engineering erfordert sowohl bessere Management-Funktionen im Unternehmen, zum Beispiel die Steuerung der Produktentwicklung durch ein geeignetes Projektmanagement, als auch die Parallelbearbeitung der Entwicklung und Produktion. Durch die Simulation der Produkte wird frühzeitig in das Fertigungsverfahren eingegriffen. Eventuelle Schwachstellen können sofort nach der Erstellung der Konstruktionszeichnungen erkannt werden. Dadurch wird ein erheblicher Teil des Baus von fehlerhaften Prototypen vermieden. Die Prototypen, die schließlich gebaut werden, sind voll funktionstüchtig. Oft sind nur kleine Änderungen notwendig, um die tatsächliche Produktion aufzunehmen. Dadurch wird eine erhebliche Zeitspanne eingespart. Das Produkt kann deutlich kostengünstiger entwickelt und früher im Markt eingeführt werden.

Obwohl die Benutzeroberflächen der Finite-Elemente-Programme sehr viel einfacher und unkomplizierter geworden sind, gehört zur Anwendung der Methode ein gutes Verständnis der physikalischen Vorgänge, zum Beispiel ein gutes Verständnis der Technischen Mechanik.

Deshalb werden hier die wichtigsten Grundkenntnisse nochmals im Wesentlichen wiederholt.

1.2 Die Finite-Elemente-Methode

Durch die Verbesserung der Benutzeroberfläche ist heute nahezu jeder Ingenieur in der Lage, diese Methode ohne besondere Programmierkenntnisse anzuwenden. Es darf allerdings nicht vergessen werden, dass hinter einem solchen Programmpaket ein fundiertes mathematisches Formelwerk steht. Ohne das Verständnis der Vektormathematik und der Matrizenschreibweise wird man die

Grundlagenbücher /1, 2, 3, 4, 5, 6, 7, 10, 12, 13, 17, 20, 21, 24, 25/ nicht verstehen können. Auch in diesem Buch kann darauf nicht ganz verzichtet werden. Dennoch wird hier versucht, so wenig Mathematik wie möglich einzusetzen. Denn der Anwender muss nicht unbedingt jeden mathematischen Schritt des Verfahrens theoretisch bei der Benutzung der Programme nachvollziehen können. Es reicht, grundsätzlich das Verfahren der Finite-Elemente-Methode zu verstehen, um die richtige Interpretation und Kontrolle der Ergebnisse durchführen zu können.

Die Autorin verzichtet hier also auf eine ausführliche Darstellung und Erläuterung der Mathematik und weist auf die einschlägigen Werke (Kap. 5) hin. Nötigenfalls werden die Regeln jeweils im Zusammenhang direkt erläutert.

1.2.1 Grundkonzept der Finite-Elemente-Methode

Die zu berechnende Struktur wird in eine Vielzahl kleiner Bausteine zerlegt, den endlich großen (finiten) Elementen, deren physikalische Eigenschaften exakt oder näherungsweise bekannt sind. Die endliche Anzahl der Verknüpfungen entspricht den Knoten, die die einzelnen Elemente miteinander verbinden. Diesen Verknüpfungen entspricht ein lineares Gleichungssystem, das besonders gut numerisch lösbar ist.

1.2.2 Voraussetzungen beim Anwender

Voraussetzung bei jedem Anwender ist das ingenieurmäßige Verständnis für physikalische Vorgänge. Neben der Beherrschung eines vorgeschriebenen Formalismus, um ein Finite-Elemente-Programm bedienen zu können, sind grundlegende Kenntnisse der Technischen Mechanik (Statik, Festigkeitslehre, Dynamik, etc.) notwendig. Um schwierige Aufgaben lösen zu können, wird der Anwender über Erfahrungen mit der Methode verfügen müssen. Das Beherrschen einer, bzw. das Verständnis für eine Programmiersprache ist sicher hilfreich, um die Vorgänge während des Rechenprozesses besser verstehen zu können, insbesondere, wenn Fehler auftreten.

1.2.3 Grundbegriffe der Finite-Elemente-Methode

In Bild 1.1 wird eine balkenartige Struktur als Finite-Elemente-Modell abgebildet. Dabei gibt es mehrere Möglichkeiten, das System aufzufassen. Wird das Modell als Scheibenmodell aufgefasst, geht man davon aus, dass es sich um eine zwei-dimensionale Struktur handelt, die nur in der Belastungsebene x, z belastet wird. Im zweiten Fall wird das System als eindimensionales Modell aufgefasst, das ebenfalls in der Belastungsebene x, z belastet wird.

Die Wahl der jeweiligen Approximation hängt von den geometrischen Abmessun-gen zueinander ab. Sind die Querschnittsabmessungen, Höhe h und Breite b, klein gegenüber der Länge l der Struktur (zum Beispiel bei Verhältnissen von ($\frac{l}{h}$, bzw. $\frac{l}{h} \approx 10 \div 15$), kann die Struktur als eine eindimensionale Struktur aufge-fasst werden. Ist die Höhe h aber nicht mehr vernachlässigbar klein, liegt ein zweidimensionales Bauteil vor. Die Entscheidungsgrenzen sind fließend und hän-gen jeweils von der vorliegenden Problemstellung ab.

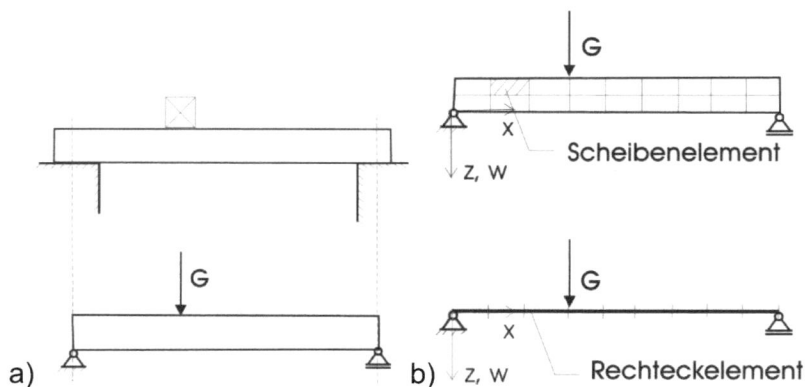

Bild 1.1 Grundkonzept der Finite-Elemente-Methode; a) Bauteil und Berechnungs-modell; b) Finite-Elemente-Modell: Scheiben- und Balkenmodell

Ist die Entscheidung über die Art des Modells getroffen, muss, je nach der gefor-derten Genauigkeit, die Anzahl der Elemente und die Wahl des Elementansatzes, eines Verschiebungsansatzes, getroffen werden. Je grösser die Anzahl der gewählten Elemente und/ oder je höher ein Elementansatz ist, desto genauer wird das Modell berechnet, desto länger wird aber auch die Rechenzeit.

Weiter muss bei zwei- und dreidimensionalen Elementen die Elementform gewählt werden. Dabei gibt es zwei grundsätzliche Formen: die dreieckige und die viereckige. Nur diese Elementformen decken eine Fläche, bzw. ein Volumen lückenlos ab (Bild 1.2).

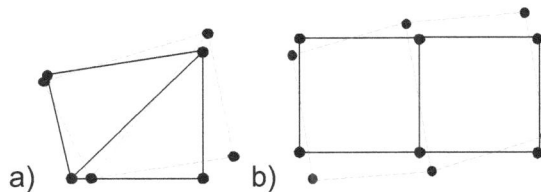

Bild 1.2 Zweidimensionale Elemente; a) Dreieckselemente b) Viereckselemente

Der Vorteil von Dreieckselementen ist, dass sie sich besonders gut anpassen, wenn man gekrümmte Strukturen abbildet. Sie sind aber numerisch ungenauer als Viereckselemente. Grundsätzlich kann gesagt werden, dass vier Dreieckselemente der Genauigkeit eines Viereckselementes entsprechen. Diese Genauigkeit kann natürlich durch die Wahl eines höheren Elementansatzes verbessert werden.

> ! Vier Dreieckselemente entsprechen der Genauigkeit eines Viereckselementes.

BEISPIEL

An einem Winkel, der zum einen grob mit nur einem Schalenelement pro Dicke und zum anderen sehr fein approximiert wird (Bild 1.3) wird die Genauigkeit der Spannungsverläufe dargestellt (Bild 1.4).

Die Vernetzung des Winkels unter der Horizontalbelastung F = 1 kN wird in (Bild 1.3 a) grob mit einer Schicht Schalenelemente, in (Bild 1.3 b) fein mit sieben im senkrechten Teil und sechs Schichten pro Dicke im horizontalen Teil vernetzt.

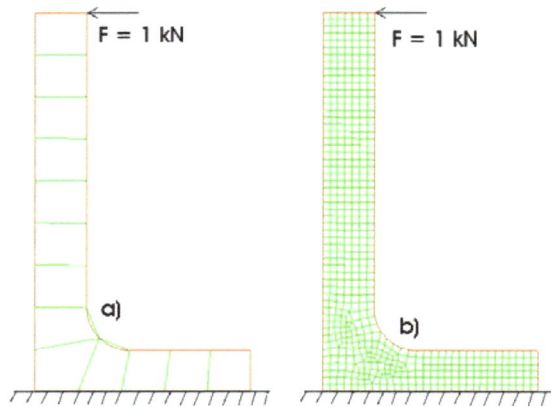

Bild 1.3 Vernetzung eines Winkels unter einer Horizontalbelastung F = 1 kN; a) grobe; b) feine Vernetzung

Die Spannungsverläufe mit Verformungen werden in Bild 1.4 für beide Vernetzungen gezeigt. Die Verformungen selbst ergeben einen sinnvollen Verlauf. Der Wert der groben Vernetzung (Bild 1.4 a) ist etwas kleiner als der der feinen (Bild 1.4 b). Die Spannungsverläufe sind dagegen sehr unterschiedlich.

> ! Die Verformungen in der Finite-Elemente-Methode werden recht gut abgebildet. Die Spannungsverläufe sind sehr von der Elementierung anhängig.

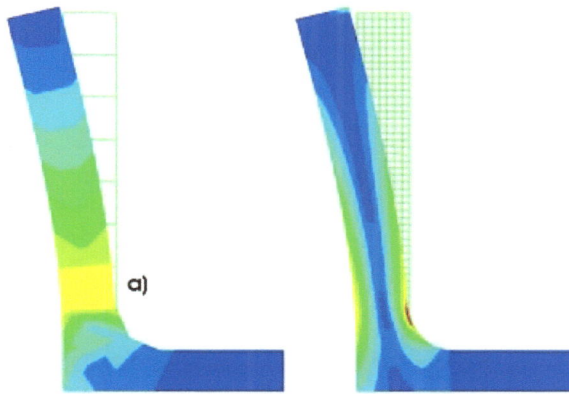

Bild 1.4 Vergleichsspannungsverläufe der verformten Strukturen; a) grobe; b) feine Vernetzung

Die Vergleichsspannungen (Bild 1.4 a) werden bei der groben Vernetzung völlig falsch dargestellt. Die Kerbspannung in der Rundung wird gar nicht "erkannt". In diesem Fall (Bild 1.4 a) ist in der Kerbe eine Vergleichsspannung von ca. $4,8 \cdot 10^3$ mN/mm^2. Im Falle der korrekten Approximation (Bild 1.4 b) liegt der Wert bei $1,21 \cdot 10^4$ mN/mm^2 als Maximalwert eines sinnvollen Vergleichsspannungsverlaufs über den Winkel.

Das heißt, die Werte sind bei dieser Elementierung ca. 50 % größer. Die falsche Approximation würde zu einer völlig falschen Dimensionierung des Bauteils führen.

Die üblichen Finite-Elemente-Programme haben im Allgemeinen eine reichliche Auswahl an Elementen.

Im Folgenden wird ein Elementekatalog stellvertretend für viele Programme gezeigt. Neben den ein-, zwei- und dreidimensionalen Hauptelementen verfügt es auch über eine Anzahl von speziellen Elementen, wie zum Beispiel Feder- oder Gap-Elementen.

Der Elementtyp wird durch die Elementfamilie, Ordnung und Topologie definiert. Die Topologie beschreibt die Form und die Verbindungsmöglichkeit, bzw. den Zusammenhang der Elemente. Die Ordnung gibt den angenommenen Verschiebungsansatz an.

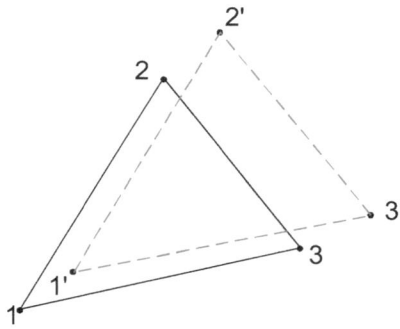

Bild 1.5 Linearer Verschiebungsansatz eines finiten Dreieckselements

Elementkatalog eines Finite-Elemente-Programmes

Elementfamilie	Ordnung	Topologie
Eindimensional - Einzelmasse - Feder - Dämpfer - Gap - Rigid Constraint - Stab - Balken - Rohr	linear quadratisch kubisch 	
zweidimensional - ebener Spannungszustand - ebener Verzerrungszustand - dünne Schale - Membran - Platte - achsensymmetrische Schale - dicke Schale	 linear quadratisch kubisch	 quadratisch dreieckig
dreidimensional - Volumenelement	 linear quadratisch kubisch	 Würfel Keil Tetraeder

Der Elementtyp wird durch die Elementfamilie, Ordnung und Topologie definiert. Die Topologie beschreibt die Form und die Verbindungsmöglichkeit, bzw. den Zusammenhang der Elemente. Die Ordnung gibt den angenommenen Verschiebungsansatz an.

Bei einem linearen Verschiebungsansatz werden die Verformungen der Elementkanten nur über die Eckknoten definiert. Dadurch kann auch das verformte Element nur aus geraden Elementkanten bestehen, da die Einhaltung der kinematischen Verträglichkeit eine ganz wesentliche Bedingung für das Verfahren ist: die Ränder dürfen weder klaffen noch sich überlappen (Bild 1.9a, 1.9b).

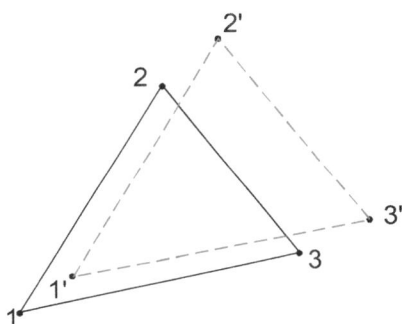

Bild 1.5 Linearer Verschiebungsansatz eines finiten Dreieckselements

Bei einem quadratischen Verschiebungsansatz wird die Verformung der Elementkanten noch durch einen zusätzlichen Mittelknoten definiert. Hier sind nach der Verformung krummlinige Elementkanten möglich, ohne dass sich die Elementkanten überlappen oder klaffen (Bild 1.6).

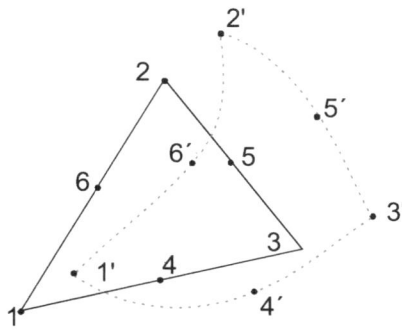

Bild 1.6 Quadratischer Verschiebungsansatz eines finiten Dreieckselements

BEISPIEL

Ein Winkel wird mit Tetraeder-Elementen unter einer über die obere Kante gleich-mäßig verteilten Horizontalbelastung F = 1 kN mit einem linearen und quadrati-schen Verschiebungsansatz abgebildet (Bild 1.7 a und Bild 1.7 b).

In den Modellen sieht man keine Unterschiede, sofern (wie hier) die Zwischenkno-ten nicht angezeigt werden.

Im obigen Beispiel zeigen die Verformungen trotz der unterschiedlichen Vernet-zung wenig Unterschiede.

Hier ist aber schon die Verformung sehr unterschiedlich. Die Struktur wird mit den linearen Tetraeder-Elementen zu steif abgebildet. In Bild 1.8 a sieht man oben rechts nur eine kleine Verformung. Dagegen liegt die maximale Verformung des Schenkels in Bild 1.8 b bei $2,89 \cdot 10^{-2}$ mm.

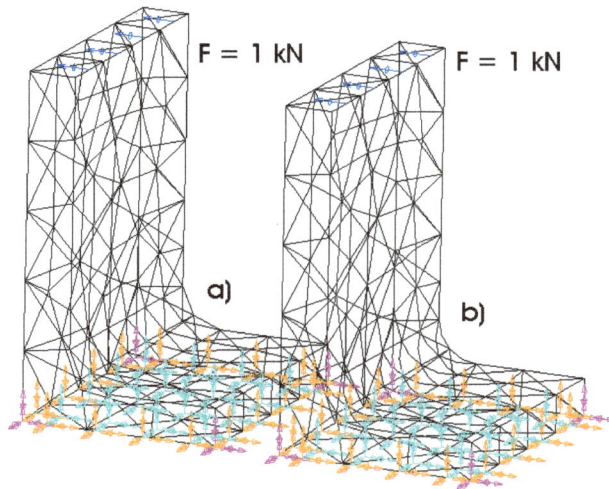

Bild 1.7 Elementierung mit Tetraeder-Elementen unter einer Horizontalbelastung F = 1 kN; a) linearer; b) quadratischer Verschiebungsansatz

Die Vergleichsspannungen (Bild 1.8a) werden bei der Vernetzung mit linearen Tetraeder-Elementen völlig falsch dargestellt. Dies führt zu völlig falschen Ergebnissen für den Spannungsverlauf. Bild 1.8b zeigt dagegen einen sinnvollen Vergleichsspannungsverlauf über den Winkel.

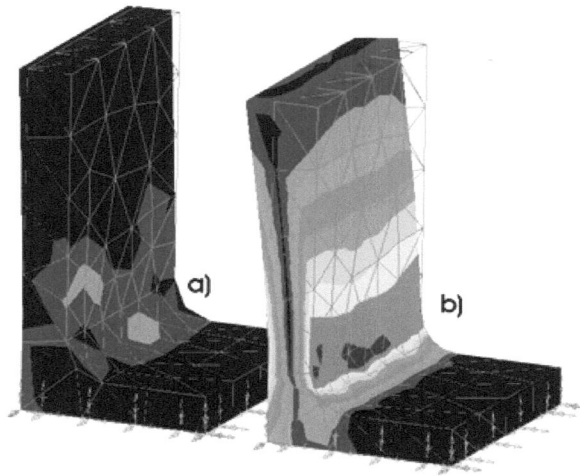

Bild 1.8 Vergleichsspannungsverläufe mit Tetraeder-Elementen

Auch hier wird die kinematische Verträglichkeit erfüllt. Die Elementränder dürfen unter Belastung nicht auseinander klaffen oder sich überlappen (Bild 1.9). Nur dann sind die Elemente kinematisch verträglich. Bei einer kinematisch unverträglichen Struktur klaffen die Elementkanten unter einer Belastung auseinander oder sie überlappen sich. Dies würde die tatsächliche Struktur nicht korrekt abbilden (Bild 1.10).

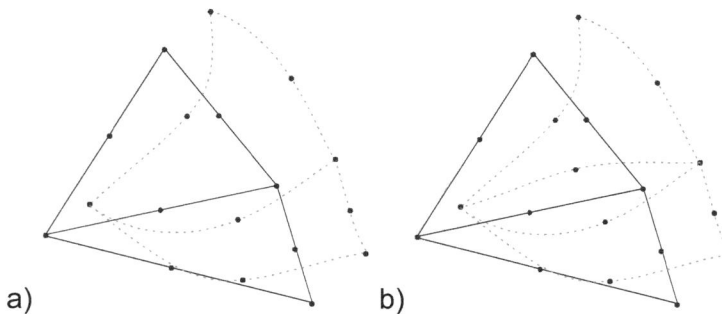

a)   b)

Bild 1.9 Idealisierung einer a) kinematisch verträglichen Verformung; b) kinematisch unverträglichen Verformung

Ein schon oft benutzter Begriff ist das Element. Ein Element ist eine Teilstruktur innerhalb der zu untersuchenden Struktur (Bild 1.1). Jedes Element hat innerhalb des Finite-Elemente-Modells eine Nummer (Bild 1.10). Die Verbindungspunkte der Elemente sind die Knoten, die im globalen Koordinatensystem (zum Beispiel: A(20; 21; 0), D(40; 31; 0)) definiert werden. Hier zeigen die Großbuchstaben die Eckknoten und die Kleinbuchstaben die Zwischenknoten eines Elementes an. Die Zwischenknoten werden im Allgemeinen vom Programm selbst erzeugt und müssen daher nicht eingegeben werden. Die in der Struktur am Außenrand liegenden Knoten und Elemente werden auch als Randknoten und -elemente bezeichnet.

Um eine Struktur abzubilden, müssen viele Elemente erzeugt werden. Dies kann von Hand durch Erzeugen der Elemente anhand von zuvor definierten weiteren Knoten, durch das Vervielfältigen, zum Beispiel das Kopieren vorhandener Elemente oder durch automatisches Vernetzen geschehen. Bei beiden Methoden müssen folgende Dinge beachtet werden:

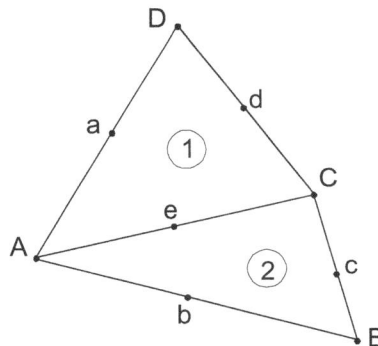

Bild 1.10 Elementnummern und Knotenbezeichnungen

Erzeugen der Elemente von Hand

Werden Elemente von Hand erzeugt, muss darauf geachtet werden, dass alle Elemente einer Struktureinheit denselben Umlaufsinn haben, da sonst Fehler bei der Spannungsausgabe entstehen können.

Der Umlaufsinn der Elemente wird durch die Knoten im Uhrzeigersinn oder gegen den Uhrzeigersinn definiert, zum Beispiel Element 1 wird definiert durch A, D, C, Element 2 durch A, C, B (Bild 1.10).

BEISPIEL

An einer einfachen zweidimensionalen Struktur, die durch Plattenelemente abge-bildet wird, wird durch nachträgliches Entfernen zweier Plattenelemente und die Neueingabe mit einem anderen Umlaufsinn als den der übrigen Plattenelemente gezeigt, dass dadurch die Spannungsauswertung völlig unbrauchbar wird.

Dazu wird zuerst eine Plattenstruktur mit sechs Plattenelementen erzeugt, die an der linken Kante fest eingespannt ist und an der rechten Seite durch eine Einzel-kraft F_z = 1 000 N belastet wird (Bild 1.12).

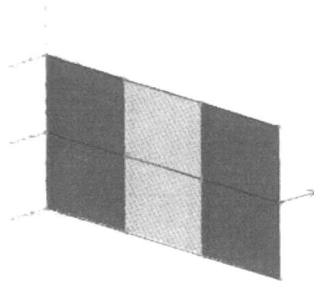

Bild 1.12 Elementierung einer Plattenstruktur mit Plattenelementen mit unterschied-lichem Umlaufsinn

Die unterschiedlichen Elementeingaben werden durch eine von den restlichen Elementen unterschiedliche Farbe angezeigt. In vielen Programmen wird eine Warnung angezeigt, einige Programme ändern nach dieser Warnung den Umlauf-sinn der Elemente selbständig.

In Bild 1.13 wird die Verformung der Platte unter der Einzellast gezeigt. Die Werte stimmen mit den analytischen Ergebnissen überein. Hier weist der Approxima-tionsfehler keine Folgen auf.

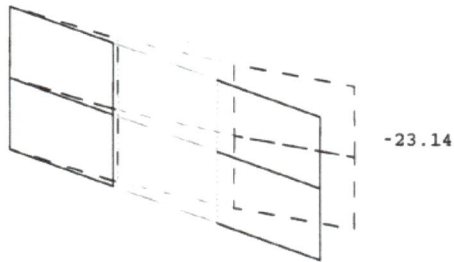

Bild 1.13 Verformung der Plattenstruktur

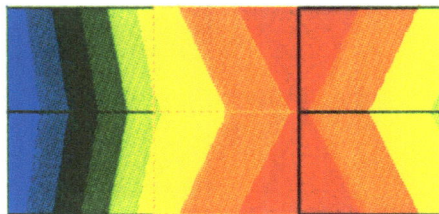

Bild 1.14 Spannungsverläufe der Plattenstruktur

Erst beim Betrachten des Spannungsverlaufs zeigt sich die falsche Approximation deutlich. Der Spannungsverlauf hat Sprünge, bzw. Unstetigkeitsstellen, die unter einer solchen Belastung nicht auftreten können (Bild 1.14).

Diese Beibehaltung eines Umlaufsinns ist für Drei- und Viereckselemente notwendig. Bei der Elementeingabe für Viereckselemente muss zusätzlich darauf geachtet werden, dass die Reihenfolge im Umlaufsinn eingehalten wird, das Hin- und Herspringen zwischen den Knoten ist ebenfalls nicht erlaubt, weil es Fehler erzeugt.

Erzeugen der Elemente durch Kopierverfahren

Wenn Strukturen durch Kopieren von Elementen erzeugt werden, werden auch die Elementknoten verdoppelt. Da aber benachbarte Elemente durch dieselben Eckknoten miteinander verbunden sind, müssen diese doppelten Knoten entfernt werden, um eine zusammenhängende Struktur zu erzeugen.

Dies geschieht im Allgemeinen durch einen Programmbefehl, der alle nahe beieinander liegenden oder aufeinander liegenden Knoten miteinander verschmilzt. Der Anwender gibt an, welche Abstände zwischen den Knoten berücksichtigt werden müssen.

Automatisches Vernetzen

Die Möglichkeit des automatischen Vernetzens hat die Finite-Elemente-Methode zum Durchbruch gebracht, weil der Hauptaufwand in der Vernetzung liegt.

Aber das automatische Vernetzen hat auch seine Tücken.

Die automatische Vernetzung funktioniert nur mit Volumenelementen, bzw. Tetraedern. Und wie oben schon beschrieben muss eine Struktur ausreichend genau vernetzt werden, damit sie überhaupt richtige Ergebnisse liefert. Denn Tetraeder-Elemente bilden die Struktur bei fehlerhafter Vernetzung nur unzureichend ab. (Bild 1.8)

Koordinatensysteme

Um die Struktur im Raum zu platzieren, wird ein Koordinatensystem gewählt, das raumfest ist. Es kann beliebig gewählt werden. Auf dieses raumfeste, globale Koordinatensystem beziehen sich die Randbedingungen und die Belastungen. Dieses globale Koordinatensystem hat die Achsenrichtungen x, y, z.

Einzelnen Teilstrukturen können zusätzliche Koordinatensysteme, sogenannte Part-Koordinatensysteme, zugeordnet werden, die sich dann auf diesen Strukturteil beziehen und zum Beispiel Gleitflächen zueinander definieren.

BEISPIEL

In einem Bauteil sind einzelne Teile A und B nur parallel zur Grundstruktur C verschieblich. Dies kann durch das geeignete Anbringen von zusätzlichen Part-Koordinatensystemen und Kopplungselementen zwischen den Teilstrukturen simuliert werden (Bild 1.15).

Daneben existieren elementabhängige, lokale Koordinatensysteme, die durch die Reihenfolge der Knotennummerierung bei der Elementeingabe entstehen. Jedes

Element hat also ein globales und ein eigenes, lokales Koordinatensystem u, v, w (Bild 1.16).

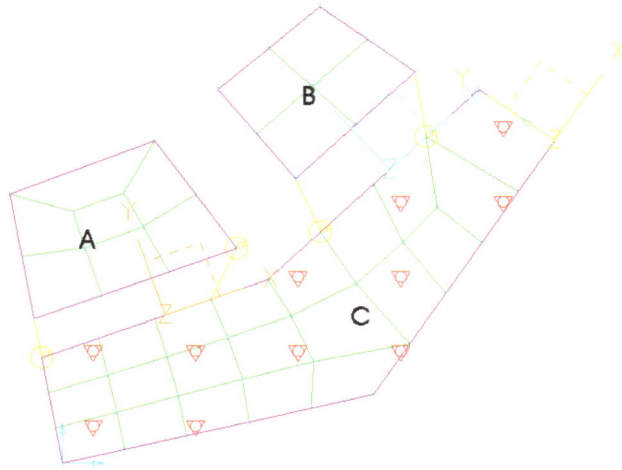

Bild 1.15 Verschiedene Part-(Teil-) Koordinatensysteme innerhalb einer Finite-Elemente-Struktur

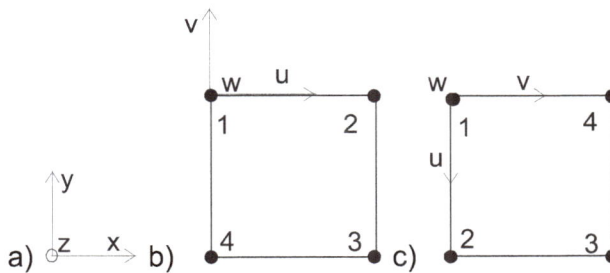

Bild 1.16 Koordinatensysteme; a) globales b) lokales (Knoten im Uhrzeigersinn), c) lokales (Knoten gegen den Uhrzeigersinn)

Freiheitsgrade

Ohne Auflager hat ein Knoten sechs freie Bewegungsmöglichkeiten oder Freiheitsgrade. Wenn alle Einzelpunkte einer Struktur dieselbe kongruente Bahn beschreiben, spricht man von einer Translations-oder Verschiebungsbewegung. Jede beliebige Translation kann aus drei Translationen in x-, y- und z-Richtung zu-sammengesetzt werden. Außer einer Translation kann eine Struktur eine Rotation oder Drehung ausführen. Sie besteht in einer Drehung um eine beliebige Achse, die wieder je eine Rotation um eine zur x-, y- und z-Achse parallele Achse ist.

Die allgemeinste Bewegung einer Struktur besteht damit aus drei Translationen (Verschiebungen) in x-, y- und z-Richtung und drei Rotationen (Drehungen) um die x-, y- und z-Achse.

Ein Knoten hat die Freiheit, das heißt die Möglichkeit, sechs voneinander unab-hängige Bewegungen auszuführen. Er hat sechs Freiheitsgrade.

Die Bewegung einer Struktur in einer Ebene nennt man eine ebene Bewegung. In dieser Ebene kann der Knoten eine Bewegung ausführen, die in drei unabhängige Teilbewegungen zerlegt werden kann: zwei Translationen in x- und y-Richtung und eine Rotation um die senkrecht zur Ebene stehende Achse (Bild 1.17).

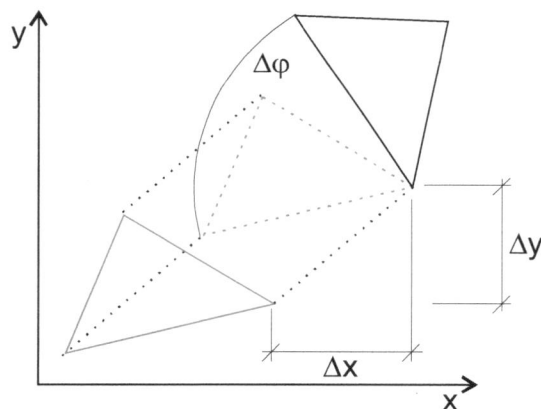

Bild 1.17 Knotenfreiheitsgrade in der Ebene: Translation Δx, Δy und Rotation $\Delta \varphi$

Durch Auflager oder Halterungen werden diese Freiheitsgrade behindert. Jeder Freiheitsgrad kann einzeln festgehalten werden, um die tatsächliche Auflagerung einer Struktur zu simulieren.

2 GRUNDLAGEN DER LINEAREN STATIK

2.1 Kurzer Abriss über die Finite-Elemente-Methode

2.1.1 Näherungsverfahren zur Lösung der Differentialgleichungen

In diesem Kapitel wird am Beispiel sehr einfacher statischer Systeme die Grundidee der Finite-Elemente-Methode dargestellt. Zuerst wird die herkömmliche Lösungsmöglichkeit über die Differentialgleichungen des Druck-Zugstabes gezeigt, die aus der Technischen Mechanik bekannt sind. Danach wird mit diesem einfachen System, dem Fachwerk, das zugleich das einfachste finite Element darstellt, das prinzipielle Verfahren gezeigt. Schließlich wird gezeigt, wie sich das Verfahren ändert, wenn andere Elementtypen, zum Beispiel das Balkenelement, eingesetzt werden.

BEISPIEL

Am einfachen Druck-Zugstab wird das herkömmliche Lösungsverfahren mit Hilfe der Differentialgleichungen dargestellt.

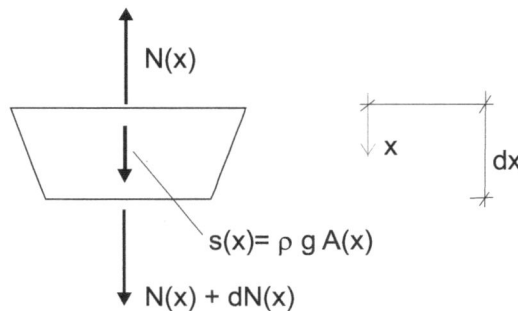

Bild 2.1 Infinitesimal kleines Stabstück unter der Belastung s(x) mit veränderlicher Querschnittsfläche A(x)

Durch die Bildung des Gleichgewichts in x-Richtung am infinitesimal kleinen Stabstück aus Bild 2.1 mit

$$(2.1): \quad -N(x) + N(x) + dN(x) + \rho g A(x)\,dx = 0$$

erhält man die Differentialgleichung für die Statik

$$(2.2): \quad dN(x) + \rho g A(x)\, dx = 0$$

$$(2.3): \quad \frac{dN(x)}{dx} = -\rho g A(x)$$

Die Verzerrungs-Verschiebungsgleichung lautet

$$(2.4): \quad \varepsilon = \frac{du(x)}{dx}.$$

Mit dem HOOKschen Gesetz

$$(2.5): \quad \varepsilon = \frac{1}{E}\, \sigma$$

mit dem Elastizitätsmodul E, einem Werkstoffkennwert, folgt der Normalspannungsverlauf

$$(2.6): \quad \sigma = E\, \frac{du(x)}{dx}.$$

Nun muss der Zusammenhang zwischen den Spannungen σ und der Schnittkraft N hergestellt werden.

Dazu wird die Normalspannung σ über die Querschnittsfläche A(x) integriert (Bild 2.2).

$$(2.7): \quad N = \int_{(A)} \sigma\, dA.$$

Setzt man nun die oben hergeleiteten Werte ein, ergibt sich

$$(2.8): \quad N = E \int_{(A)} \frac{du(x)}{dx} \, dA.$$

Ist die Querschnittsfläche konstant

$$(2.9): \quad A(x) = A = \text{const.},$$

ergibt sich das Integral gerade zu der Querschnittsfläche A

$$(2.10): \quad N = E \frac{du(x)}{dx} \int_{(A)} dA \quad = E \frac{du(x)}{dx} A$$

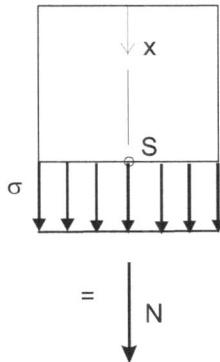

Bild 2.2 Gleichgewicht zwischen der Normalkraft N und der Normalspannung σ im Querschnitt

und schließlich die Differentialgleichung für die Verformung

$$(2.11): \quad \frac{du(x)}{dx} = \frac{N(x)}{EA}$$

Durch die Multiplikation der Querschnittsfläche mit dem Elastizitätsmodul E erhält man die Dehnsteifigkeit E A des Stabes.

Diese Differentialgleichungen gelten unter den Bedingungen, dass

- die Stabachse im unbelasteten Zustand gerade ist,

- der Stab nur in Achsenrichtung x belastet ist,

- die Stablänge wesentlich größer als alle anderen Querschnittsabmessungen ist,

- der Stabquerschnitt in x-Richtung schwach veränderlich ist,

- nur kleine Verformungen unter der Belastung entstehen.

Randbedingungen können definiert werden, wenn eine konkrete Aussage über eine Größe an einer bestimmten Stelle x gemacht werden kann.

BEISPIEL

Ein Stab ohne Eigengewicht und ohne Temperatureinfluss ist an einer Seite gelagert und wird am freien Ende durch eine Einzellast belastet (Bild 2.3).

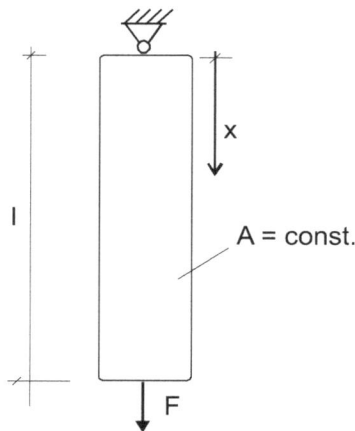

Bild 2.3 Stab mit $\rho\, g = 0$; $\Delta T = 0$; F; E A = const. l

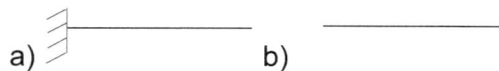

Bild 2.3a Auflagerart: a) Einspannung mit der Lagerreaktion N ≠ 0 und der Verformung $u_x = 0$; b) Freier Rand mit der Lagerreaktion N = 0 und der Verformung $u_x \neq 0$

Wird das System nun mit Hilfe der Differentialgleichungen durch unbestimmte Integration gelöst, erhält man:

(2.12): $\dfrac{dN}{dx} = EAu'' = 0 \implies N = EAu' = C_1$

(2.13): $\dfrac{du}{dx} = \dfrac{N}{EA} \implies EAu = C_1 x + C_2.$

Bei diesem statisch bestimmten System (der Stab ist oben gelagert) gibt es je eine statische und geometrische Randbedingung:

(2.14): $N(x = l) = F \implies C_1 = F,$

(2.15): $u(x = 0) = 0 \implies C_2 = 0.$

Damit sind die noch unbekannten Konstanten C_1 und C_2 bestimmt und man erhält den Verschiebungsverlauf des Stabes als exakte Lösung

(2.16): $EAu(x) = Fx.$

Die Auslenkung an der Stelle $x = l$ ist damit

(2.17): $u(l) = \Delta l = \dfrac{Fl}{EA}$

Die Berechnung eines Druck-Zugstabes wird sehr umfangreich, wenn es sich um ein komplexes System mit veränderlicher Belastung und veränderlichem Querschnitt handelt. Der Lösungsaufwand wird sehr groß, teilweise ist das Problem nur noch über eine Näherungsberechnung zu lösen.

2.1.2 Was ist eine Berechnung nach der Finite-Elemente-Methode?

Am Beispiel eines zweifach statisch unbestimmten Fachwerks mit vier Stabelementen (einfachster Elementtyp: Stabelement) wird die Finite-Elemente-Methode in 7 Schritten vorgestellt.

Bild 2.4 zeigt das Fachwerk mit den Stabelementen. Bild 2.5 zeigt das komplizierte Netz einer Brücke, die mit Balkenelementen modelliert (Bild 2.5 a) wird, und das Netz eines Pleuels, das mit Volumenelementen (Bild 2.5 b) approximiert wird.

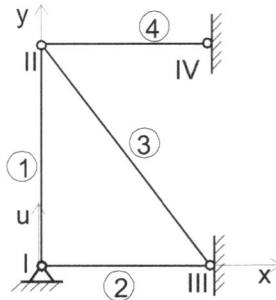

Bild 2.4 Netzbildung eines Fachwerks mit Stabelementen im globalen Koordinatensystem x, y

a)

b)

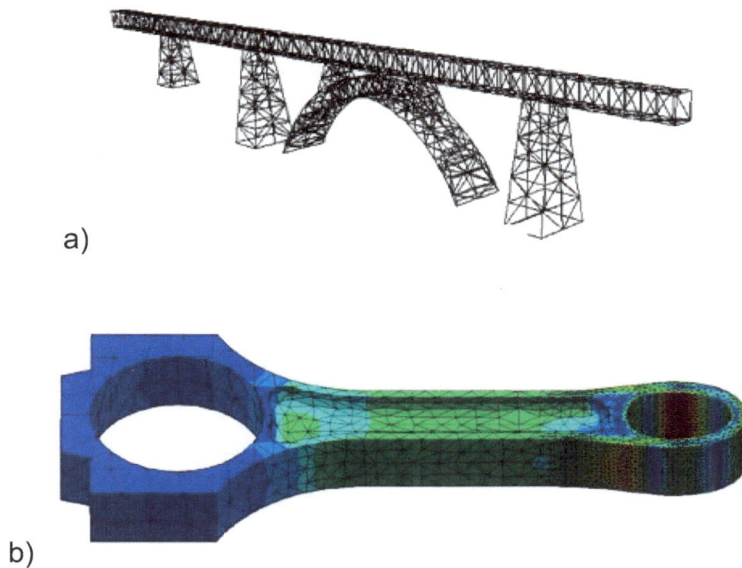

Bild 2.5 a) Netzbildung einer Brücke mit Balkenelementen; b) Netzbildung einer Pleuelstange mit Volumenelementen

Unter Approximation (1. Schritt) eines Systems wird die Abbildung der Struktur als Finite-Element-Modell verstanden. Das gesamte System wird durch einzelne Elemente (2. Schritt) unterteilt, die jeweils an den Eckknoten miteinander verbunden sind. Die Lösungen dieser einzelnen Elemente sind genau oder näherungsweise bekannt. Grundlage dieser Lösungen sind wie bei der analytischen Berechnung die theoretischen Berechnungsmodelle.

2.1.3 Durchführung einer Finite-Elemente-Berechnung in sieben Schritten

In Bild 2.6 wird die Struktur einer Finite-Elemente-Berechnung dargestellt. Sie erfolgt in 7 Schritten, die teilweise zusammen durchgeführt werden, zum Beispiel die Definition der Elemente mit der Angabe der Werkstoffkenngrössen etc. Die Schritte 1, 2, 5, 7 benötigen eine Eingabe in das Programm durch den Anwender, Schritte 3, 4, 6 werden im Rechner ohne Dazutun des Anwenders vollzogen (umrahmt). Hier werden aber alle Schritte ausführlich besprochen, um dem Anwender klar zu machen, was innerhalb des Programms abläuft. Dies ist besonders wichtig, um bei Fehlermeldungen richtig reagieren zu können.

2.1.3.1 Approximation der Struktur

Zuerst wird festgestellt, welche Teile der Struktur zur Tragwirkung benötigt werden. Nur sie werden im Finite-Elemente-Modell approximiert. Bei der Elementierung oder Netzbildung sollten bereits die zu erwartenden Ergebnisse, zum Beispiel Orte der Spannungsspitzen, bekannt sein, damit sie durch engere Elementierung mitberücksichtigt werden, sonst muss das Modell an den Stellen hoher Beanspruchung später nachbearbeitet werden. Das heißt, dass an den Stellen, an denen hohe Spannungsspitzen zu erwarten sind, von Anfang an eine feinere Unterteilung als in den übrigen Bereichen gewählt wird.

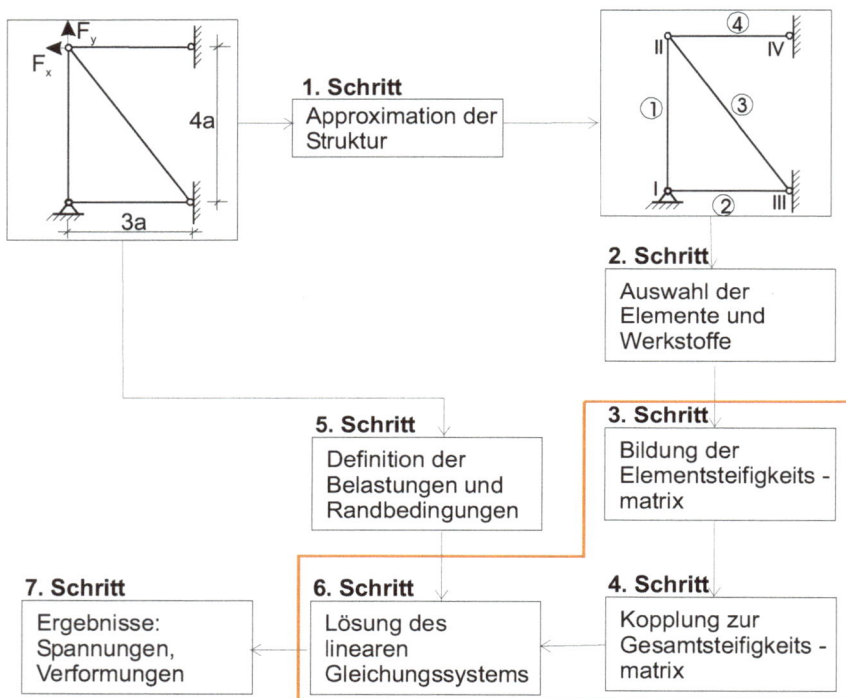

Bild 2.6 Vorgehensweise bei einer Finiten-Elemente-Berechnung

2.1.3.2 Auswahl der Elemente und der Werkstoffe

Die Auswahl der Elemente hängt nicht nur von der Systemgeometrie ab. Ein weiteres Auswahlkriterium ist die jeweilige Berechnungstheorie, die dem Element zugrunde liegt, zum Beispiel Elemente für einen schubweichen Balken oder eine dünne Scheibe.

Als weitere Eingabe wird die Angabe des Werkstoffgesetzes vom Anwender erwartet. Hier können isotrope, anisotrope oder aber auch nichtlineare Werkstoffkennwerte definiert werden.

Die beiden ersten Schritte sind nicht getrennt voneinander zu sehen. Beide Schritte umfassen die Systemaufbereitung. Die Modellierung durch die Finite-Elemente-Methode ist die komplette Idealisierung des gesamten Strukturproblems. Es beinhaltet alle physikalischen Eigenschaften, auch die des Werkstoffs, sowie später auch die Belastungen und die Randbedingungen

2.1.3.3 Bildung der Elementsteifigkeitsmatrix

Nun muss die Elementsteifigkeitsmatrix (3. Schritt) aufgestellt werden. Dieser Schritt findet intern im Rechner statt und ist vom Anwender nicht zu beeinflussen. Die Kenntnis über diese Abläufe hilft aber bei der Modellerstellung und einer möglichen Fehlersuche. Deshalb wird hier anhand eines sehr einfachen Elementes gezeigt, wie dies geschieht. Um die Elementsteifigkeitsmatrix aufzustellen, wird der sehr einfache Zug-Druckstab betrachtet, bei dem nur Kräfte in Achsenrichtung wirken.

Beim Fachwerk liegt ein Sonderfall der Methode vor: das Stabelement bildet sofort die einzelnen Elemente des Fachwerks (Bild 2.4). Das gewählte finite Element liegt gerade zwischen zwei Knoten des Fachwerks. Das ist möglich, weil die Lösung des Stabelementes exakt der analytischen Lösung entspricht. Dies ist bei den meisten anderen Elementtypen nicht der Fall.

Nun wird als erstes die Steifigkeitsmatrix eines einzelnen Elementes entwickelt. Dazu werden die Verschiebungen mit den Kräften über das Elastizitätsgesetz verknüpft.

In Bild 2.7 werden die Verschiebungen, in Bild 2.8 die Kräfte an den Stabknoten im lokalen Koordinatensystem gezeigt.

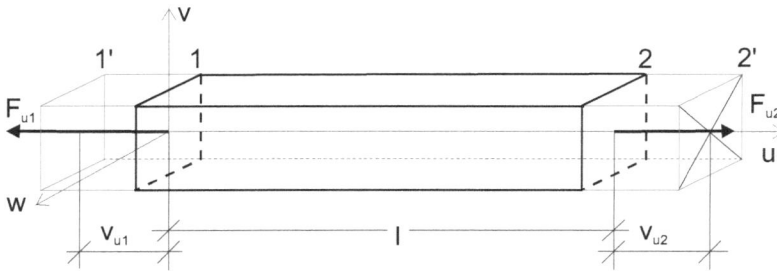

Bild 2.7 Verschiebungen der Stabknoten unter den Längskräften F_{ui}; u, v, w lokales Koordinatensystem; 1, 2 Knotennummer im lokalen Koordinatensystem /14/

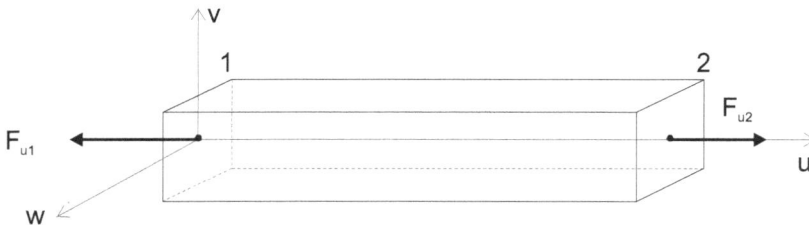

Bild 2.8 Längskräfte F_{u1}, F_{u2} des Stabes an den Endknoten /14/

Das lokale Koordinatensystem wurde bereits oben beschrieben. Jedes Element hat sein eigenes Koordinatensystem.

Für das Stabelement wird eine formale Vorzeichenfestlegung gewählt. Im Gegensatz zur Technischen Mechanik sind jetzt die positiven Verformungen immer positiv in Achsenrichtung definiert. Dasselbe gilt auch für die Vorzeichen der Kräfte. An allen Schnitten zeigen positive Kräfte in positiver Koordinatenrichtung.

Aus ihnen lassen sich dann die Beziehungen zwischen den Kräften und den Verschiebungen mit Hilfe des linearen Elastizitätsgesetzes herleiten.

Es gelten die folgenden Beziehungen für die Spannung, die Dehnung und das Elastizitätsgesetz eines Stabes in Achsenrichtung

$$(2.18): \quad \sigma = \frac{F}{A}$$

(2.19): $\quad \varepsilon = \dfrac{\Delta l}{l}$

(2.20): $\quad \sigma = E \varepsilon \quad .$

Durch die folgende Umformung aus (2.18 bis 2.20)

(2.21): $\quad \sigma A = F \quad \Rightarrow \quad E A \varepsilon = F \quad \Rightarrow \quad E A \dfrac{\Delta l}{l} = c \Delta l = F$

kann der Stab als Feder mit der Federsteifigkeit $c = EA/l$ aufgefasst werden.

Daraus ergibt sich der Zusammenhang zwischen den Knotenverschiebungen, wodurch die Gesamtverlängerung wie folgt gegeben ist

(2.22): $\quad \Delta l_i = v_{u2,i} - v_{u1,i}$

und den Stabkräften, die als Normalkraft im Stab infolge der Verschiebung u definiert werden. Dies führt zu der Beziehungsgleichung eines Stabes i im lokalen Koordinatensystem

(2.23): $\quad F_{u,i} = c_i \Delta l_i = c_i (v_{u2,i} - v_{u1,i}).$

Die Stabschnittkräfte im lokalen Koordinatensystem, die konstant sind, lauten

(2.24): $\quad F_{u1,i} = -F_{u,i}$

(2.25): $\quad F_{u2,i} = F_{u,i}.$

Mit (2.23) lassen sich die Stabkräfte in Abhängigkeit der Stabverschiebungen schreiben.

(2.26): $\quad F_{u1,i} = c_i (v_{u1,i} - v_{u2,i}).$

(2.27) : $\quad F_{u2,i} = c_i(v_{u2,i} - v_{u1,i})$.

und den Stabkräften, die als Normalkraft im Stab infolge der Verschiebung u definiert werden. Dies führt zu der Beziehungsgleichung eines Stabes i im lokalen Koordinatensystem

Die Stabschnittkräfte im lokalen Koordinatensystem, die konstant sind, lauten

Mit (2.23) lassen sich die Stabkräfte in Abhängigkeit der Stabverschiebungen schreiben und in Matrizenschreibweise

$$(2.28): \quad \begin{bmatrix} F_{u1,i} \\ F_{u2,i} \end{bmatrix} = \begin{bmatrix} c_i & -c_i \\ -c_i & c_i \end{bmatrix} \begin{bmatrix} v_{u1,i} \\ v_{u2,i} \end{bmatrix} = c_i \begin{bmatrix} 1 & -1 \\ -1 & 1 \end{bmatrix} \begin{bmatrix} v_{u1,i} \\ v_{u2,i} \end{bmatrix}$$
$$= \frac{E_i A_i}{l_i} \begin{bmatrix} 1 & -1 \\ -1 & 1 \end{bmatrix} \begin{bmatrix} v_{u1,i} \\ v_{u2,i} \end{bmatrix}$$

oder in Kurzform geschrieben

$$(2.29): \quad \mathbf{f}_i^* = \mathbf{K}_i^* \, \mathbf{v}_i^*,$$

wobei K_i^* die Elementsteifigkeitsmatrix im lokalen Koordinatensystem und v_i^* der Verschiebungsvektor im lokalen Koordinatensystem sind.

Damit ist die Gleichung des Systems im lokalen Koordinatensystem für ein Element i gegeben. Für n Elemente erhält man dann entsprechend n Gleichungen, die nun durch eine Umrechnung in das globale Koordinatensystem zu einem Gleichungssystem transformiert werden müssen.

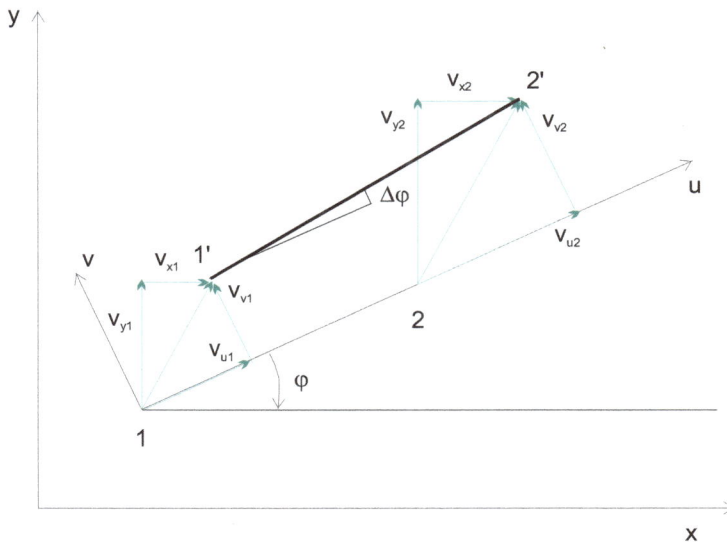

Bild 2.9 Umrechnung der Knotenverschiebungen eines allgemein orientierten Zug-Druckstabes i in der x-y-Ebene

Dazu werden alle Elementsteifigkeitsmatrizen mittels der Transformationsmatrizen (2.40) in das globale Koordinatensystem transformiert, um die Lage einzelner Stabelemente im globalen System festzulegen. Die Stabverschiebungen und die Stabkräfte müssen dafür vektoriell in die globalen Richtungen umgerechnet werden.

In Bild 2.9, bzw. Bild 2.10 werden die Komponenten der Knotenverschiebungen bzw. der Stabkräfte dargestellt.

Die Umrechnung der Verschiebungen nach Bild 2.10 ergibt

$$(2.30): \quad v_{u1,i} = \cos\varphi_i \, v_{x1,i} + \sin\varphi_i \, v_{y1,i},$$

$$(2.31): \quad v_{u2,i} = \cos\varphi_i \, v_{x2,i} + \sin\varphi_i \, v_{y2,i}.$$

und in Matrizenschreibweise

$$(2.32): \quad \begin{bmatrix} v_{u1,i} \\ v_{u2,i} \end{bmatrix} = \begin{bmatrix} \cos\varphi_i & \sin\varphi_i & 0 & 0 \\ 0 & 0 & \cos\varphi_i & \sin\varphi_i \end{bmatrix} \begin{bmatrix} v_{x1,i} \\ v_{y1,i} \\ v_{x2,i} \\ v_{y2,i} \end{bmatrix}$$

oder in Kurzform geschrieben

$$(2.33): \quad \mathbf{v}_i^* = \mathbf{T}_i \ \mathbf{v}_i \ ,$$

wobei v_i^* der Verschiebungsvektor im lokalen Koordinatensystem und v_i der Verschiebungsvektor im globalen Koordinatensystem ist.

Die Umrechnung der Kräfte nach Bild 2.11 ergibt

$$(2.34): \quad F_{x1,i} = \cos\varphi_i \ F_{u1,i},$$

$$(2.35): \quad F_{y1,i} = \sin\varphi_i \ F_{u1,i},$$

$$(2.36): \quad F_{x2,i} = \cos\varphi_i \ F_{u2,i},$$

$$(2.37): \quad F_{y2,i} = \sin\varphi_i \ F_{u2,i},$$

und in Matrizenschreibweise

$$(2.38): \quad \begin{bmatrix} F_{x1,i} \\ F_{y1,i} \\ F_{x2,i} \\ F_{y2,i} \end{bmatrix} = \begin{bmatrix} \cos\varphi_i & 0 \\ \sin\varphi_i & 0 \\ 0 & \cos\varphi_i \\ 0 & \sin\varphi_i \end{bmatrix} \begin{bmatrix} F_{u1,i} \\ F_{u2,i} \end{bmatrix}$$

oder in Kurzform geschrieben

$$(2.39): \quad \mathbf{f}_i^* = \mathbf{T}_i^{\mathsf{T}} \ \mathbf{f}_i \ ,$$

wobei $\mathbf{f}_i$ der Lastvektor im globalen Koordinatensystem, $\mathbf{f}_i^*$ der Lastvektor im lokalen Koordinatensystem und $\mathbf{T}_i^T$ die transponierte Transformationsmatrix ist.

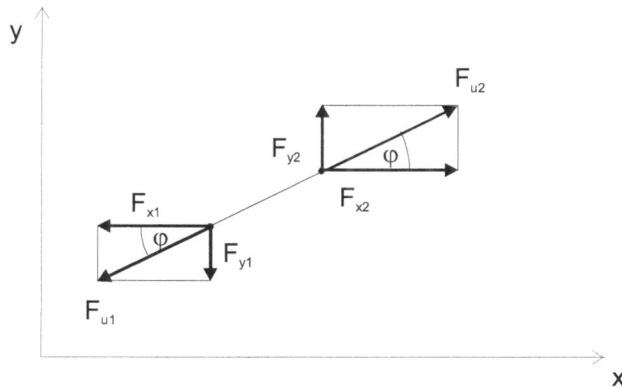

Bild 2.10 Umrechnung der Stabkräfte eines allgemein orientierten Zug-Druckstabes i in der x-y-Ebene

Die Terme der Transformationsmatrix

$$(2.40): \quad \mathbf{T}_i = \begin{bmatrix} \cos\varphi_i & \sin\varphi_i & 0 & 0 \\ 0 & 0 & \cos\varphi_i & \sin\varphi_i \end{bmatrix}$$

erhält als trigonometrische Funktionen des Winkels zwischen der lokalen u-Achse und der globalen x-Achse. Der Winkel φ_i wird vom jeweiligen lokalen Koordinatensystem eines Stabes i zur globalen x-Achse gezählt (Bild 2.11).

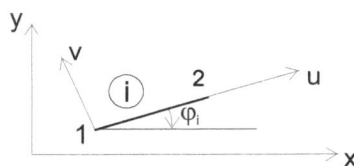

Bild 2.11 Definition des Transformationswinkels φ_i

Mit der Beziehung (2.28), bzw. (2.26) und (2.27) zwischen den Stabkräften und den Stabverschiebungen im lokalen Koordinatensystem folgt die Herleitung der transformierten Steifigkeitsmatrix. Dazu wird die Steifigkeitsmatrix im lokalen Koordinatensystem von links mit T^T und von rechts T multipliziert. Das ergibt allgemein geschrieben

$$(2.41): \quad \mathbf{K}_i = c \begin{bmatrix} k_{11} & k_{12} & k_{13} & k_{14} \\ k_{21} & k_{22} & k_{23} & k_{24} \\ k_{31} & k_{32} & k_{33} & k_{34} \\ k_{41} & k_{42} & k_{43} & k_{44} \end{bmatrix},$$

wobei $\mathbf{K}_i$ die Einzelsteifigkeitsmatrix eines Stabes im globalen Koordinatensystem ist, oder eingesetzt für das Stabelement

$$(2.42): \quad \mathbf{K}_i =$$

$$= c \begin{bmatrix} \cos^2 \varphi_i & \cos \varphi_i \sin \varphi_i & -\cos^2 \varphi_i & -\cos \varphi_i \sin \varphi_i \\ \cos \varphi_i \sin \varphi_i & \sin^2 \varphi_i & -\cos \varphi_i \sin \varphi_i & -\sin^2 \varphi_i \\ -\cos^2 \varphi_i & -\cos \varphi_i \sin \varphi_i & \cos^2 \varphi_i & \cos \varphi_i \sin \varphi_i \\ -\cos \varphi_i \sin \varphi_i & -\sin^2 \varphi_i & \cos \varphi_i \sin \varphi_i & \sin^2 \varphi_i \end{bmatrix}.$$

Damit sind alle Elemente des Systems in das globale Koordinatensystem überführt und können nun zur Gesamtsteifigkeitsmatrix zusammengefügt werden. Dies wird am besten mit Hilfe eines Beispiels gezeigt.

BEISPIEL

Am Beispiel des einfachen Fachwerks aus Bild 2.12 werden zuerst die Einzelsteifigkeitsmatrizen $\mathbf{K}_i$, danach die Gesamtsteifigkeitsmatrix $\mathbf{K}$ sowie der Lastvektor $\mathbf{f}$, bzw. der Verschiebungsvektor $\mathbf{v}$ des Systems aufgestellt.

Neben dem globalen Koordinatensystem x, y werden auch die lokalen Koordinatensysteme, durch die Koordinate u_i gekennzeichnet, und die benötigten Transformationswinkel φ_i angegeben.

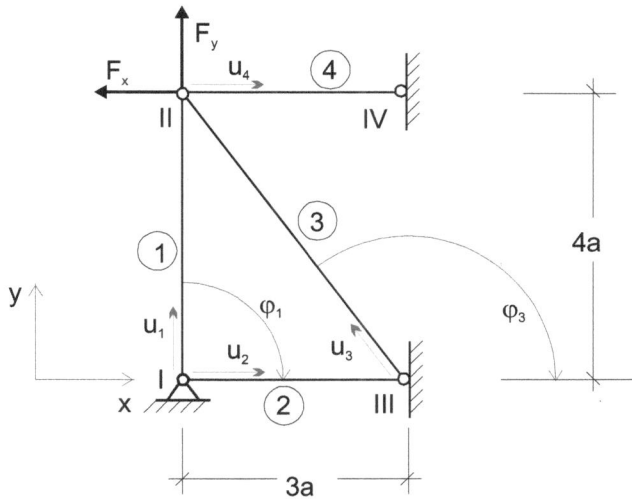

Bild 2.12 Zweifach statisch unbestimmtes Fachwerk

Aufstellen der Einzelsteifigkeitsmatrizen

(2.43): $\varphi_1 = 90^0$:

$$\sin\varphi_1 = 1; \quad \cos\varphi_1 = 0 \quad \Rightarrow \quad \mathbf{K}_1 = \frac{EA}{4a} \begin{bmatrix} 0 & 0 & 0 & 0 \\ 0 & 1 & 0 & -1 \\ 0 & 0 & 0 & 0 \\ 0 & -1 & 0 & 1 \end{bmatrix},$$

(2.44): $\varphi_2 = 0^0$:

$$\sin\varphi_2 = 0; \quad \cos\varphi_2 = 1 \quad \Rightarrow \quad \mathbf{K}_2 = \frac{EA}{3a} \begin{bmatrix} 1 & 0 & -1 & 0 \\ 0 & 0 & 0 & 0 \\ -1 & 0 & 1 & 0 \\ 0 & 0 & 0 & 0 \end{bmatrix},$$

(2.45): $\varphi_3 = 126{,}87^0$: $\sin\varphi_3 = 0.8; \quad \cos\varphi_3 = -0.6$

$$\Rightarrow \quad \mathbf{K}_3 = \frac{EA}{5a} \begin{bmatrix} 0.36 & -0.48 & -0.36 & 0.48 \\ -0.48 & 0.64 & 0.48 & -0.64 \\ -0.36 & 0.48 & 0.36 & -0.48 \\ 0.48 & -0.64 & -0.48 & 0.64 \end{bmatrix},$$

(2.46): $\varphi_4 = 0^0$:

$$\sin\varphi_4 = 0; \quad \cos\varphi_4 = 1 \quad \Rightarrow \quad \mathbf{K}_4 = \frac{EA}{3a}\begin{bmatrix} 1 & 0 & -1 & 0 \\ 0 & 0 & 0 & 0 \\ -1 & 0 & 1 & 0 \\ 0 & 0 & 0 & 0 \end{bmatrix}.$$

2.1.3.4 Kopplung zur Gesamtsteifigkeitsmatrix

Jetzt werden die lokalen Freiheitsgrade jedes Elementes (Bild 2.14) mit den globalen Freiheitsgraden des Gesamtsystems (Bild 2.14) verglichen, um so die zugeordneten Plätze der Einzelsteifigkeitsmatrizen in der Gesamtsteifigkeitsmatrix im globalen Koordinatensystem zu definieren (4. Schritt).

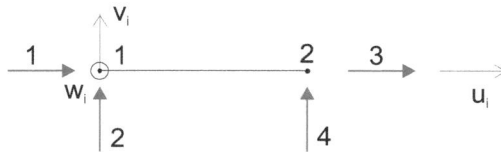

Bild 2.13 Freiheitsgrade des Stabes i im lokalen Koordinatensystem

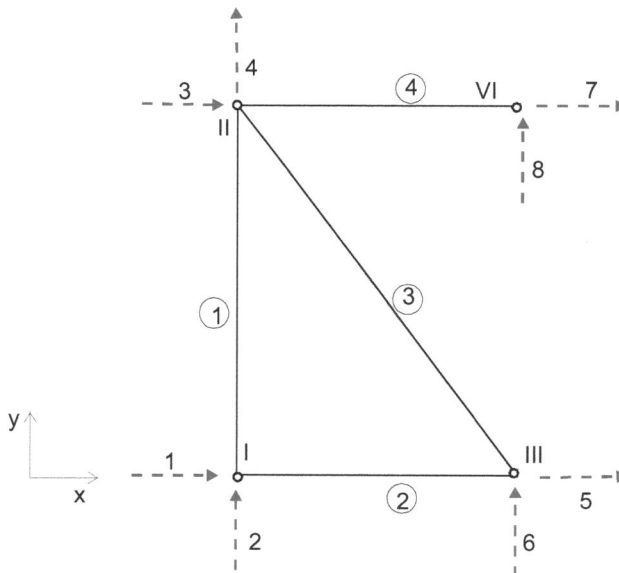

Bild 2.14 Freiheitsgrade des Gesamtsystems im globalen Koordinatensystem

Da jeder Stab i durch seine Verknüpfung an den Elementknoten einen ganz bestimmten Platz im System einnehmen muss, hat auch jede Elementsteifigkeitsmatrix und damit jeder Term der Elementsteifigkeitsmatrix k_{jk} einen bestimmten Platz in der Gesamtsteifigkeitsmatrix. Die Zuordnung wird programmintern mit Hilfe von Koinzidenztabellen durchgeführt. In Tabelle 2.1 wird die Gegenüberstellung der lokalen und der globalen Freiheitsgrade für den Stab 2 gezeigt.

Da die Steifigkeitsmatrizen symmetrisch sind, muss die Zuordnung nur für die obere Hälfte der Matrix durchgeführt werden, der untere Teil ergibt sich dann aus der Symmetrie.

In Bild 2.15 werden die Freiheitsgrade für Stab 2 im lokalen Koordinatensystem gestrichelt, im globalen Koordinatensystem durchgezogen dargestellt. Das heißt, in den verschiedenen Koordinatensystemen werden dieselben Freiheitsgrade (zum Beispiel die Bewegungsrichtung in horizontaler Richtung) unterschiedlich benannt.

Da das globale Koordinatensystem maßgebend für die Berechnung ist, müssen diese ineinander überführt werden. Damit wird festgelegt, wie die Struktur zusammenhängt. Für das Beispiel heißt das, dass sich Stab 1, Stab 3 und Stab 4 in Knoten II treffen.

Wenn man die Koinzidenztabellen für alle Elemente durchgeführt hat, erhält man die Gesamtsteifigkeitsmatrix.

In Bild 2.16 werden die jeweiligen Stabanteile angezeigt, die durch entsprechende Richtungspfeile gekennzeichnet sind. Treffen mehrere Anteile verschiedener Stäbe in einem Term zusammen, werden diese in dem Term der Gesamtsteifigkeitsmatrix addiert.

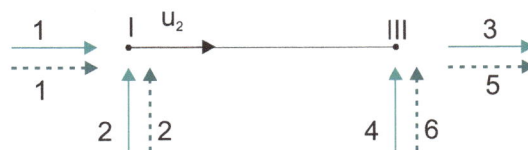

Bild 2.15 Gegenüberstellung der Freiheitsgrade des Einzelstabes im lokalen (⟶) und globalen (·····▶---) Koordinatensystem

Die Koinzidenztabelle stellt die lokalen und globalen Freiheitsgrade am Stab 2 gegenüber. k_{jk} sind die Elemente der lokalen Einzelsteifigkeitsmatrix K_i und k_{lK} sind die Elemente der Gesamtsteifigkeitsmatrix K.

Tabelle 2.1 Koinzidenztabelle

lokal		1	2	3	4
	global	1	2	5	6
1	1	k11 → k11	k12 → k12	k13 → k15	k14 → k16
2	2		k22 → k22	k23 → k25	k24 → k26
3	5			k33 → k55	k34 → k56
4	6	Symmetrie			k44 → k66

$$\mathbf{K} = E\,A$$

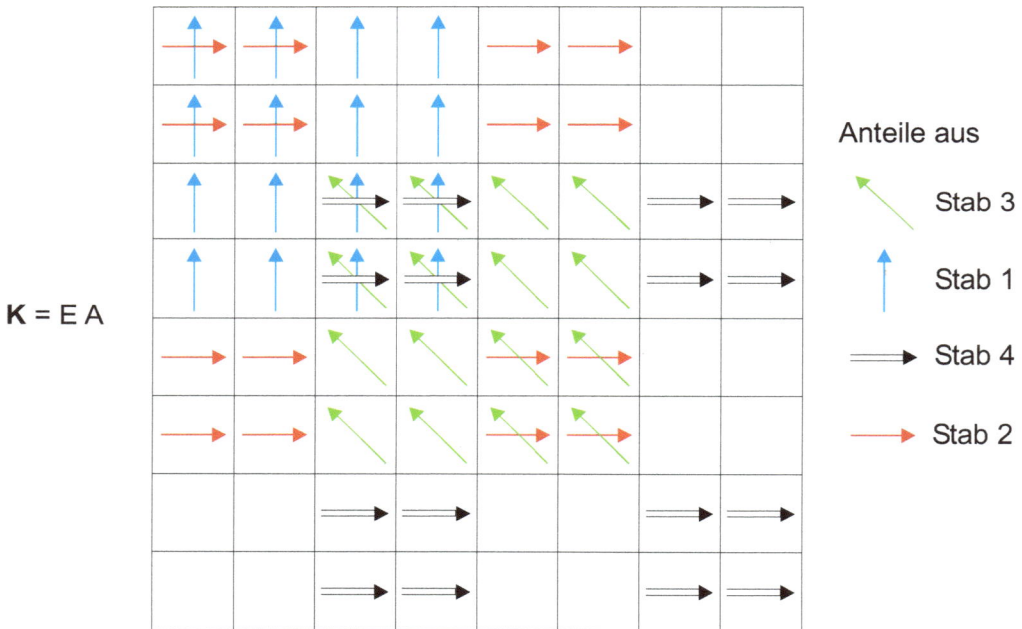

Bild 2.16 Anordnung der Einzelterme k_{jk} aus den Einzelsteifigkeitsmatrizen in der Gesamtsteifigkeitsmatrix

Hier ist die Bandstruktur der Matrix zu erkennen, die in den Lösungsalgorithmen berücksichtigt wird. Wenn die Knotennummerierung der Elemente ungünstig gewählt wird, sind viele Nebenelemente der Matrix besetzt, die weit von der Diagonale entfernt liegen. Das wirkt sich ungünstig auf die Rechenzeit aus.

Die Darstellung zeigt die anteilige Zuordnung der Terme der Einzelsteifigkeitsmatrix in der Gesamtsteifigkeitsmatrix, die noch einmal mit den entsprechenden Koeffizienten k_{jk} dargestellt wird.

$$(2.47): \quad \mathbf{K}_i = = c \begin{bmatrix} k_{11}^1 + k_{11}^2 & k_{12}^1 + k_{12}^2 & k_{13}^1 & k_{14}^1 & k_{13}^2 & k_{14}^2 & - & - \\ k_{21}^1 + k_{21}^2 & k_{22}^1 + k_{22}^2 & k_{23}^1 & k_{24}^1 & k_{23}^2 & k_{24}^2 & - & - \\ k_{31}^1 & k_{32}^1 & k_{33}^1 + k_{11}^3 + k_{11}^4 & k_{34}^1 + k_{12}^3 + k_{12}^4 & k_{13}^3 & k_{14}^3 & k_{13}^4 & k_{14}^4 \\ k_{41}^1 & k_{42}^1 & k_{43}^1 + k_{21}^3 + k_{21}^4 & k_{44}^1 + k_{22}^3 + k_{22}^4 & k_{23}^3 & k_{24}^3 & k_{21}^4 & k_{22}^4 \\ k_{31}^2 & k_{32}^2 & k_{31}^3 & k_{32}^3 & k_{33}^2 + k_{33}^3 & k_{34}^2 + k_{34}^3 & - & - \\ k_{41}^2 & k_{42}^2 & k_{41}^3 & k_{42}^3 & k_{43}^2 + k_{43}^3 & k_{44}^2 + k_{44}^3 & - & - \\ - & - & k_{31}^4 & k_{32}^4 & - & - & k_{33}^4 & k_{34}^4 \\ - & - & k_{41}^4 & k_{42}^4 & - & - & k_{43}^4 & k_{44}^4 \end{bmatrix}$$

Schließlich ergibt sich die Gesamtsteifigkeitsmatrix des Beispiels in Zahlenwerten (Bild 2.178).

$$\mathbf{K} = EA \begin{bmatrix} \dfrac{1}{l} & 0 & 0 & 0 & -\dfrac{1}{l} & 0 & 0 & 0 \\ 0 & \dfrac{1}{h} & 0 & -\dfrac{1}{h} & 0 & 0 & 0 & 0 \\ 0 & 0 & \dfrac{0.36}{b} + \dfrac{1}{l} & -\dfrac{0.48}{b} & -\dfrac{0.36}{b} & \dfrac{0.48}{b} & -\dfrac{1}{l} & 0 \\ 0 & \dfrac{1}{h} & -\dfrac{0.48}{b} & \dfrac{0.64}{b} + \dfrac{1}{h} & \dfrac{0.48}{b} & -\dfrac{0.64}{b} & 0 & 0 \\ -\dfrac{1}{l} & 0 & -\dfrac{0.36}{b} & \dfrac{0.48}{b} & \dfrac{0.36}{b} + \dfrac{1}{l} & -\dfrac{0.48}{b} & 0 & 0 \\ 0 & 0 & \dfrac{0.48}{b} & -\dfrac{0.64}{b} & -\dfrac{0.48}{b} & \dfrac{0.64}{b} & 0 & 0 \\ 0 & 0 & -\dfrac{1}{l} & 0 & 0 & 0 & \dfrac{1}{l} & 0 \\ 0 & 0 & 0 & 0 & 0 & 0 & 0 & 0 \end{bmatrix}$$

Bild 2.17 Gesamtsteifigkeitsmatrix des Fachwerks mit b = 3 a, h = 4 a und l = 5 a

Die Bandbreite ist das Maß der Belegung dieser Steifigkeitsmatrix, die besonders im Bereich der Diagonalen bandartig besetzt ist. Diese Besetzung ist besonders günstig für viele numerische Lösungsalgorithmen.

Je geringer die Bandbreite ist, desto optimaler wird die Rechenzeit. Es ist daher erstrebenswert, eine möglichst geringe Bandbreite zu erhalten. also möglichst alle besetzten Terme direkt auf und direkt neben der Diagonalen zu haben. Dies wird in den Programmen durch Optimierungsalgorithmen erzielt, die auf die Steifigkeitsmatrix angewandt werden.

2.1.3.5 Definition der Belastungen und Randbedingungen

Nun muss das Tragwerk im Raum festgehalten und die angreifende Belastung definiert (5. Schritt) werden (Bild 2.18).

Damit ergibt sich der Lastvektor des Fachwerks im globalen Koordinatensystem. Hier wird der Lastvektor in zwei Lastfälle aufgeteilt. Im Lastfall $\mathbf{f}_1$ sind nur die horizontalen Lasten F_x enthalten, der Lastfall $\mathbf{f}_2$ enthält die vertikalen Lasten F_y.

In der Praxis berechnet man hier häufig nicht die tatsächliche Last, sondern einen Einheitslastfall, zum Beispiel $F_x = 1000$ N, den man später mit einem Faktor multipliziert, um die tatsächliche Belastung zu erhalten. Das hat den Vorteil, dass man für die einzelnen Lastfälle eine bessere Kontrollmöglichkeit hat. Zudem können auch unterschiedliche Lastkombinationen untersucht werden.

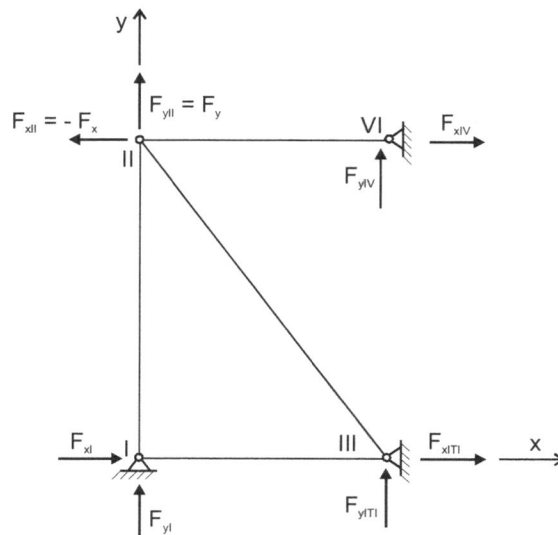

Bild 2.18 Randbedingungen und Kräfte an den einzelnen Knoten

In den meisten Programmen gibt es dafür einen Extraprogrammteil, der diese Funktionen enthält.

Die noch unbekannten Knotenkräfte F_{xi}, F_{yi} werden jetzt an den Knoten mit bekannten Knotenkräften bestimmt. Die nicht zu bestimmenden Knotenkräfte werden nachher berechnet.

$$(2.48): \quad \mathbf{f}_1 = \begin{bmatrix} F_{xI} \\ F_{yI} \\ F_{xII} \\ F_{yII} \\ F_{xIII} \\ F_{yIII} \\ F_{xIV} \\ F_{yIV} \end{bmatrix} = \begin{bmatrix} F_{xI} \\ F_{yI} \\ -F_x \\ 0 \\ F_{xIII} \\ F_{yIII} \\ F_{xIV} \\ F_{yIV} \end{bmatrix}, \quad (2.49): \quad \mathbf{f}_2 = \begin{bmatrix} F_{xI} \\ F_{yI} \\ F_{xII} \\ F_{yII} \\ F_{xIII} \\ F_{yIII} \\ F_{xIV} \\ F_{yIV} \end{bmatrix} = \begin{bmatrix} F_{xI} \\ F_{yI} \\ 0 \\ F_y \\ F_{xIII} \\ F_{yIII} \\ F_{xIV} \\ F_{yIV} \end{bmatrix}.$$

An dieser Stelle wird auch der Verschiebungsvektor **v** definiert.

Die noch unbekannten Knotenverschiebungen u_{xi}, u_{yi} werden jetzt an den Knoten mit bekannten Verschiebungen bestimmt. Durch die Verschiebungsbehinderung in den Auflagern werden die Verschiebungskomponenten in den jeweiligen Richtungen zu Null. Die nicht zu bestimmenden Verschiebungen werden nachher berechnet.

$$(2.50): \quad \mathbf{v} = \begin{bmatrix} v_{xI} \\ v_{yI} \\ v_{xII} \\ v_{yII} \\ v_{xIII} \\ v_{yIII} \\ v_{xIV} \\ v_{yIV} \end{bmatrix} = \begin{bmatrix} 0 \\ 0 \\ v_{xII} \\ v_{yII} \\ 0 \\ 0 \\ 0 \\ 0 \end{bmatrix}.$$

2.1.3.6 Lösung des linearen Gleichungssystems

Damit lautet das algebraische Gleichungssystem

$$(2.51): \quad \mathbf{f} = \mathbf{K}\,\mathbf{v}$$

für den Lastfall 1

$$
(2.52): \quad
\begin{bmatrix}
F_{xI} \\
F_{yI} \\
-F_x \\
0 \\
F_{xIII} \\
F_{yIII} \\
F_{xIV} \\
F_{yIV}
\end{bmatrix}
=
$$

$$
= EA
\begin{bmatrix}
\dfrac{1}{l} & 0 & 0 & 0 & -\dfrac{1}{l} & 0 & 0 & 0 \\[2mm]
0 & \dfrac{1}{h} & 0 & -\dfrac{1}{h} & 0 & 0 & 0 & 0 \\[2mm]
0 & 0 & \dfrac{{,}36}{b}+\dfrac{1}{l} & \dfrac{{,}48}{b} & -\dfrac{{,}36}{b} & \dfrac{{,}48}{b} & -\dfrac{1}{l} & 0 \\[2mm]
0 & -\dfrac{1}{h} & \dfrac{{,}48}{b} & \dfrac{{,}64}{b}+\dfrac{1}{h} & \dfrac{{,}48}{b} & -\dfrac{{,}64}{b} & 0 & 0 \\[2mm]
-\dfrac{1}{l} & 0 & -\dfrac{{,}36}{b} & \dfrac{{,}48}{b} & \dfrac{{,}36}{b}+\dfrac{1}{l} & -\dfrac{{,}48}{b} & 0 & 0 \\[2mm]
0 & 0 & \dfrac{{,}48}{b} & -\dfrac{{,}64}{b} & -\dfrac{{,}48}{b} & \dfrac{{,}64}{b} & 0 & 0 \\[2mm]
0 & 0 & -\dfrac{1}{l} & 0 & 0 & 0 & \dfrac{1}{l} & 0 \\[2mm]
0 & 0 & 0 & 0 & 0 & 0 & 0 & 0
\end{bmatrix}
\begin{bmatrix}
0 \\
0 \\
v_{xII} \\
v_{yII} \\
0 \\
0 \\
0 \\
0
\end{bmatrix}
$$

und für den Lastfall 2

$$(2.53): \quad \begin{bmatrix} F_{xl} \\ F_{yl} \\ 0 \\ F_y \\ F_{xlll} \\ F_{ylll} \\ F_{xlV} \\ F_{ylV} \end{bmatrix} =$$

$$= EA \begin{bmatrix} \dfrac{1}{l} & 0 & 0 & 0 & -\dfrac{1}{l} & 0 & 0 & 0 \\ 0 & \dfrac{1}{h} & 0 & -\dfrac{1}{h} & 0 & 0 & 0 & 0 \\ 0 & 0 & \dfrac{,36}{b}+\dfrac{1}{l} & \dfrac{,48}{b} & \dfrac{,36}{b} & \dfrac{,48}{b} & \dfrac{1}{l} & 0 \\ 0 & -\dfrac{1}{h} & \dfrac{,48}{b} & \dfrac{,64}{b}+\dfrac{1}{h} & \dfrac{,48}{b} & \dfrac{,64}{b} & 0 & 0 \\ -\dfrac{1}{l} & 0 & \dfrac{,36}{b} & \dfrac{,48}{b} & \dfrac{,36}{b}+\dfrac{1}{l} & \dfrac{,48}{b} & 0 & 0 \\ 0 & 0 & \dfrac{,48}{b} & \dfrac{,64}{b} & \dfrac{,48}{b} & \dfrac{,64}{b} & 0 & 0 \\ 0 & 0 & \dfrac{1}{l} & 0 & 0 & 0 & \dfrac{1}{l} & 0 \\ 0 & 0 & 0 & 0 & 0 & 0 & 0 & 0 \end{bmatrix} \begin{bmatrix} 0 \\ 0 \\ v_{xll} \\ v_{yll} \\ 0 \\ 0 \\ 0 \\ 0 \end{bmatrix}$$

Das so definierte Gesamtsystem kann direkt gelöst werden. Im Allgemeinen werden iterative Lösungsmethoden zur Lösung verwendet, die jedem Finite-Element-Programm zur Verfügung stehen.

Die Lösbarkeit des Systems ist völlig unabhängig, ob das System statisch bestimmt oder mehrfach statisch unbestimmt ist. Der Anzahl der unbekannten Auflagerkräfte F_{xi}, F_{yi} steht immer dieselbe Anzahl bekannter Verformungen gegenüber.

Hier wird eine analytische Lösung gezeigt, weil dies möglich ist. In den Programmen erfolgt diese Lösung immer über iterative Lösungsverfahren.

Durch einfaches Ausmultiplizieren der Matrizen erhält man die Lösung für beide Lastfälle

$$(2.54): \begin{bmatrix} F_{xI} \\ F_{yI} \\ -F_x \\ 0 \\ F_{xIII} \\ F_{yIII} \\ F_{xIV} \\ F_{yIV} \end{bmatrix} = EA \begin{bmatrix} 0 \\ \dfrac{1}{h}v_{yII} \\ (\dfrac{,36}{b}+\dfrac{1}{l})v_{xII}-\dfrac{,48}{b}v_{yII} \\ -\dfrac{,48}{b}v_{xII}+(\dfrac{,64}{b}+\dfrac{1}{h})v_{yII} \\ -\dfrac{,36}{b}v_{xII}+\dfrac{,48}{b}v_{yII} \\ \dfrac{,48}{b}v_{xII}-\dfrac{,64}{b}v_{yII} \\ -\dfrac{1}{l}v_{xII} \\ 0 \end{bmatrix} \begin{bmatrix} 0 \\ 0 \\ v_{xII} \\ v_{yII} \\ 0 \\ 0 \\ 0 \\ 0 \end{bmatrix}$$

$$(2.55): \begin{bmatrix} F_{xI} \\ F_{yI} \\ 0 \\ F_y \\ F_{xIII} \\ F_{yIII} \\ F_{xIV} \\ F_{yIV} \end{bmatrix} = EA \begin{bmatrix} 0 \\ \dfrac{1}{h}v_{yII} \\ (\dfrac{,36}{b}+\dfrac{1}{l})v_{xII}-\dfrac{,48}{b}v_{yII} \\ -\dfrac{,48}{b}v_{xII}+(\dfrac{,64}{b}+\dfrac{1}{h})v_{yII} \\ -\dfrac{,36}{b}v_{xII}+\dfrac{,48}{b}v_{yII} \\ \dfrac{,48}{b}v_{xII}-\dfrac{,64}{b}v_{yII} \\ -\dfrac{1}{l}v_{xII} \\ 0 \end{bmatrix} \begin{bmatrix} 0 \\ 0 \\ v_{xII} \\ v_{yII} \\ 0 \\ 0 \\ 0 \\ 0 \end{bmatrix}$$

Das Gleichungssystem ist jetzt zu einer einfachen Beziehungsgleichung geworden. Die unbekannten Knotenkräfte können über die beiden Gleichungen, die nur noch die unbekannten Verschiebungskomponenten u_{xII}, u_{yII} enthalten, bestimmt werden.

2.1.3.7 Berechnung der Verformungen, Spannungen und Schnittkräfte

Die Berechnung der einzigen unbekannten Verformungen v_{xII} und v_{yII} am Knoten II, dem Lastangriffspunkt, ist durch Eliminieren einer der beiden Unbekannten möglich. Dazu muss (2.54) mit 0.48/b und (2.55) mit (0.36/b + 1/l) multipliziert werden.

$$(2.56): \quad \frac{-F_x}{EA} = \left(\frac{0.36}{b} + \frac{1}{l}\right)v_{xII} - \frac{0.48}{b}v_{yII} \qquad \left| \quad *\frac{0.48}{b} \right.$$

$$(2.57): \quad 0 = -\frac{0.48}{b}v_{xII} + \left(\frac{0.64}{b} + \frac{1}{h}\right)v_{yII} \qquad \left| \quad *\left(\frac{0.36}{b} + \frac{1}{l}\right) \right.$$

Danach werden beide Gleichungen addiert und nach v_{yII} aufgelöst.

$$(2.58): \quad \frac{-F_x}{EA}\frac{0.48}{b} = -\frac{0.48}{b}\frac{0.48}{b}v_{yII} + \left(\frac{0.36}{b} + \frac{1}{l}\right)\left(\frac{0.64}{b} + \frac{1}{h}\right)v_{yII}$$

$$(2.59): \quad v_{yII} = \frac{\dfrac{0.48}{b}}{-\dfrac{0.48}{b}\dfrac{0.48}{b} + \left(\dfrac{0.64}{b} + \dfrac{1}{h}\right)\left(\dfrac{0.36}{b} + \dfrac{1}{l}\right)}\frac{-F_x}{EA}$$

$$= -1.3\frac{aF_x}{EA}.$$

Durch Einsetzen in eine der beiden Gleichungen kann nun v_{xII} bestimmt werden.

$$(2.60): \quad v_{yII} = \frac{\left(\dfrac{0.64}{b} + \dfrac{1}{h}\right)}{\dfrac{0.48}{b}}v_{yII} = -3.76\frac{aF_x}{EA}.$$

Sind die unbekannten Knotenverschiebungen bekannt, ergeben sich dann auch die unbekannten Auflager- und Schnittkräfte zu

$$(2.61): \quad F_{xI} = 0,$$

$$(2.62): \quad F_{yI} = -\frac{1}{h}v_{yII},$$

$$(2.63): \quad F_{xIII} = -\frac{0.36}{b}v_{xII} + \frac{0.48}{b}v_{yII},$$

(2.64): $\quad F_{yIII} = \dfrac{0.48}{b} v_{xII} - \dfrac{0.64}{b} v_{yII},$

(2.65): $\quad F_{xIV} = -\dfrac{1}{l} v_{xII},$

(2.66): $\quad F_{yIV} = 0.$

Das sind die Knotenkräfte im globalen Koordinatensystem. Zur Dimensionierung der Fachwerkstäbe werden aber die Stabkräfte in Achsenrichtung benötigt. Dazu müssen die Knotenkräfte wieder in die lokalen Koordinatensysteme transformiert werden. Dies geschieht mit Hilfe der Gleichung

(2.67): $\quad \mathbf{f}_i^* = \mathbf{K}_i^* \, \mathbf{T}_i \, \mathbf{v}_i$

für jeden Fachwerkstab. Hier wird die Transformation für den Fachwerkstab 1 durchgeführt.

(2.68):

$$\begin{bmatrix} F_{u1,1} \\ F_{u2,1} \end{bmatrix} = \frac{EA}{h} \begin{bmatrix} 1 & -1 \\ -1 & 1 \end{bmatrix} \begin{bmatrix} 0 & 1 & 0 & 0 \\ 0 & 0 & 0 & 1 \end{bmatrix} \begin{bmatrix} 0 \\ 0 \\ v_{xII} \\ v_{yII} \end{bmatrix} =$$

$$= \frac{EA}{h} \begin{bmatrix} 1 & -1 \\ -1 & 1 \end{bmatrix} \begin{bmatrix} 0 \\ v_{yII} \end{bmatrix} = \frac{EA}{h} \begin{bmatrix} -v_{yII} \\ v_{yII} \end{bmatrix} =$$

$$= -1{,}3 \, \frac{aF_x}{EA} \frac{EA}{4a} \begin{bmatrix} -1 \\ 1 \end{bmatrix} = F_x \begin{bmatrix} 0.325 \\ -0.325 \end{bmatrix}$$

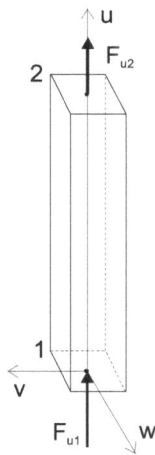

Bild 2.19 Stabkräfte im Fachwerkstab 1 im lokalen Koordinatensystem

Wenn die Verschiebungskomponente v_{yII} negativ ist, ergibt sich der Fachwerkstab 1 als Druckstab (Bild 2.19). Es gelten wieder die Vorzeichen des lokalen Element-koordinatensystems.

Der Lastfall 2 wird nach demselben Schema berechnet. Auch hier werden die Schnittkräfte über die Rücktransformation berechnet. Als Ergebnisse erhält man für die Verschiebungskomponenten

$$(2.69): \quad v_{xII} = \frac{\dfrac{0.48}{b}}{-\dfrac{0.48}{b}\dfrac{0.48}{b}+(\dfrac{0.64}{b}+\dfrac{1}{h})(\dfrac{0.36}{b}+\dfrac{1}{l})} \frac{F_y}{EA},$$

$$(2.70): \quad v_{yII} = \frac{0.48}{b}(\frac{0.36}{b}+\frac{1}{l}) \; v_{xII}.$$

Die Gesamtlösung des Fachwerksystems (Bild 2.13) erhält man durch die Überlagerung beider Lastfälle.

Bei einigen Finite-Elemente-Programmen werden die Schnittkräfte für Stab- und Balkenelemente bereits im lokalen Koordinatensystem berechnet und graphisch ausgegeben.

2.1.3.8 Zweifach statisch unbestimmtes Fachwerk

Die analytische Lösung des Fachwerksystems kann als Kontrolle genutzt werden. Hier muss eine zweifach statisch unbestimmte Rechnung durchgeführt werden, die sehr aufwendig sein kann.

Dazu wird das System statisch bestimmt gemacht ("0"-System), zu dem dann weitere statisch bestimmte Systeme, die Ersatzsysteme, hinzu addiert werden, die die dort nicht berücksichtigten statisch überzähligen Kräfte enthalten (hier: "1"- und "2"-Systeme).

Aufteilung des zweifach statisch unbestimmten Systems in die statisch bestimmten Systeme

Um ein statisch unbestimmtes System (Bild 2.20) zu lösen, gibt es verschiedene Methoden. Hier wird das Kraftgrößenverfahren angewandt, weil es sich um ein zweifach statisch unbestimmtes System handelt. Man könnte auch das Verschiebungsgrößenverfahren anwenden, das eigentlich die Grundlage der Finite-Elemente-Methode ist, hier aber eine aufwendigere Berechnung erfordern würde.

Um das System lösen zu können, muss es statisch bestimmt sein (Bild 2.21a). Das heißt, durch Befreien einer Auflagerreaktion (zweiwertiges Auflager in Knoten III) und durch Zerschneiden eines Stabes (Stab 4) wird das System statisch bestimmt gemacht.

Um diese Annahme wieder zu korrigieren, werden Ersatzsysteme ("1"-System (Bild 2.21b) und "2"-System (Bild 2.21c)) gebildet, die die noch unbestimmten Kräfte X_1 bzw. X_2 als Belastung enthalten. Mit Hilfe dieser Ersatzsysteme werden die im Originalsystem unzulässigen Verformungen und Verdrehungen korrigiert.

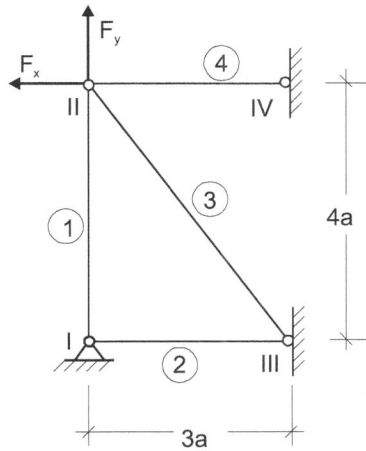

Bild 2.20 Zweifach statisch unbestimmtes Originalsystem

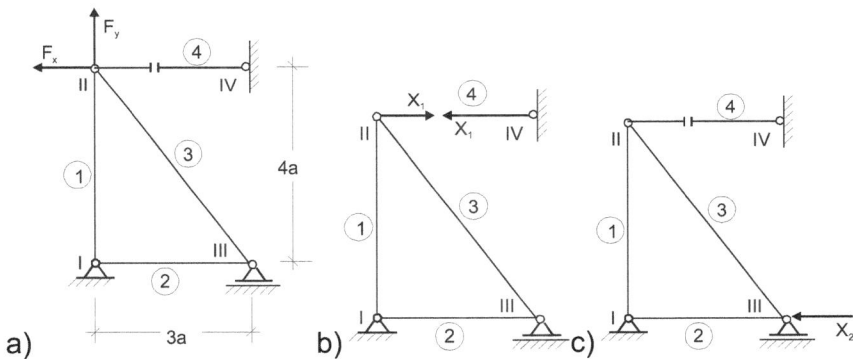

Bild 2.21 a) Statisch bestimmtes Grundsystem ("0"-System) mit der äußeren Belastung; b) Statisch bestimmtes Ersatzsystem ("1"-System) mit der Belastung der noch unbekannten Kraft X_1; c) Statisch bestimmtes Ersatzsystem ("2"-System) mit der Belastung der noch unbekannten Kraft X_2

Die drei Systeme zusammen ergeben wieder das Originalsystem. Diese Tatsache wird über die Kompatibilitätsbedingung mit Hilfe des Arbeitssatzes formuliert und führt in den im Folgenden beschriebenen Schritten zur Lösung des Problems.

Berechnung der Stabkräfte in den statisch bestimmten Systemen

Die Stabkräfte aller drei statisch bestimmten Systeme werden nun berechnet. Im "0"-System wirken nur die äußeren Belastungen. Die Stabkräfte ergeben sich zu

$(2.71):\quad S_1^0 = -1.33\,F_x + F_y$

$(2.72):\quad S_2^0 = -\,F_x$

$(2.73):\quad S_3^0 = 1.66\,F_x$

$(2.74):\quad S_4^0 = 0$

Im "1"-System wirkt die entfernte statisch überzählige Kraft X_1 in der Pendelstütze (Stab 4). Diese Kraft ist nun die einzige Belastung des Systems. Die daraus resultierenden Stabkräfte sind

$(2.75):\quad S_1^1 = 1.33$

$(2.76):\quad S_2^1 = 1$

$(2.77):\quad S_3^1 = -1.66$

$(2.78):\quad S_4^1 = 1$

Die Dimension ist jeweils die der gewählten statisch Überzähligen (hier: NEWTON N).

Im "2"-System wirkt die entfernte statisch überzählige Kraft X_2 im Auflager (Horizontalkomponente). Diese Kraft ist nun die einzige Belastung des Systems. Die daraus resultierenden Stabkräfte sind

$(2.79):\quad S_1^2 = 0$

$(2.80):\quad S_2^2 = 1$

$(2.81):\quad S_3^2 = 0$

$(2.82):\quad S_4^2 = 0$

Berechnung der Verformungen in den statisch bestimmten Systemen

Die Verformungen an den einzelnen Systemen infolge ihrer Belastung lassen sich über

$$(2.83):\quad \delta_{ij} = \sum_{k,l} \frac{S_k^i S_l^j}{EA} l_k$$

berechnen. Es ist die Anwendung des Arbeitssatzes in der Elastostatik. Eine Kraft $\overline{1}$ wird am Ort und in Richtung der gewünschten Verformung angebracht. Für das Fachwerksystem werden die Stabkräfte aus dem statisch bestimmten System mit dem $\overline{1}$ -System gekoppelt.

Damit errechnet sich die Verschiebung in Richtung des Stabes 4 des "0"-Systems am Knoten II zu

$$(2.84):\quad \delta_{10} = \frac{1}{EA}((S_1^0 S_1^1)l_1 + (S_s^0 S_2^1)l_2 + (S_3^0 S_3^1)l_3 + (S_4^0 S_4^1)l_4) =$$

$$= \frac{1}{EA}(\,\frac{4}{3}(F_y - \frac{4}{3}Fx)\,4\,a + (-F_x)\,3\,a + (\frac{5}{3}F_x)(-\frac{5}{3})\,5\,a)$$

$$= \frac{a}{EA}(-9.78\,F_x + 5.33\,F_y),$$

$$(2.85):\quad \delta_{11} = \frac{1}{EA}((S_1^1)^2 l_1 + (S_2^1)^2 l_2 + (S_3^1)^2 l_3 + (S_4^1)^2 l_4)$$

$$= \frac{1}{EA}(\,\frac{4}{3}\frac{4}{3}\,4\,a + 3\,a + \frac{5}{3}\frac{5}{3}\,5\,a) = 27\,\frac{a}{EA},$$

$(2.86):$ $\delta_{12} = \delta_{21} = \dfrac{1}{EA}((S_1^1 S_1^2)l_1 + (S_s^1 S_2^2)l_2 +$

$$+ (S_3^1 S_3^2)l_3 + (S_4^1 S_4^2)l_4) = -3\dfrac{a}{EA}$$

$(2.87):$ $\delta_{20} = \dfrac{1}{EA}((S_1^0 S_1^2)l_1 + (S_s^0 S_2^2)l_2 + (S_3^0 S_3^2)l_3 + (S_4^0 S_4^2)l_4)$

$$= 3\dfrac{1}{EA}F_x$$

$(2.88):$ $\delta_{22} = \dfrac{1}{EA}((S_1^2 S_1^2)l_1 + (S_s^2 S_2^2)l_2 + (S_3^2 S_3^2)l_3 + (S_4^2 S_4^2)l_4)$

$$= 3\dfrac{1}{EA}$$

Kompatibilitätsbedingungen

Die Kompatibilitätsbedingungen werden so definiert, dass sich das statisch bestimmt gemachte Fachwerksystem nun tatsächlich so wie im ursprünglichen (zweifach statisch unbestimmten) System verformt. Die Verschiebungen werden durch X_i-Werte korrigiert. Die Gesamtverformung am Knoten II in horizontaler Richtung (2.89) und am Auflager am Knoten III in horizontaler Richtung (2.90) werden zu Null

$(2.89):$ $\delta_{10} + X_1\delta_{11} + X_2\delta_{12} = 0$

$(2.90):$ $\delta_{20} + X_1\delta_{21} + X_2\delta_{22} = 0$

Daraus werden die statisch überzähligen Kräfte berechnet

$$(2.91): \quad X_1 = \frac{\begin{bmatrix} -\delta_{10} & \delta_{12} \\ -\delta_{20} & \delta_{22} \end{bmatrix}}{\begin{bmatrix} \delta_{11} & \delta_{12} \\ \delta_{21} & \delta_{22} \end{bmatrix}} = \frac{-\delta_{10}\delta_{22} + \delta_{20}\delta_{12}}{\delta_{11}\delta_{22} - \delta_{12}^2}$$

$$= 0.28 F_x - 0.22 F_y,$$

$$(2.92): \quad X_2 = \frac{\begin{bmatrix} \delta_{11} & -\delta_{10} \\ \delta_{21} & -\delta_{20} \end{bmatrix}}{\begin{bmatrix} \delta_{11} & \delta_{12} \\ \delta_{21} & \delta_{22} \end{bmatrix}} = \frac{-\delta_{10}\delta_{12} + \delta_{20}\delta_{11}}{\delta_{11}\delta_{22} - \delta_{12}^2}$$

$$= -0.72 F_x + 0.22 F_y.$$

Die endgültigen Stabkräfte des statisch unbestimmten Systems werden durch Superposition der einzelnen Systeme mit den nun bekannten Termen X_1 und X_2 berechnet

$$(2.93): \quad S_k = S_k^0 + X_1 S_k^1 + X_2 S_k^2,$$

$$(2.94): \quad S_1 = S_1^0 + X_1 S_1^1 + X_2 S_1^2$$
$$= -1.33 F_x + F_y + 1.33 (0.28 F_x - 0.22 F_y) + 0$$
$$= -0.96 F_x + 0.71 F_y,$$

$$(2.95): \quad S_2 = -F_x + (0.28 F_x - 0.22 F_y) 1 + (-0.72 F_x + 0.22 F_y)(-1)$$
$$= -0.44 F_y,$$

$$(2.96): \quad S_3 = 1.66 F_x + (0.28 F_x - 0.22 F_y)(-1.66) + 0$$
$$= 1.20 F_x + 0.36 F_y,$$

$$(2.97): \quad S_4 = 0 + (0.28 F_x - 0.22 F_y) 1 + 0 = 0.28 F_x - 0.22 F_y.$$

Berechnung der Horizontalverschiebung von Knoten II

Sollen nun auch noch Verformungen für dieses System berechnet werden, darf man am reduzierten System, das heißt, am statisch bestimmten "0"-System die Kraft $\overline{1}$ anbringen und kann mit diesem System die Stabkräfte berechnen.

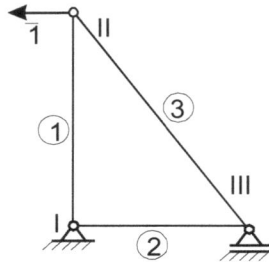

Bild 2.22 Anbringen der $\overline{1}$-Kraft zur Berechnung der Horizontalverschiebung am Knoten II

Mit diesen so berechneten Stabkräften

$$(2.98): \quad \overline{S}_1 = -1.33\,\overline{1},$$

$$(2.99): \quad \overline{S}_2 = -\,\overline{1},$$

$$(2.100): \quad \overline{S}_3 = 1.66\,\overline{1},$$

$$(2.101): \quad \overline{S}_4 = 0$$

werden die Verformungen, hier die horizontale am Knoten II, mit Hilfe des Arbeitssatzes berechnet

$$(2.102): \quad \overline{1}f_H = \sum_{k,l} \frac{S_k \overline{S}_l}{EA} l_k = \sum_{k,l} \frac{(S_k^0 + X_1 S_k^1 + X_2 S_k^2)\overline{S}_l}{EA} l_k$$

$$= \frac{a}{EA}(4.97\,F_x - 2.11 F_y)$$

Damit hat man exakte Werte, mit der die Finite-Elemente-Berechnung überprüft werden kann.

2.1.4 Andere eindimensionale Elementtypen

Diese Herleitung zeigt die Vorgehensweise beim Verfahren der Finiten-Elemente-Methode. Wenn nun andere Elemente als die einfachen Stabelemente gewählt werden, ändert sich in der Vorgehensweise grundsätzlich nichts. Allerdings wird der Aufwand für die einzelnen Elementtypen erheblich größer, wie im Folgenden für ein Balkenelement gezeigt wird. Im Kapitel 2.2 wird dann die Vorgehensweise für Probleme gezeigt, für die kein analytischer Ansatz, zum Beispiel für die numerische Lösung einer Differentialgleichung vorliegt.

BEISPIEL

Um ein einfaches Balkenproblem (Bild 2.23) allgemeinerer Art lösen zu können, geht man von der Differentialgleichung 4. Ordnung aus. Sie beschreibt an einem differentiell kleinen (infinitesimalen) Teilchen (Bild 2.27) das Verhalten der Struktur.

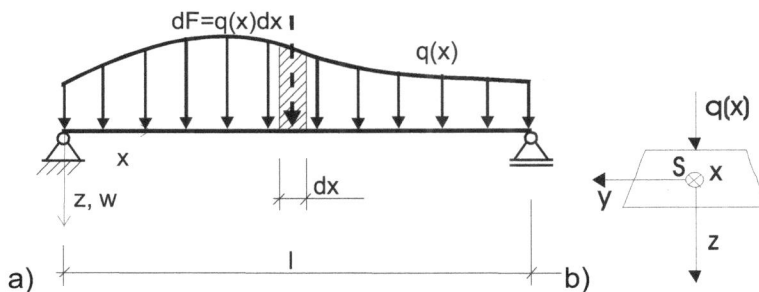

Bild 2.23 a) Einfacher Biegebalken mit der Belastung q(x); b) Querschnittsschwerpunkt S

Durch das Gleichgewicht der angreifenden Schnittkräfte, der Querkraft Q und dem Biegemoment M um die y-Achse, ergibt sich am Teilstück unter der resultierenden Belastung

(2.103): $dF = q(x)\,dx$

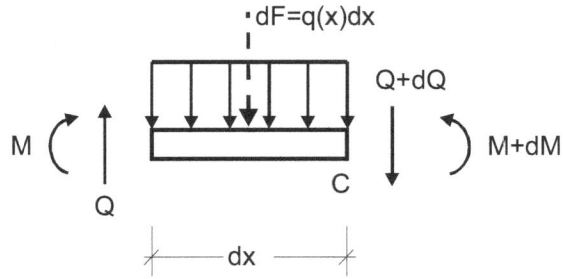

Bild 2.24 Infinitesimales Teilstück des Biegebalkens

die Beziehungsgleichung

(2.104): $\uparrow:\quad Q - dF - (Q + dQ) = 0$

(2.105): $\sum M_C:\quad -M - Q\,dx + dF\dfrac{dx}{2} + (M + dM) = 0$

Damit liegen die einfachen Differentialgleichungen für den Querkraft- und Biegemomentenverlauf in x vor

(2.106): $-q(x)\,dx - dQ = 0 \quad\Rightarrow\quad \dfrac{dQ}{dx} = -q(x)$

(2.107): $dM - Q\,dx = 0 \quad\Rightarrow\quad \dfrac{dM}{dx} = Q,$

wobei $(dx)^2$ gegen Null geht.

Die Querkraft Q ändert sich durch die negative Gleichstreckenlast q(x). Die Ableitung des Momentes M nach x liefert die Querkraft Q!

Man kann diese beiden Differentialgleichungen 1. Ordnung auch zu einer Differentialgleichung 2. Ordnung zusammenfassen

Unter den Bedingungen, dass

o der Balken gerade ist

o der Träger nur unter Querbelastung q(x) belastet ist

o die Balkenlänge wesentlich größer als alle anderen Querschnittsabmessung ist

o die Balkenachse im unbelasteten Zustand gerade ist

o der Balkenquerschnitt in x-Richtung schwach veränderlich ist

o nur kleine Verformungen unter der Belastung entstehen

o die Lastebene parallel zur x-z-Ebene gleichzeitig die Verformungsebene ist

können weiter die Verformungen des Balkens, die Verdrehung des Querschnitts, der Biegewinkel und dessen Absenkung sowie die Biegelinie, berechnet werden.

Aus den allgemeinen Verzerrungs-Verschiebungsgleichungen für ein eindimensionales System

$$(2.108): \quad \varepsilon_x = \frac{\partial u_x}{\partial x} = \frac{\partial u}{\partial x}$$

$$(2.109): \quad \gamma_{xy} = \frac{\partial u_x}{\partial z} + \frac{\partial u_z}{\partial x} = \frac{\partial u}{\partial z} + \frac{\partial w}{\partial x}$$

ergibt sich eine einfachere Schreibweise, wenn angenommen wird, dass die Verschiebung in x-Richtung u und Verschiebungen in z-Richtung w genannt werden

$$(2.110): \quad u_x = u$$

$$(2.111): \quad u_z = w.$$

Annahme I

Diese Annahme besagt, dass alle Punkte des Querschnittes die gleiche Absenkung w(x) an einer Stelle x haben. Die Verschiebung w hängt nur von der x-Koordinate ab

(2.112): $\quad w = w(x)$.

Annahme II

Eine weitere Annahme besagt, dass sich die Querschnitte zwar um den Biegewinkel $\psi(x)$ verdrehen, aber eben bleiben (Bild 2.25) (JAKOB BERNOULLI 1654-1705).

(2.113): $\quad u(x, z) = \psi(x)\, z$.

Das gilt allerdings nur für kleine Biegewinkel $\|\psi\| \ll 1\|$.

Damit vereinfachen sich die Verzerrungs-Verschiebungsgleichungen (2.108 und 2.109) zu

(2.114): $\quad \varepsilon_x = \dfrac{d\psi}{dx} z = \psi^{\,I}\, z$

(2.115): $\quad \gamma_{xy} = \psi(x) + \dfrac{dw}{dx} = \psi(x) + w^{\,I}$.

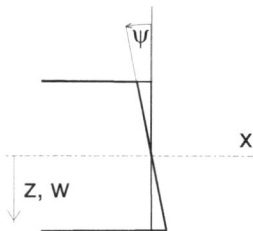

Bild 2.25 Verdrehung des Querschnitts

Annahme III

Mit einer weiteren Annahme erhält man die Gleichungen für den BERNOULLI-EULER-Balken, bei dem die Schubverzerrung vernachlässigt werden darf.

$$(2.116): \quad \gamma_{xy} = 0 = \psi(x) + w^I \quad \Rightarrow \quad w^I = -\psi(x).$$

Der Querschnitt steht auch nach der Verformung senkrecht zur Balkenachse

$$(2.117): \quad u(x, z) = \psi(x)\, z = -w^I z.$$

Wird diese Annahme nicht eingeführt, liefert diese Herleitung die Differentialgleichungen für den schubweichen Balken, der in den meisten Finite-Elemente-Programmen zu finden ist.

Mit dem HOOKEschen Gesetz für den eindimensionalen Fall ohne Temperaturänderung wird nun die Verbindung zwischen den Verzerrungs-Verschiebungsgleichungen und den Spannungen, bzw. den Schnittkräften entwickelt

$$(2.118): \quad \varepsilon_x = \frac{1}{E}\left(\sigma_x - \nu\left(\sigma_y + \sigma_z\right)\right).$$

Darin ist das Elastizitätsmodul E als ein Werkstoffkennwert enthalten.

Annahme IV

Mit dieser Annahme wird definiert, dass die Spannung σ_x nur in der Belastungsebene x-z bei Biegung um die y-Achse auftritt. Alle anderen Spannungen verschwinden

$$(2.119): \quad \sigma_y = \sigma_z = 0.$$

Damit ergibt sich das HOOKEsche Gesetz zu

$(2.120):\quad \sigma = E\,\varepsilon \;\Rightarrow\; \varepsilon_x = \dfrac{\sigma}{E}\quad.$

Der Normalspannungsverlauf σ_x ergibt sich nun mit (2.114) zu

$(2.121):\quad \sigma = E\,\dfrac{du}{dx} = E\,\psi(x)^{I}z.\quad.$

Mit (2.115) folgt der Schubspannungsverlauf

$(2.122):\quad \tau = G\,(\psi(x) + w^{I}),$

mit dem Schubmodul G, der sich über das Elastizitätsmodul E und die Querdehnzahl ν berechnen lässt

$(2.123):\quad G = \dfrac{E}{2(1+\nu)}.$

Aus der Annahme III (2.116) entsteht hier ein Widerspruch. Die Schubspannung wird unter einer Querkraftbelastung nicht zu Null.

$(2.124):\quad \tau_{xy} = \tau \neq 0,$

Dieser Widerspruch kann allerdings in den meisten technischen Problemen vernachlässigt werden. Dennoch findet man bei den finiten Elementtypen nur noch Balkenelemente analog der schubweichen Balkentheorie. In den Ergebnissen der Finite-Elemente-Berechnung für die Verformungen treten also immer Differenzen aus dieser Diskrepanz zu einer einfachen Handrechnung nach der BERNOULLI-EULER-Theorie auf (Beispiel in Kapitel 2.3.3).

Jetzt wird der Zusammenhang zwischen den Spannungen σ_x und τ und den Schnittkräften Q (Bild 2.30) und M (Bild 2.26) durch die Betrachtung des Gleichgewichts am System hergestellt.

Dazu wird die elementare Normalkraft $\sigma_x dA$ mit dem Hebelarm z multipliziert und über die Querschnittsfläche integriert

$$(2.125): \quad M = \int_{(A)} z\, \sigma_x \, dA.$$

Mit den oben hergeleiteten Werten ergibt sich eine Beziehung zwischen dem Biegemoment und der Verformung in z-Richtung, der Biegelinie

$$(2.126): \quad M = E\frac{d\psi}{dx}\iint_{(A)} z^2\, dA = E\, I_y\, \psi' = -E\, I_y\, w''.$$

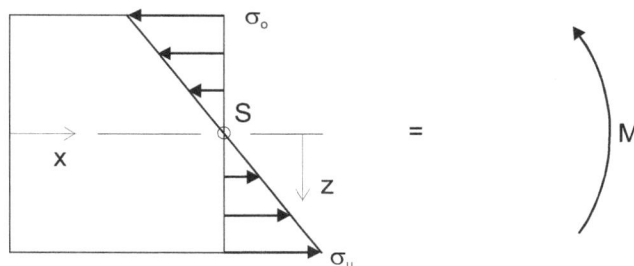

Bild 2.26 Das Biegemoment M als resultierendes Moment der elementaren Kräfte σ_x dA bezüglich der y-Achse

Das Doppelintegral mit der Dimension m^4,

$$(2.127): \quad I_y = \iint_{(A)} z^2\, dA$$

enthält einen weiteren Querschnittswert, das Flächenträgheitsmoment I_y um die Biegeachse y. Eingesetzt ergibt sich die Beziehung für den Biegewinkel

$$(2.128): \quad \frac{d\psi}{dx} = \frac{M}{E\,I_y}.$$

Das Flächenträgheitsmoment I_y ist durch die Multiplikation mit dem Elastizitätsmodul E ein Maß für die Biegesteifigkeit $E\,I_y$ eines Balkens.

Eine weitere Gleichgewichtsbetrachtung (Bild 2.27) führt auf eine Beziehung zwischen der Schubspannung τ und der Querkraft Q.

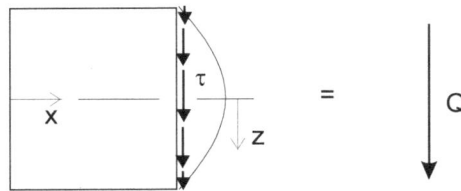

Bild 2.27 Die Querkraft Q als resultierende Kraft der elementaren Kräfte $\tau\,dA_s$

Das Gleichgewicht in z-Richtung ergibt

$$(2.129): \quad Q = \tau\,A_s = G\,As\,(w^l + \psi).$$

Hier wird der in der BERNOULLI-EULER-Theorie gemachte Fehler durch einen weiteren Querschnittswert A_s korrigiert, einer reduzierten Querschnittsfläche

$$(2.130): \quad A_s = \frac{b\,I_y}{S(z)},$$

die über das Flächenträgheitsmoment I_y und das statische Moment $S(z)$ berechnet wird.

Das statische Moment $S(z)$ ergibt sich aus der zwischen $\bar{z} = -z_0$ und z liegenden Teilfläche des Querschnitts.

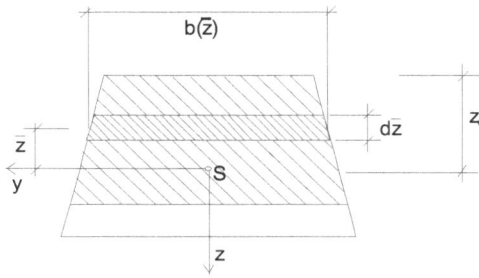

Bild 2.28 Statisches Moment der Querschnittsteilfläche

Die reduzierte Querschnittsfläche A_s ergibt mit dem Schubmodul G multipliziert ein Maß für die Schubsteifigkeit $G\,A_s$ des Balkens.

Mit der Beziehung

(2.131): $\psi = -w^I$ oder $\dfrac{dw}{dx} = -\psi$

ergibt sich die Differentialgleichung für die Biegelinie w des Balkens.

Damit liegen vier Differentialgleichungen 1. Ordnung (2.106, 2.107, 2.128, 2.131) vor, die auch zu einer Differentialgleichung 4. Ordnung

(2.132): $E\,I_y \dfrac{d^4 w}{dx^4} = E\,I_y\,w^{IV} = q(x)$

zusammengefasst werden können.

Reine Biegung liegt vor, wenn die neutrale Schicht (z = 0) nicht durch eine Normalspannung belastet ist. Diese lässt sich aus

(2.133): $\sigma_x = \dfrac{M}{I_y} z$

berechnen, wobei z von der Schwerachse (neutrale Faser) aus gezählt wird (Bild 2.32).

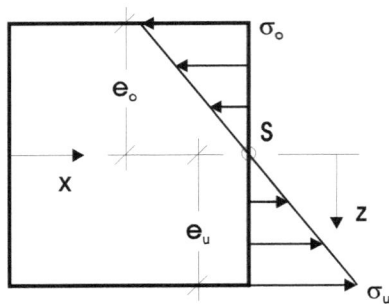

Bild 2.29 Normalspannungsverteilung über die Querschnittshöhe bei reiner Biegung

Die Maximalwerte der Spannung entstehen immer in der Randfaser, die von der neutralen Faser am weitesten entfernt liegt ($e_{max} = \max(e_o, e_u)$). Damit erhält man einen weiteren Querschnittswert, das Widerstandsmoment W

$$(2.134): \quad W_y = \frac{I_y}{e_{max}}.$$

Es ergibt sich aus der Division des Flächenträgheitsmomentes durch diese Rand-faserabstände. Die Maximalspannung kann so über

$$(2.135): \quad \sigma_{x\,max} = \frac{M}{W_y}$$

berechnet werden.

Diese Differentialgleichung, bzw. Differentialgleichungen müssen nun integriert werden, um die eigentlichen Schnittkräfte explizit zu erhalten. Bei der Integration entstehen freie Konstanten, die sich über die Randbedingungen aus den Aufla-gerarten des Balkens bestimmen lassen.

Die Lösung des Balkens wird sehr umfangreich, wenn es sich um eine komplexe Belastung q(x) handelt. Der Lösungsaufwand wird sehr groß, teilweise ist das Problem nur noch über eine Näherungsberechnung zu lösen, zum Beispiel mit Hilfe einer FOURIER-Reihenentwicklung oder über das RITZsche Verfahren (Kap. 2.2.3).

Aber auch diesen Verfahren sind wegen des Aufwands Grenzen gesetzt. Komplexe, zusammengesetzte Strukturen lassen sich damit kaum bewältigen. Hier benutzt man die Finite-Elemente-Methode, die die partiellen Differentialgleichungen wie für den Druck-, Zugstab in algebraische Gleichungssysteme umwandelt.

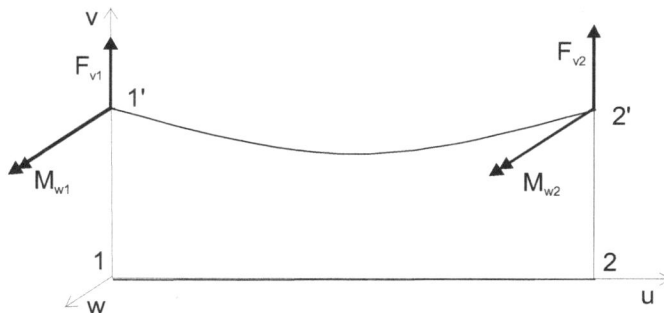

Bild 2.30 Querkräfte F_{vi} und Biegemomente M_{wi} an den Knoten eines Balkenelements

Dazu wird die Struktur in finite Balkenelemente aufgeteilt. Bei diesen Elementen ergeben sich jeweils zwei Schnittkräfte, die Querkraft F_{vi} und das Biegemoment M_{wi}, (Bild 2.30) und je zwei Verformungen, die Verschiebung w_i senkrecht zur Balkenachse und die Verdrehung w_i^l (Bild 2.31). Das sind gleich doppelt so viele Kräfte und Freiheitsgrade wie beim Stabelement an jedem Elementknoten.

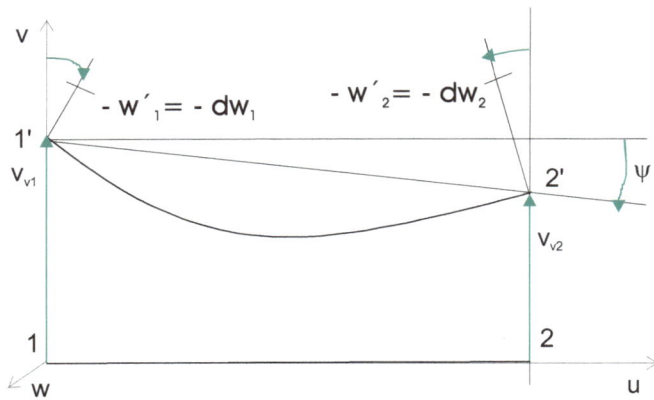

Bild 2.31 Verschiebungen w_i und Verdrehungen w'_i an den Knoten eines Balkenelements

So ergibt sich die Elementsteifigkeitsmatrix $\mathbf{K_i}^*$ eines Balkenelements im lokalen Koordinatensystem

$$(2.136): \quad \mathbf{K}_i^* = \frac{4\,E_i I_i}{(1+4q_i)\,l_i} \begin{bmatrix} \dfrac{3}{l_i^2} & \dfrac{3}{2l_i} & -\dfrac{3}{l_i^2} & -\dfrac{3}{2l_i} \\[2mm] \dfrac{3}{2l_i} & (1+q_i) & -\dfrac{3}{2l_i} & (\dfrac{1}{2}-q_i) \\[2mm] -\dfrac{3}{l_i^2} & \dfrac{3}{2l_i} & \dfrac{3}{l_i^2} & -\dfrac{3}{2l_i} \\[2mm] -\dfrac{3}{2l_i} & (\dfrac{1}{2}-q_i) & \dfrac{3}{2l_i} & (1+q_i) \end{bmatrix}.$$

Die Querkraftkonstante

$$(2.137): \quad q_i = \frac{3E_i I_i}{G_i A_{Si} l_i^2}$$

beinhaltet die Anteile aus der schubweichen Balkentheorie.

Dies führt wieder auf die Gleichung für das lineare Gleichungssystem

$$(2.29): \quad \mathbf{f}_i^* = \mathbf{K}_i^*\, \mathbf{v}_i^*,$$

die jetzt die Steifigkeitsmatrix $\mathbf{K}_i^*$ des finiten Balkenelementes enthält.

$$(2.138): \begin{bmatrix} F_{v1,i} \\ M_{w1,i} \\ F_{v2,i} \\ M_{w2,i} \end{bmatrix} = \frac{4E_i I_i}{(1+4q_i)l_i} \begin{bmatrix} \dfrac{3}{l_i^2} & \dfrac{3}{2l_i} & \dfrac{3}{l_i^2} & \dfrac{3}{2l_i} \\ \dfrac{3}{2l_i} & (1+q_i) & \dfrac{3}{2l_i} & (\dfrac{1}{2}-q_i) \\ \dfrac{3}{l_i^2} & \dfrac{3}{2l_i} & \dfrac{3}{l_i^2} & \dfrac{3}{2l_i} \\ -\dfrac{3}{2l_i} & (\dfrac{1}{2}-q_i) & \dfrac{3}{2l_i} & (1+q_i) \end{bmatrix} \begin{bmatrix} v_{v1,i} \\ dw_{1,i} \\ v_{v2,i} \\ dw_{2,i} \end{bmatrix}$$

Gleichung (2.138) ist die Einzelsteifigkeitsmatrix für ein Element i im lokalen Koordinatensystem. Diese muss für jedes Element definiert, in das globale Koordinatensystem transformiert und dann zur Gesamtsteifigkeitsmatrix zusammengefasst werden.

Ansonsten liegt dasselbe Verfahren (Bild 2.5) vor, wie es oben für den Druck-, Zugstab gezeigt wurde. Nur beim Schritt 2: Auswahl der Elemente und Werkstoffe wird statt des Stabelementes ein Balkenelement gewählt.

BEISPIEL

Die Unterschiede zwischen Stab- und Balkenelement werden an einem "Balken" auf zwei Stützen unter einer Einzellast in der Mitte gezeigt (Bild 2.35).

Die erste Approximation mit Stabelementen ist für diese Belastung falsch und stellt eine kinematische Kette dar, die sich unter der Last beweglich (kinematisch) verhält. Der Wert der Verformung ist ein Grenzwert des Finite-Elemente-Programms.

Dagegen werden die zwei unterschiedlichen Approximationen durch Balkenelemente dasselbe, richtige Ergebnis unter dieser Belastung liefern. In der ersten Balken-Approximation werden die Balkenquerschnittswerte durch eine numerische Angabe festgelegt, im zweiten Fall werden sie durch die Beschreibung der Querschnittsform mit ihren Abmessungen (hier: quadratischer Querschnitt) direkt vom Programm berechnet und müssen nicht mehr vorher von Hand berechnet werden.

a)

b)

c)

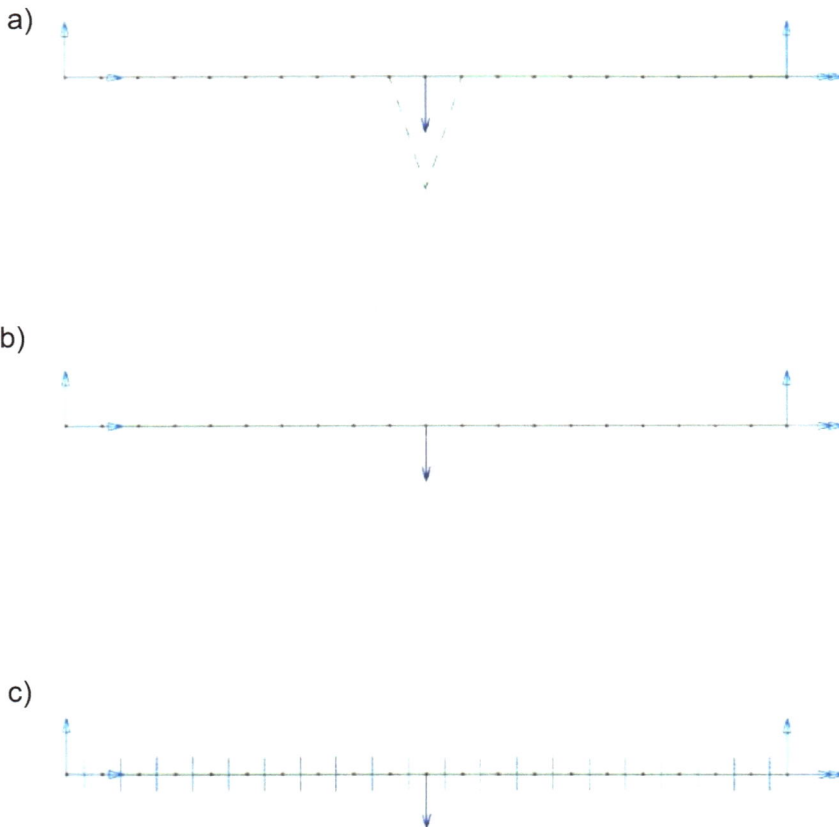

Bild 2.32 Approximation eines statisch bestimmt gelagerten, eindimensionalen Tragwerks unter einer Einzellast; a) mit 20 Stabelementen, b) + c) mit 20 Balkenelementen.

Die Stabelemente können an ihren Knoten keine Momente aufnehmen, deshalb knickt die Struktur an diesen Stellen ab (Bild 2.32a).

BEISPIEL

Das nächste Beispiel zeigt die Approximation eines einseitig eingespannten Balkens mit nur einem Balkenelement über die Angabe der Querschnittsform mit seinen Abmessungen (Bild 2.33a).

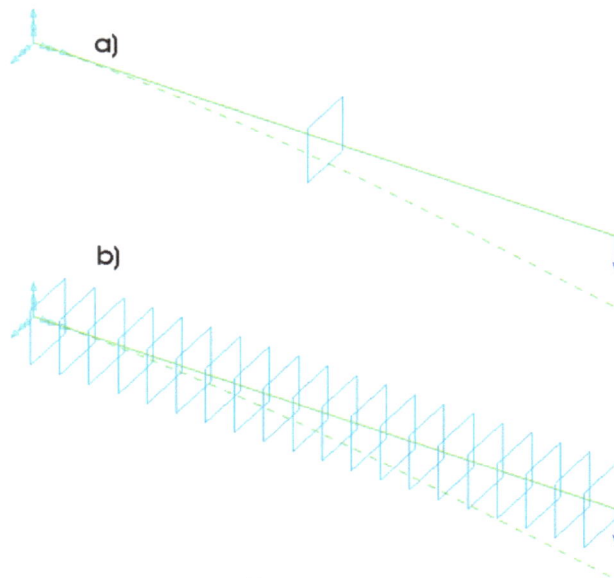

Bild 2.33 Einseitig eingespannter Balken unter einer Einzellast F = 10 kN; a) Vernetzung mit 1 Balkenelement; b) Vernetzung mit 20 Balkenelementen

Die zweite Approximation zeigt denselben Balken durch 20 Balkenelemente abgebildet (Bild 2.33b).

Die Verformung beider Approximationen unter der Einzellast F = 10 kN liefert dieselbe maximale Verschiebung am Kragarmende. Das ist hier wie beim Stabelement möglich, weil die Elementlösung eine exakte Lösung ist.

BEISPIEL

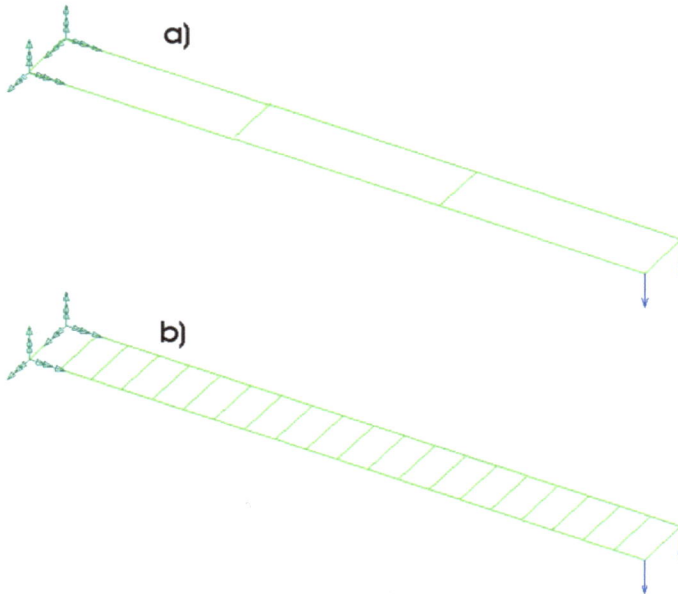

Bild 2.34 Einseitig eingespannter Balken unter einer exzentrischen Einzellast F = 10 kN; a) Vernetzung mit 3 Schalenelementen; b) Vernetzung mit 20 Schalenelementen

Wird der eingespannte Balken dagegen mit Schalenelementen (Bild 2.34) abgebildet, ist die Anzahl der gewählten Elemente von Bedeutung für die Genauigkeit des Ergebnisses.

Wird der eingespannte Balken dagegen mit Schalenelementen (Bild 2.34a) abgebildet, ist die Anzahl der gewählten Elemente von Bedeutung für die Genauigkeit des Ergebnisses.

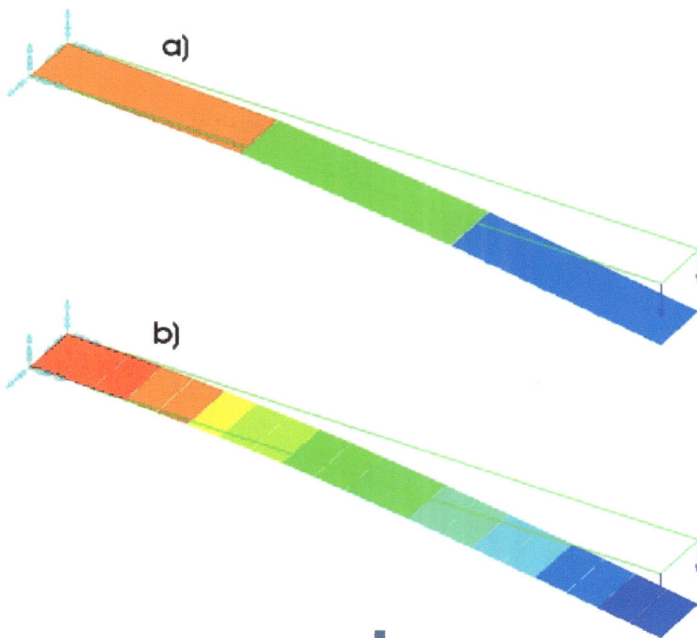

Bild 2.35 Spannungsverläufe der verformten Balkenstruktur; a) Vernetzung mit 3 Schalenelementen; b) Vernetzung mit 20 Schalenelementen

Die Einzellast F = 10 kN wird auf zwei Knoten zu je F = 5 kN verteilt aufgebracht. Die Spannungsverläufe und die maximale Verformung am Kragarmende sind von der Approximation der Struktur abhängig. Im Fall der ungenügenden Approximation werden nur drei Schalenelemente benutzt (Bild 2.34a).

Die Verformung am Kragarmende mit f = 1, 85 mm unterscheidet sich von der mit der richtigen Abbildung mit f = 1,94 mm nur geringfügig. Das heißt, für die Verformungen ist die Genauigkeit der Approximation von nicht so großer Bedeutung.

Der Maximalwert des Spannungsverlaufs der falschen Approximation (Bild 2.35a) liegt um einen Faktor 10 unter dem Wert der korrekten Approximation (Bild 2.35b).

2.2 Energiemethoden in der Elastostatik

2.2.1 Übersicht

In der Elastostatik werden Verzerrungen und Spannungen berechnet, die in Strukturen auftreten. Das Vorgehen ist bekannt. Für das unverformte System werden die Gleichgewichtsbedingungen aufgestellt. Sie enthalten die gegebenen äußeren Kräfte und die gesuchten Spannungen. Am ebenfalls unverformten System werden die geometrischen Beziehungen formuliert. Sie enthalten die gegebenen geometrischen Randbedingungen und die gesuchten Verzerrungen. Schließlich dient das Stoffgesetz zur Kopplung von Spannungen und Verzerrungen. So können alle unbekannten Größen der Verzerrungen oder Spannungen bestimmt werden.

Die meisten Schwierigkeiten bereitet im Allgemeinen das Erkennen der geometrischen Zusammenhänge, vor allem dann, wenn es sich nicht mehr um gerade Stäbe oder Balken, sondern um komplexe Systeme, wie gekrümmte Balken oder zusammengesetzte Systeme, handelt. Sehr schnell wird die Grenze des Machbaren erreicht. Für diese Fälle werden dann die Energiemethoden benötigt.

In den Energiemethoden spielen die geometrischen Betrachtungen zwar auch eine Rolle, aber eine untergeordnete. An Stelle der bisher verwendeten Gleichgewichtsbedingungen treten Aussagen darüber, welche Arbeit die äußeren Kräfte bei der Verformung eines Systems verrichten, in welcher Energieform und wo diese Arbeit gespeichert wird. Das Stoffgesetz wird wie bisher gebraucht.

Ein Grund für die größere Leistungsfähigkeit der Energiemethoden ist, dass Arbeit und Energie skalare (ungerichtete) Größen sind, während Kräfte und Verschiebungen vektorielle (gerichtete) Größen sind.

2.2.2 Prinzip der virtuellen Verrückungen und das Prinzip vom Minimum des Gesamtpotentials

Zwei Energiemethoden werden hier ausführlicher vorgestellt, um das Grundsätzliche dieser Methoden zu zeigen: das Prinzip der virtuellen Verrückungen und das Prinzip vom Minimum des Gesamtpotentials.

2.2.2.1 Prinzip der virtuellen Verrückungen bei starren Körpern

Das Prinzip der virtuellen Verrückungen wird in der Statik für Starrkörper und Starrkörpersysteme definiert als virtuelle Arbeit

$$(2.139): \quad \delta W = 0.$$

"Die bei einer virtuellen Verrückung aus der Gleichgewichtslage von den einge-prägten Kräften insgesamt geleistete Arbeit ist gleich Null."

Hier liegen keine Verformungen, also auch kein Potential der inneren Kräfte vor. Dieses Prinzip ist den Gleichgewichtsbedingungen äquivalent.

Als virtuelle Verrückung sind Verschiebungen und Verdrehungen gemeint, die fol-gendermaßen definiert werden

o sie sind gedacht, das heißt, sie müssen in natura nicht vorkommen,

o sie sind sehr klein, damit sich die Kräftekonstellation nicht ändert,

o sie müssen geometrisch möglich sein.

BEISPIEL

An einem einfachen mathematischen Pendel (Bild 2.36) werden die möglichen Gleichgewichtslagen und deren Stabilität untersucht.

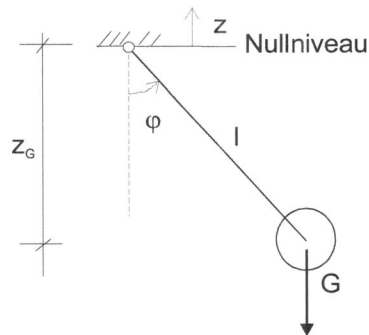

Bild 2.36 Mathematisches Pendel in einer ausgelenkten Lage

Die potentielle Energie lässt sich durch die Multiplikation des Gewichts G mit der Höhenkoordinate z_G beschreiben. Dabei muss beachtet werden, dass bei der Be-stimmung der potentiellen Energie die z-Koordinate immer nach oben zeigt. Da die Arbeit entgegengesetzt der potentiellen Energie

(2.140): $\Pi = -W$

definiert ist, muss auf das Vorzeichen geachtet werden.

Damit ergibt sich die potentielle Energie, die durch das Gewicht entsteht, zu

$$(2.141): \quad \Pi = G \, z_G$$

mit der Höhenkoordinate, die vom angenommenen Nullniveau aus gemessen wird,

$$(2.142): \quad z_G = -l \, \cos\varphi$$

Bedingung für Gleichgewicht

Durch die Variation der potentiellen Energie Π nach der Koordinate z erhält man eine Gleichung, deren Nullstellen $\delta\Pi(z)/\delta z$ die Gleichgewichtslagen des Systems definieren

$$(2.143): \quad \frac{\delta\Pi(z)}{\delta z} = 0$$

Definition der Stabilität

Die Untersuchung dieser Nullstellen ergeben die Hoch-, Tief-, bzw. Wendepunkte der Funktion Π. Dazu wird die zweite Variation dieser Funktion gebildet und die Werte für die gefundenen Nullstellen der Gleichung (2.143) eingesetzt.

$$(2.144): \quad \frac{\delta^2\Pi(z)}{\delta z^2} \; \begin{array}{ll} > & \text{stabil} \\ = 0 & \text{indifferent} \\ < & \text{labil} \end{array}$$

Untersuchung der Gleichgewichtslage

Für das Beispiel ergibt die erste Variation mit der mathematischen Umformung

(2.145): $\delta\Pi = \delta(G\, z_G) = G\delta\, z_G = 0$

und der Darstellung der Variationsrechnung im Allgemeinen

(2.146): $\delta f(\varphi) = \dfrac{df(\varphi)}{d\varphi}\delta\varphi$

ergibt sich

(2.147): $\delta z_G = \dfrac{dz_G}{d\varphi}\delta\varphi = l\ \sin\varphi\ \delta\varphi.$

In (2.143) eingesetzt

(2.148): $\delta\Pi = (Gl\ \sin\varphi)\ \delta\varphi = 0.$

mit der virtuellen Verrückung

(2.149): $\delta\varphi \neq 0$

erhält man

(2.150): $Gl\ \sin\varphi = 0.$

Damit ergeben sich die Gleichgewichtslagen für

(2.151): $\sin\varphi = 0.$

Es existieren also statische Gleichgewichtslagen für

$(2.152): \quad \varphi_1 = 0^0$

und

$(2.153): \quad \varphi_2 = \pi = 180^0.$

Untersuchung der Stabilität der Gleichgewichtslagen

Für das Beispiel ergibt die zweite Variation mit der mathematischen Umformung

$$(2.154): \quad \delta^2 \Pi = \delta^2 (Gz_G) = G\delta^2 z_G.$$

und der Darstellung der Variationsrechnung im Allgemeinen

$$(2.155): \quad \delta^2 f(\varphi) = \frac{d^2 f(\varphi)}{d\varphi^2} \delta\varphi^2$$

ergibt sich

$$(2.156): \quad \delta^2 z_G = \frac{d^2 z_G}{d\varphi^2} \delta\varphi^2 = l \cos\varphi \ \delta\varphi^2.$$

So erhält man

$$(2.157): \quad \delta^2 \Pi = Gl \cos\varphi \ \delta\varphi^2.$$

Gleichgewichtslage für $\varphi_1 = 0^0$.

In (2.157) eingesetzt (Bild 2.37a) ergibt sich

$$(2.158): \quad \delta^2 \Pi = Gl \cos 0 \ \delta\varphi^2 > 0.$$

Das Pendel ist in der Gleichgewichtslage $\varphi_1 = 0^0$ stabil.

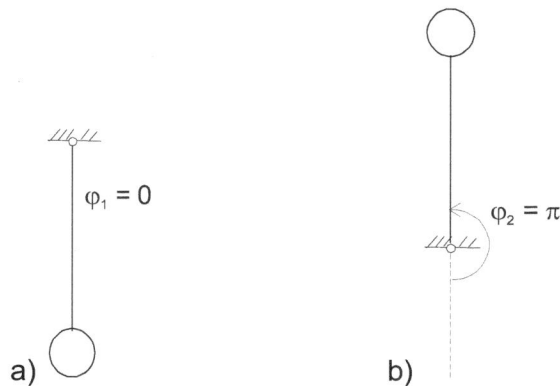

Bild 2.37 a) Stabile Gleichgewichtslage für $\varphi_1 = 0^0$ **; b) Instabile Gleichgewichtslage**

für $\varphi_2 = \pi = 180^0$

Gleichgewichtslage für $\varphi_2 = \pi = 180^0$

Den zweiten Wert in (2.157) eingesetzt (Bild 2.37b) ergibt diesmal

(2.159): $\qquad \delta^2 \Pi = Gl \ \cos \pi \ \delta \varphi^2 < 0.$

Das Pendel ist in der Gleichgewichtslage $\varphi_2 = \pi = 180^0$ instabil.

Diese Gleichgewichtslage ist überhaupt nur möglich, wenn das Seil durch einen masselosen Stab ersetzt wird.

BEISPIEL

Eine andere Anwendungsmöglichkeit des Arbeitssatzes dient zur Ermittlung von unbekannten Schnittkräften, zum Beispiel Auflagerkräften. Dazu wird an einem statisch bestimmten System die gesuchte Größe als Unbekannte durch Frei-schneiden eingeführt. Diese unbekannte Kraft wird wie eine Belastung behandelt, die das durch das Freischneiden beweglich gemachte System im Gleichgewicht halten muss. Die nachfolgende Stabilitätsbetrachtung kann entfallen, da das System von vornherein statisch bestimmt definiert ist.

Die drei Balken sind in B und C gelenkig miteinander verbunden und in E, G und H wie skizziert gelagert. In A und D ist ein Seil S befestigt, das über eine Umlenkrolle läuft. In C wirkt die Last 3 F, in B die Last F.

Gegeben sind die Kraft F und die Länge a.

Gesucht ist die Seilkraft S mit Hilfe des Arbeitssatzes.

LÖSUNG

Durch das Aufschneiden des Seils und das Anbringen der Seilkraft S macht man zum einen die gesuchte Seilkraft sichtbar, zum anderen wird das System kinematisch beweglich gemacht. Die Seilkraft muss nun so gewählt werden, dass das System tatsächlich im Gleichgewicht ist.

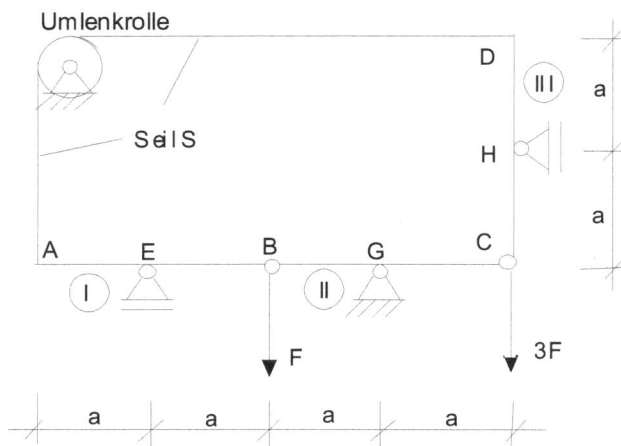

Bild 2.38 Balkensystem mit den Einzelkräften F

Aufstellung des Arbeitssatzes

Das System kann nun virtuell ausgelenkt werden (Bild 2.39). Alle Kräfte leisten nun über den Weg, den sie verrichten, eine Arbeit. Diese Arbeit ist aber virtuell, das heißt, gedacht, klein und kinematisch möglich.

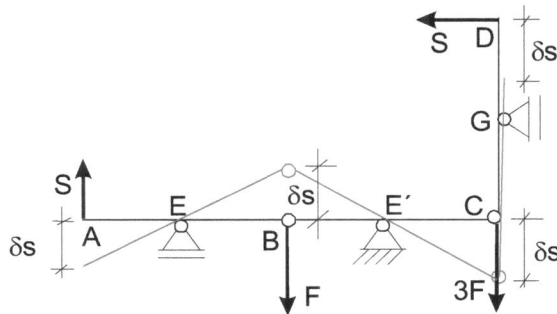

Bild 2.39 Virtuelle Verrückung des Balkensystems nach dem Aufschneiden des Seils: der Balken III bewegt sich vertikal, die Seilkraft S in D leistet keine Arbeit

Dabei werden die Vorzeichen beachtet. Zeigen Kraft und Verschiebung in dieselbe Richtung, entsteht eine positive Arbeit, zeigen sie entgegengesetzt, erhält man eine negative Arbeit

(2.160): $\quad \delta W = -S\delta s - F\delta s + 3F\delta s = 0$

(2.161): $\quad (-S - F + 3F)\delta s = 0$

mit der virtuellen Verrückung

(2.162): $\quad \delta s \neq 0$

ergibt sich dann nach Auflösung die gesuchte Seilkraft

(2.163): $\quad S = 2F$

Der Vorteil dieser Methode ist, dass kein Schneiden des Systems in Teilsysteme notwendig ist. Damit erspart man sich einen großen Teil an Berechnungsarbeit.

2.2.2.2 Prinzip der virtuellen Verrückungen bei elastischen Körpern

Für den elastischen Körper muss die Formänderungsenergie $\Pi^{(i)}$ bei der Formulierung des Prinzips mitberücksichtigt werden

$$(2.164): \quad \delta W = \delta \Pi^{(i)}$$

wobei $\Pi^{(i)}$ potentielle Energie der inneren Kräfte, $\Pi^{(a)}$ potentielle Energie der äußeren Kräfte und Π gesamte potentielle Energie des Systems ist.

"Die bei einer virtuellen Verrückung aus der Gleichgewichtslage von den eingeprägten (äußeren) Kräften geleistete Arbeit δW ist (bis auf das Vorzeichen) gleich der bei den virtuellen (Relativ-) Verschiebungen von den wirklichen inneren Kräften geleistete Arbeit $\delta \Pi^{(i)}$."

Wenn äußere Kräfte existieren, geht (2.164) mit den Beziehungen (2.165) und (2.166)

$$(2.165): \quad \delta W = -\delta \Pi^{(a)}$$

$$(2.166): \quad \Pi = \Pi^{(i)} + \Pi^{(a)}$$

über als Formulierung der virtuellen Verrückung

$$(2.167): \quad \delta \Pi = \delta \Pi^{(i)} + \delta \Pi^{(a)} = 0$$

"Bei einer virtuellen Verrückung aus der Gleichgewichtslage verschwindet die erste Variation des Gesamtpotentials."

2.2.2.3 Prinzip vom Minimum des Gesamtpotentials

Ein weiteres Prinzip der Energiemethoden zeigt ein Extremalprinzip. Die gesamte potentielle Energie eines Systems ist immer so definiert, dass sie ein Minimum ergibt

$$(2.168): \quad \Pi = \text{Min.}$$

"Unter allen geometrisch möglichen Verschiebungszuständen eines Systems stellt sich derjenige ein, der das Gesamtpotential zum absoluten Minimum macht."

2.2.3 RITZsches Verfahren

Dieses Verfahren findet Anwendung in der Finite-Elemente-Methode. Dort ist man im Allgemeinen auf approximative Lösungen angewiesen. Man muss Näherungsansätze machen, zum Beispiel ein eindimensionaler Ansatz für die Verschiebung eines Stabes

$$(2.169): \quad \overline{u}(x) = a_1 u_1(x) + a_2 u_2(x) + \ldots\ldots + a_n u_n(x) = \sum_{i=1}^{n} a_i u_i(x)$$

die zulässige, also mit den geometrischen Bedingungen verträglichen Funktionen $u_i(x)$ enthält. Dann werden die noch unbekannten Konstanten a_i, so bestimmt, dass eines der zwei Prinzipien erfüllt ist. Die so gewonnene Näherungslösung erfüllt die statischen Gleichungen (Gleichgewichtsbedingungen und statische Randbedingungen) "im Mittel". Die geometrischen Randbedingungen werden durch die Definition voll erfüllt.

BEISPIEL

Ein Stab unter Eigengewicht, aber ohne Temperaturänderung, wird beidseitig gelagert. Zuerst wird das System mit der klassischen Methode, der Differentialgleichung, gelöst, die aus der Elastizitätstheorie bekannt ist. Danach wird gezeigt, wie sich die Qualität der Lösung unterschiedlicher Näherungsansätzen mit dem RITZschen Verfahren verändert.

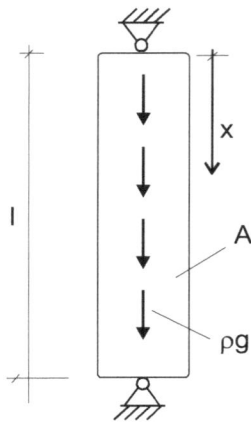

Bild 2.40 Druck-Zugstab (Dehnsteifigkeit EA = const.) der Länge l unter Eigengewicht ρg = const.

Analytische Lösung

Die in Kapitel 2.1 hergeleiteten Differentialgleichungen

$$(2.170): \quad \frac{dN(x)}{dx} = EAu^{II} = -\rho g A(x)$$

$$(2.171): \quad \frac{du(x)}{dx} = \frac{N(x)}{EA}$$

werden integriert

$$(2.172): \quad N = EAu^{I} = -\rho g A(x)x + C_1$$

$$(2.173): \quad EAu = -\rho g A(x)\frac{x^2}{2} + C_1 x + C_2 \; '$$

Die Integrationskonstanten werden über die zwei geometrische Randbedingungen (2.174) und (2.175) bestimmt, da es bei diesem statisch unbestimmten System, der Stab ist sowohl oben als auch unten unverschieblich gelagert, keine statischen Randbedingungen gibt

$(2.174):$ $u(x = 0) = 0$ $(2.175):$ $u(x = l) = 0$

Aus (2.174) folgt

$(2.176):$ $C_2 = 0$

aus (2.175) folgt

$(2.177):$ $C_1 = \rho g A(x) \dfrac{l}{2}.$

Damit erhält man den Verschiebungsverlauf des Stabes unter seinem Eigengewicht als exakte Lösung

$(2.178):$ $EAu(x) = -\rho g A(x) \dfrac{1}{2}(x - l)x.$

Lösung mit Hilfe eines eingliedrigen Näherungsansatzes durch ein Polynom

Ein gewählter eingliedriger Näherungsansatz, der die geometrischen Randbedingungen (2.174) und (2.175)

$(2.179):$ $\overline{u}(0) = \overline{u}(l) = 0$

ebenfalls erfüllt, kann wie folgt lauten

$(2.180):$ $\overline{u}(x) = a\,(x - l)\,x.$

Daraus folgt die Dehnung

$(2.181):$ $\overline{\varepsilon} = \dfrac{d\overline{u}(x)}{dx} = a\,(2\,x - l).$

Das innere Potential für einen Dehnstab lautet

$$(2.182): \quad \Pi^{(i)} = \int\limits_{(l)} \frac{EA}{2} \varepsilon^2 \, dx.$$

Mit (2.181) eingesetzt ergibt sich (2.182) zu

$$(2.183): \quad \overline{\Pi}^{(i)} = a^2 \frac{EA}{2} \int\limits_{(l)} (2x - l)^2 \, dx = a^2 \frac{EA}{6} l^3.$$

Das äußere Potential wird mit dem Gesamtgewicht

$$(2.184): \quad G = \rho g A l$$

des Stabes zu

$$(2.185): \quad \Pi^{(a)} = -\int\limits_{(l)} \frac{G}{l} u(x) dx.$$

Mit (2.180) eingesetzt, ergibt sich (2.185) zu

$$(2.186): \quad \overline{\Pi}^{(a)} = -a \frac{G}{l} \int\limits_{(l)} (x - l) \, x \, dx = a \frac{l^2}{6} G.$$

Das Gesamtpotential hängt nur noch von der einen Konstanten a ab. Diese ist so zu bestimmen, dass das Gesamtpotential ein Minimum ist. Die notwendige Bedingung erhält man über die Variation der Gesamtenergie über a nach der oben angegebenen Rechenregel (2.146)

$$(2.187): \quad \frac{\delta}{\delta a}(\overline{\Pi}^{(i)} + \overline{\Pi}^{(a)}) = 2a \frac{EA}{6} l^3 + \frac{l^2}{6} G = 0.$$

Daraus lässt sich die noch unbekannte Konstante bestimmen

(2.188): $\quad a = \dfrac{1}{2\,l}\dfrac{G}{EA}.$

Damit erhält man nun die Näherungslösung als

(2.189): $\quad \overline{u}(x) = a = \dfrac{1}{2\,l}\dfrac{G}{EA}\cdot(x-l)\,x \equiv u(x).$

Sie ist, wie erwartet, identisch mit der exakten Lösung, weil der Näherungsansatz der exakten Lösung entsprach.

Nun soll gezeigt werden, wie sich diese Näherung verhält, wenn der Näherungsansatz nicht der exakten Lösung entspricht. Dabei kann dann abgeschätzt werden, welche Qualität die Lösung durch ein solches Lösungsverfahren hat.

Lösung mit Hilfe eines eingliedrigen Näherungsansatzes durch eine trigonometrische Funktion

Ein ebenfalls zulässiger eingliedriger Näherungsansatz, der die geometrischen Randbedingungen

(2.190): $\quad \overline{\overline{u}}(0) = \overline{\overline{u}}(l) = 0$

ebenso erfüllt, wäre

(2.191): $\quad \overline{\overline{u}}(x) = a \sin\dfrac{\pi x}{l}.$

Über den oben formulierten Weg erhält man für die Konstante a

(2.192): $\quad a = \dfrac{4}{\pi^{3}}\dfrac{Gl}{EA}.$

Die Näherungslösung lautet damit

$$(2.193): \quad \overline{\overline{u}}(x) = \frac{4}{\pi^3} \frac{Gl}{EA} \sin\frac{\pi x}{l}.$$

In diesem Fall ist das Gleichgewicht "im Mittel" erfüllt.

Die Qualität der Lösungen kann durch Vergleich der größten Werte aus der Näherungslösung mit denen der exakten Lösung beurteilt werden.

Das Verhältnis des Näherungswertes für die Maximalverschiebung in Stabmitte x= l/2 zum exakten Wert beträgt

$$(2.194): \quad \frac{\overline{\overline{u}}}{u} = \frac{32}{\pi^3} = 1.03$$

Die Näherungslösung weicht um 3 % vom exakten Wert ab.

Nun werden die Maximalwerte der Schnittkraft an der Stelle x = 0 miteinander verglichen.

$$(2.195): \quad S(0) = E A \frac{du(0)}{dx} = \frac{1}{2}G \quad \text{exakter Wert}$$

$$(2.196): \quad \overline{\overline{S}}(0) = E A \frac{d\overline{\overline{u}}(0)}{dx} = \frac{4}{\pi^2}G \quad \text{Näherungswert}$$

Das Verhältnis ist also

$$(2.197): \quad \frac{\overline{\overline{S}}}{S} = \frac{8}{\pi^2} = 0.81$$

Da sich die Schnittkräfte durch eine Differentiation der Verschiebung ergeben, fallen sie grundsätzlich ungenauer aus.

Bei dem vorliegenden Beispiel entsteht eine Abweichung von nahezu 20 % zum exakten Wert.

> Prinzipiell kann gesagt werden, dass die Verformungen durch die Näherungsverfahren ausreichend gut dargestellt werden können. Sind aber die Genauigkeit der Spannungen, bzw. die Schnittkräfte zur Beurteilung einer Berechnung notwendig, muss im Allgemeinen wesentlich genauer gerechnet, bzw. approximiert werden. Das kann durch Näherungsansätze geschehen, sie auch die statischen Gleichgewichtsbedingungen erfüllen oder durch Näherungsansätze, deren Funktionen auch die höheren Potenzen der Variablen für die Verschiebungen enthalten.

In den Finite-Elemente-Programmen werden zwei Methoden verwendet. Man kann zum einen durch eine feinere Elementierung die Qualität der Lösungen verbessern (h-Methode) oder zum anderen Elemente einer höheren Familie auswählen. In der Geometrische-Elemente-Methode wird dies benutzt. Dort werden relativ große Elemente mit Näherungsansätzen mit sehr hohen Potenzen zum Einsatz gebracht (p-Methode).

BEISPIEL

Ein komplexes Balkensystem (Bild 2.41) ist statisch unbestimmt gelagert und mit einer Gleichstreckenlast q(x) und einer Einzellast F belastet. Der Balken hat ein veränderliches Flächenträgheitsmoment $I_y(x)$.

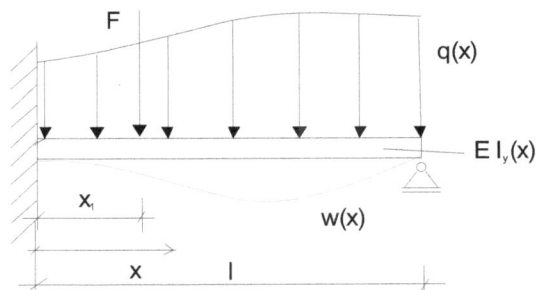

Bild 2.41 Statisch unbestimmt gelagerter Balken mit komplexer Belastung

Die exakte Lösung ist nicht bekannt. Wenn man sie auf analytischem Weg suchen würde, entstünden große Schwierigkeiten bei der Berechnung. Deshalb wendet man hier wieder einen Näherungsansatz an.

Die unbekannte Funktion für die Verschiebungen gibt man sich selbst sinnvoll vor

$$(2.198): \quad \overline{w}(x) = a_1\, w_1(x) + a_2\, w_2(x) + \ldots + a_n\, w_n(x).$$

Die n-Funktionen sind also bestimmte selbstgewählte Funktionen, die jede für sich die geometrischen Randbedingungen erfüllen. Es ist nicht notwendig, dass sie die statischen Randbedingungen für Querkraft und Biegemoment erfüllen, allerdings werden die Lösungen dann entsprechend besser. Die Anzahl n gibt man ebenfalls selbst vor. Die Koeffizienten a_n werden wie folgt bestimmt.

Die potentielle Energie (2.164) wird durch die Verformungsgrößen, hier durch die Durchbiegung ausgedrückt.

Das innere Potential für einen Biegebalken lautet

$$(2.199): \quad \Pi^{(i)} = \frac{1}{2} \int\limits_{x=0}^{l} \frac{M_y^{\,2}(x)}{EI_y(x)}dx,$$

mit (2.198) für den Näherungsansatz ergibt sich das Biegemoment zu

$$(2.200): \quad \overline{M}_y(x) = -\,E\,I_y(x)\,\overline{w}^{\,\prime\prime}(x),$$

damit folgt

$$(2.201): \quad \overline{\Pi}^{(i)} = \frac{1}{2} \int\limits_{x=0}^{l} EI_y(x)\left[\overline{w}''(x)\right]^2 dx,$$

Das äußere Potential für dieses Beispiel lautet

(2.202): $\quad \overline{\Pi}^{(a)} = -F\overline{w}(x_1) - \int\limits_{x=0}^{l} q(x)\overline{w}(x)dx$.

Damit lässt sich das Gesamtpotential für den Näherungsansatz schreiben als

(2.203): $\quad \overline{\Pi} = \overline{\Pi}^{(i)} + \overline{\Pi}^{(a)}$

$$= \frac{1}{2}\int\limits_{x=0}^{l} EI_y(x)\left[\overline{w}''(x)\right]^2 dx, -F\overline{w}(x_1) - \int\limits_{x=0}^{l} q(x)\overline{w}(x)dx .$$

Es hängt nur noch von den Konstanten a_n ab. Sie werden wieder durch die Variation der freien Variablen bestimmt, die auf ein lineares Gleichungssystem führt,

(2.204): $\quad \dfrac{\delta\overline{\Pi}}{\delta a_n} = 0 \quad n = 1,...,n$.

Lösung für einen bestimmten Ansatz

Ein in (2.198) enthaltener Näherungsansatz

(2.205): $\quad w_k = a_k\left(\dfrac{x}{l}\right)^k\left(1 - \dfrac{x}{l}\right)$.

erfüllt mit $k \geq 2$ die geometrischen Randbedingungen des Beispiels

(2.206): $\quad w(0) = 0$

(2.207): $\quad w^l(0) = 0$

(2.208): $\quad w(l) = 0$

Die ersten drei gültigen Funktionen w_2, w_3 und w_4 sollen hier ausreichen (Bild 2.42), um das Verfahren zu zeigen.

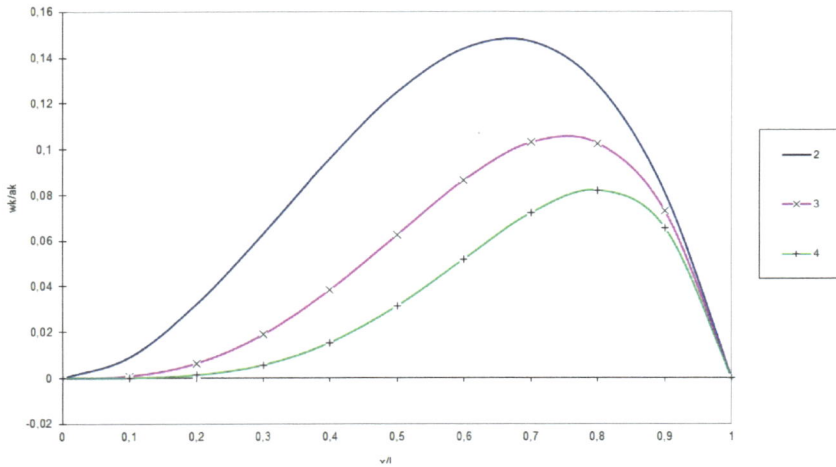

Bild 2.42 Gewählte Näherungsfunktionen

Es wird also gewählt:

$$(2.209): \quad \overline{w}_k = \sum_{k=2}^{4} a_k \left[\left(\frac{x}{l} \right)^k - \left(\frac{x}{l} \right)^{k+1} \right] \quad k \geq 2$$

$$(2.210): \quad \overline{w}_k = a_2 \left[\left(\frac{x}{l} \right)^2 - \left(\frac{x}{l} \right)^3 \right] + a_3 \left[\left(\frac{x}{l} \right)^3 - \left(\frac{x}{l} \right)^4 \right] +$$

$$+ a_4 \left[\left(\frac{x}{l} \right)^4 - \left(\frac{x}{l} \right)^5 \right]$$

Um das Problem noch einigermaßen analytisch bearbeiten zu können, müssen jetzt einige Vereinfachungen getroffen werden:

$$(2.211): \quad F = 0; \ EI_y(x) = EI_y = \text{const.}, \ q(x) = q_0 = \text{const.}$$

Nun werden die Ableitungen der Ansatzfunktionen bereitgestellt:

$$(2.212): \quad \overline{w}_k{}' = \frac{1}{l}\sum_{k=2}^{4} a_k \left[k\left(\frac{x}{l}\right)^{k-1} - (k+1)\left(\frac{x}{l}\right)^{k} \right]$$

$$= \frac{1}{l}(a_2\left[2\left(\frac{x}{l}\right) - 3\left(\frac{x}{l}\right)^{2} \right]$$

$$+ a_3\left[3\left(\frac{x}{l}\right)^{2} - 4\left(\frac{x}{l}\right)^{3} \right] + a_4\left[4\left(\frac{x}{l}\right)^{3} - 5\left(\frac{x}{l}\right)^{4} \right])$$

$$(2.213): \quad \overline{w}_k{}'' = \frac{1}{l^2}\sum_{k=2}^{4} a_k \left[k(k-1)\left(\frac{x}{l}\right)^{k-2} - (k+1)k\left(\frac{x}{l}\right)^{k-1} \right]$$

$$= \frac{1}{l_2}(a_2\left[2 - 6\frac{x}{l} \right] + a_3\left[6\frac{x}{l} - 12\frac{x^2}{l^2} \right] + a_4\left[12\frac{x^2}{l^2} - 20\left(\frac{x}{l}\right)^{3} \right])$$

Jetzt werden diese Terme in die Gleichung für das Gesamtpotential

$$(2.214): \quad \overline{\Pi} = \frac{1}{2}EI_y \int_{x=0}^{l} [\overline{w}''(x)]^2 dx - q_0 \int_{x=0}^{l} \overline{w}(x)dx$$

eingesetzt. Dieser Ausdruck ist jetzt nur noch von den Konstanten a_2, a_3, a_4 in der ersten und zweiten Potenz abhängig.

Nach Variation des Gesamtpotentials nach den Konstanten a_j lautet der Ausdruck

$$(2.215): \quad \frac{\delta\overline{\Pi}}{\delta a_j} = \frac{1}{2}EI_y \int_{x=0}^{l} \frac{\delta}{\delta a_j}\left(\overline{w}''(x)\right) dx - q_0 \int_{x=0}^{l} \frac{\delta}{\delta a_j}\left(\overline{w}(x)\right) dx$$

Werden die Variationen für die Konstanten durchgeführt, erhält man drei Gleichungen

$$(2.216): \quad \frac{\delta \overline{\Pi}}{\delta a_j} = \begin{cases} \frac{EI_y}{l^3}\left(4a_2 + 4a_3 + 4a_4\right) - q_0 l \frac{1}{12}, & j = 2 \\ \frac{EI_y}{l^3}\left(4a_2 + \frac{24}{5}a_3 + \frac{26}{5}a_4\right) - q_0 l \frac{1}{20}, & j = 3 \\ \frac{EI_y}{l^3}\left(4a_2 + \frac{26}{5}a_3 + \frac{208}{35}a_4\right) - q_0 l \frac{1}{30}, & j = 4 \end{cases} = 0.$$

Die Bestimmungsgleichungen liegen nun als lineares Gleichungssystem vor und lauten

$$(2.217): \quad 4a_2 + 4a_3 + 4a_4 = \frac{1}{12}\frac{q_0 l^4}{EI_y},$$

$$(2.218): \quad 4a_2 + \frac{24}{5}a_3 + \frac{26}{5}a_4 = \frac{1}{20}\frac{q_0 l^4}{EI_y},$$

$$(2.219): \quad 4a_2 + \frac{26}{5}a_3 + \frac{208}{35}a_4 = \frac{1}{30}\frac{q_0 l^4}{EI_y}.$$

Daraus ergeben sich die Konstanten zu

$$(2.220): \quad a_2 = \frac{1}{16}\frac{q_0 l^4}{EI_y},$$

$$(2.221): \quad a_3 = -\frac{1}{24}\frac{q_0 l^4}{EI_y},$$

$$(2.222): \quad a_4 = 0.$$

Die Biegelinie der Näherungslösung erhält man durch Einsetzen in die Ansatzfunktion (2.210)

$$(2.223): \quad \overline{w}_k = \frac{1}{48} \frac{q_0 l^4}{EI_y} \left[3\left(\frac{x}{l}\right)^2 - 5\left(\frac{x}{l}\right)^3 + 2\left(\frac{x}{l}\right)^4 \right] \equiv w(x).$$

In diesem Fall ist die Näherungslösung gleich der exakten Lösung, die man durch die gemachten Vereinfachungen auch mit Hilfe der Biegelinientafeln erhalten hätte. Dieses Beispiel zeigt, dass die praktische Anwendung des RITZschen Verfahrens sehr aufwendig ist. Es wird nur dann angewandt, wenn die Lösung eines Problems nicht mit elementaren Methoden zu ermitteln ist oder keine numerische Methode, zum Beispiel die Finite-Elemente-Methode, zur Verfügung steht.

2.3 Eindimensionale Berechnungsbeispiele

2.3.1 Fachwerk

Für das skizzierte Fachwerk (Bild 2.43) mit gelenkigen Anschlüssen wird ein Finite-Elemente-Modell erstellt, das aus Knoten und Stabelementen besteht. Anschließend sind die angegebenen Randbedingungen zu realisieren und die gegebenen Kräfte aufzubringen. Das Fachwerk besteht aus Stahl, dessen Materialkennwerte eingegeben werden müssen. Die Werte für die Querschnittsflächen A der Stäbe sind gegeben.

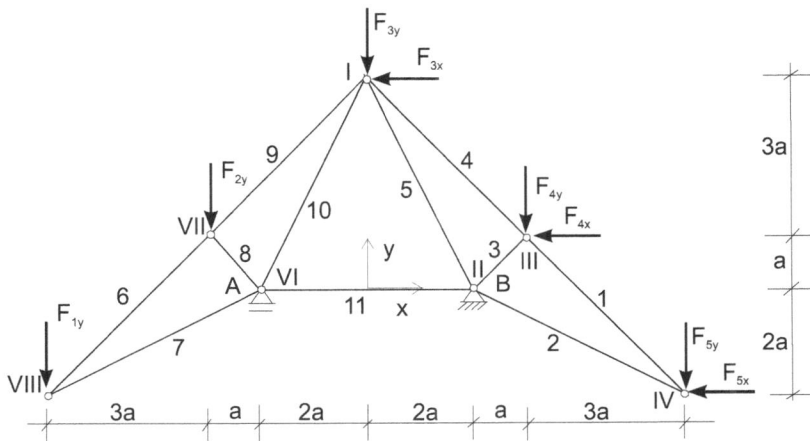

Bild 2.43 Statisch bestimmt gelagertes Fachwerk mit Einzellasten; a = 1000 mm; A = 10^4 mm^2; E = 210000 N/ mm^2; F= -1000 N; $F_{1y} = F_{2y} = F_{4x} = F_{5y}$; $F_{3x} = F_{5x} = 0, 5$ F; $F_{3y} = F_{4y} = 2$ F

Gesucht sind alle Knotenverschiebungen im globalen Koordinatensystem.

Im Folgenden werden die Knotenverschiebungen des Fachwerks in der x- und y-Richtung dargestellt. Bild 2.49a zeigt die grafische Darstellung.

2.3.2 Rahmensystem

Die Aufgabenstellung unter Kapitel 2.3.1 wird nun verändert. Es soll sich nun um ein Rahmensystem (Bild 2.45) mit biegesteifen Anschlüssen handeln.

Knotenverschiebungen des Fachwerks im globalen Koordinatensystem

Knotennummer	Verschiebung in x- Richtung [mm]	Verschiebung in y- Richtung [mm]
I	0.0060	- 0.0098
II	0.0000	0.0000
III	0.0100	- 0.0120
IV	- 0.0490	- 0.0820
V	0.0012	0.0000
VI	- 0.0088	- 0.0110
VII	0.0410	- 0.0690

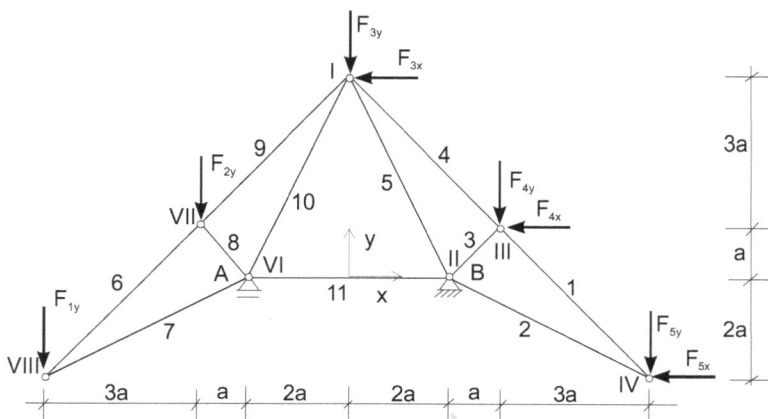

Bild 2.45 Statisch bestimmt gelagertes Rahmensystem

Die für das Fachwerk gegebenen Belastungen, Materialkennwerte und Querschnittswerte gelten auch hier.

Die Ergebnisse beider Aufgabenstellungen werden gemeinsam in Bild 2.48 bis Bild 2.49 dargestellt, um die Unterschiede der Elementtypen deutlich zu machen.

Bei der Approximation der beiden Systeme kann man noch keinen Unterschied sehen (Bild 2.49). Beide Systeme haben dieselbe Belastung und dieselben Randbedingungen.

Knotenverschiebungen des Balkensystems im globalen Koordinatensystem

Knotennummer	Verschiebung in x- Richtung [mm]	Verschiebung in y- Richtung [mm]
I	- 0.001200	- 0.0024
II	0.000000	0.0000
III	- 0.000460	- 0.0021
IV	- 0.001800	- 0.0036
V	- 0.000650	0.0000
VI	- 0.001300	- 0.0018
VII	- 0.000004	- 0.0035

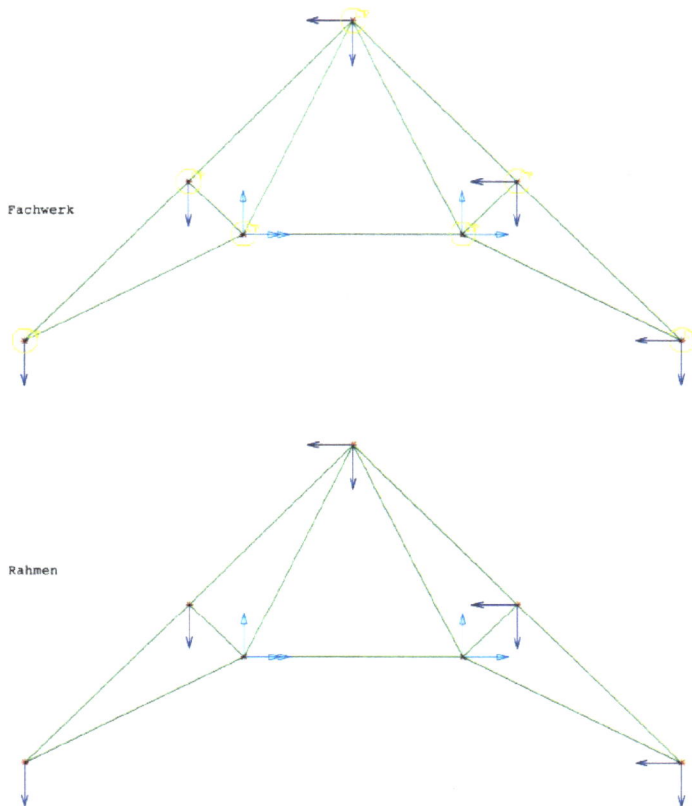

Bild 2.48 Approximation der Struktur; a) Stab-; b) Balkenelemente

Bei den Verformungen der beiden Approximationen (Bild 2.48) wird ein großer Unterschied sichtbar. Das Fachwerk verhält sich deutlich weicher als das biegesteife Rahmensystem.

In Bild 2.50 werden die Schnittkräfte dargestellt. Im Fachwerk treten nur axiale Kräfte, die Stabkräfte auf. Im Balkensystem treten zusätzlich auch Querkräfte auf.

In Bild 2.51 werden die Biegemomentenverläufe des Balkensystems dargestellt. Im Fachwerk treten überhaupt keine Biegemomente auf.

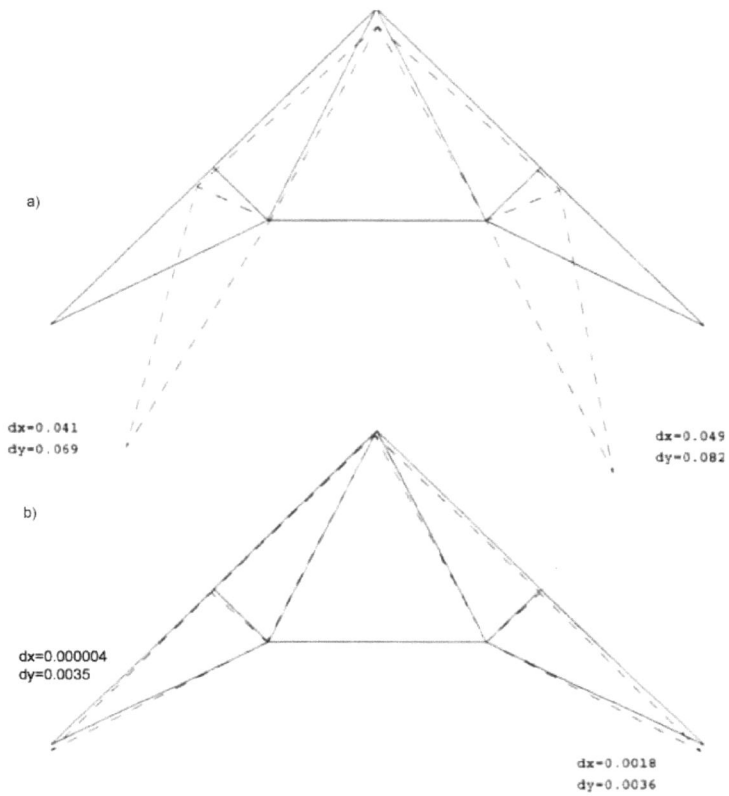

a)

dx=0.041
dy=0.069

dx=0.049
dy=0.082

b)

dx=0.000004
dy=0.0035

dx=0.0018
dy=0.0036

Bild 2.49 Verformung; a) Fachwerk; b) Rahmensystem

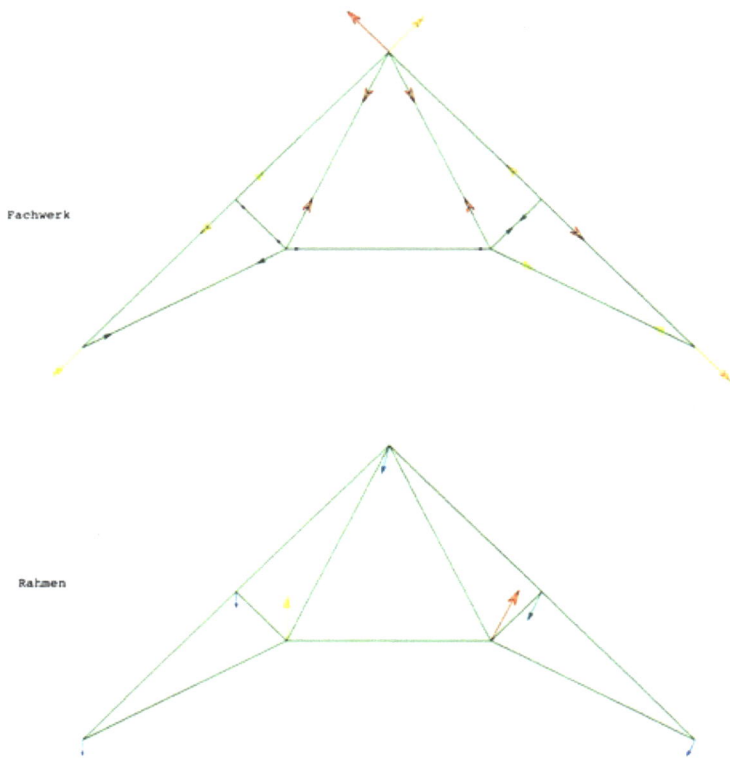

Fachwerk

Rahmen

Bild 2.50 a) Stabkräfte des Fachwerks; b) Querkräfte des Rahmensystems

2.3.3 Balkenvarianten

Für den in Bild 2.52 skizzierten Balken werden mehrere Finite-Elemente-Modelle mit unterschiedlicher Elementierung (Elementierungsvarianten a bis g) erstellt (Bild 2.53 bis Bild 2.59).

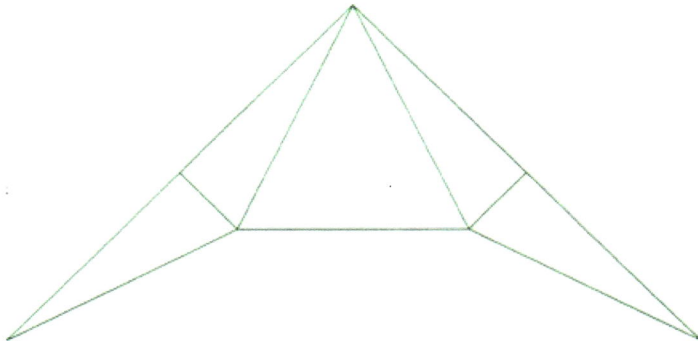

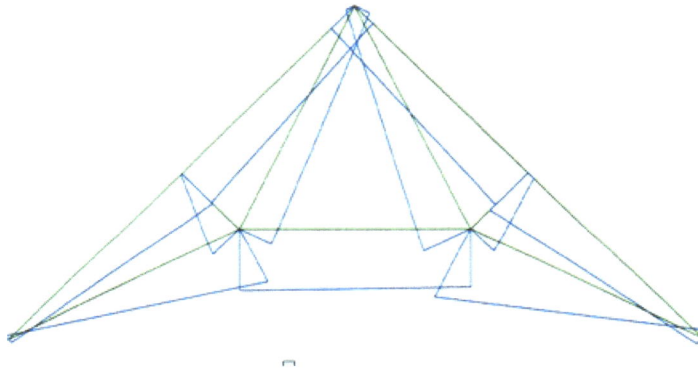

Bild 2.51 a) keine Biegemomentenverläufe im Fachwerk; b) Biegemomentenverläufe des Rahmensystems

Die Elementierungsvarianten sollen die Genauigkeit der Elementtypen und deren Grenze zeigen. Die verschiedenen Ergebnisse werden miteinander und schließlich mit der analytischen Lösung verglichen.

Gesucht sind jeweils die Knotenverschiebung in z-Richtung in Punkt C und die Biegespannung in Punkt B.

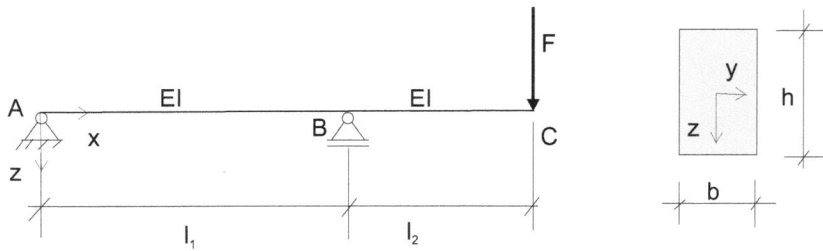

Bild 2.52 Balken mit Einzellast; l_1 = 300 mm; l_2 = 150 mm; h = 75 mm; b = 25 mm; E = 210000 N/mm^2; F = 10000 N

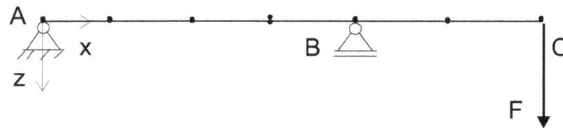

Bild 2.53 Elementierungsvariante a: 6 Balkenelemente; 7 Knoten

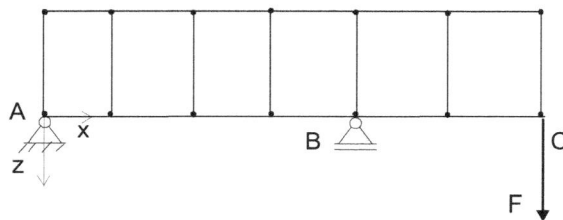

Bild 2.54 Elementierungsvariante b: 6 Scheibenelemente; 14 Knoten

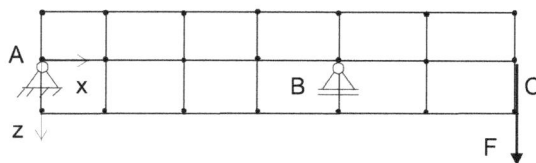

Bild 2.55 Elementierungsvariante c: 12 Scheibenelemente; 21 Knoten

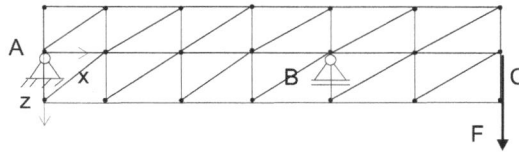

Bild 2.56 Elementierungsvariante d: 24 Scheibenelemente, unsymmetrisch; 21 Knoten

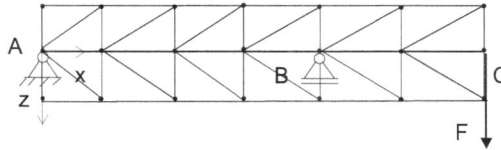

Bild 2.57 Elementierungsvariante e: 24 Scheibenelemente, symmetrisch; 21 Knoten

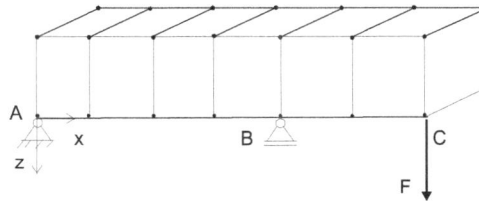

Bild 2.58 Elementierungsvariante f: 6 Volumenelemente; 28 Knoten

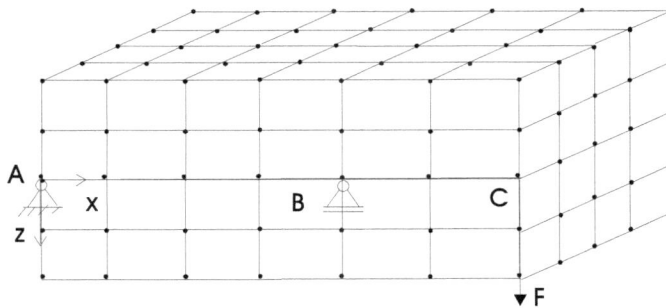

Bild 2.59 Elementierungsvariante g: 72 Volumenelemente; 140 Knoten

Analytische Lösung

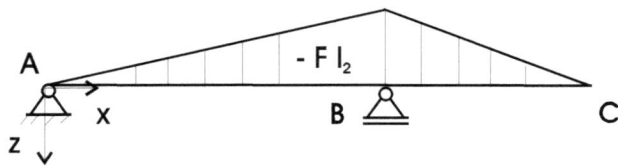

Bild 2.60 Biegemomentenverlauf

Das Biegemoment M_B in B ergibt sich zu

(2.224): $\quad M_B = -F l^2 = 1\ 500\ 000\ \text{N mm}.$

Die Biegespannung in B ergibt sich mit dem Flächenträgheitsmoment I_y und dem Widerstandsmoment W_y um die y -Achse zu

(2.225): $\quad I_y = \dfrac{bh^3}{12} = 878\ 906\ \text{mm}^4.$

(2.226): $\quad W_y = \dfrac{bh^2}{6} = 23\ 438\ \text{mm}^3.$

(2.227): $\quad \sigma_B = \dfrac{M_B}{W_y} = 64\ \dfrac{\text{N}}{\text{mm}^2}.$

Bild 2.61 Der Biegelinienverlauf der analytischen Lösung

Die Vertikalverschiebung f_C in C ist

(2.228): $\quad f_{C,\,\text{schubstarr}} = \dfrac{F l_2^2}{3 E I_y}\,(l_1 + l_2) = 0.1829\ \text{mm}.$

Diese Verformung gilt unter der Vernachlässigung der Schubverformung. Im Balken a) werden in den Balkenelementen die Schubverformungen mitberücksichtigt, daher wird die Maximalverschiebung etwas größer

$$(2.229): \quad f_{C,\,schubweich} = 0.204\,mm.$$

Bild 2.62 bis Bild 2.65 zeigen die unterschiedlichen Elementvarianten mit den dazugehörigen Verformungen. Wieder wird deutlich, dass die Verformungen nur wenig von der Elementierungsvariante abhängen.

Allerdings gilt dies nicht für die grobe Dreieckselementierung der Varianten d und e (Bild 2.64). Dort erzielt man gänzlich falsche Ergebnisse.

! Dreieckselemente sind generell schlechter als Viereckselemente. Die Faustregel gilt: statt eines Viereckselements benötigt man vier Dreieckselemente.

Hier wird deutlich, dass durch eine grobe Elementierung mit Dreieckselementen die Struktur zu steif abgebildet wird.

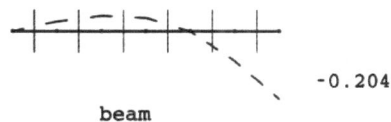

beam   -0.204

Bild 2.62 Approximationen des Balkens und die Biegelinien der Elementierungsvariante a

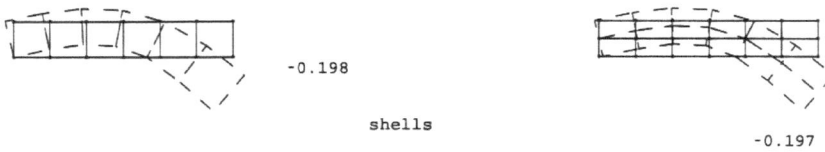

-0.198

shells

-0.197

Bild 2.63 Approximationen des Balkens und die Biegelinien der Elementierungsvarianten b und c

-0.083

shells

-0.082

Bild 2.64 Approximationen des Balkens und die Biegelinien der Elementierungsvarianten d und e

-0.194

solids

-0.197

Bild 2.65 Approximationen des Balkens und die Biegelinien der Elementierungsvarianten f und g

In Bild 2.66 bis Bild 2.69 werden die Spannungsverläufe dargestellt. Hier wird der Unterschied zwischen den einzelnen Elementierungsvarianten sichtbar. Alle Varianten, außer d und e, haben zum exakten Wert (2.227) sichtbare Abweichungen von weniger als 20 %.

Ganz falsch wird, wie erwartet, das Ergebnis der Elementierungsvarianten d und e (Bild 2.67).

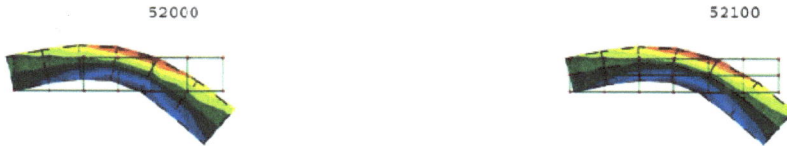

Bild 2.66 Spannungsverläufe des Balkens der Elementierungsvarianten b und c

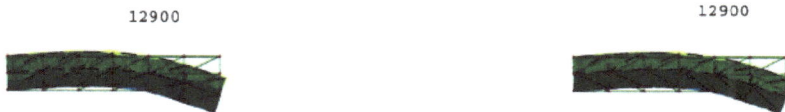

Bild 2.66 Spannungsverläufe des Balkens der Elementierungsvarianten d und e

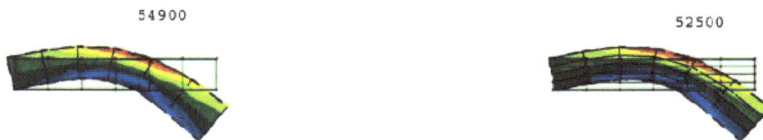

Bild 2.68 Spannungsverläufe des Balkens der Elementierungsvarianten f und g

Im Folgenden werden die z-Verschiebungen im Punkt C und die prozentualen Abweichungen von der exakten Verschiebung aufgelistet. Der exakte Wert ist der der numerischen Berechnung der Elementierungsvariante a) und berücksichtigt die Schubverformung. Deshalb ist er größer als der analytisch berechnete Wert.

Weiter werden die betragsmäßigen Spannungen über dem Auflager in Punkt B und die prozentualen Abweichungen vom exakten Wert aufgelistet.

Vertikalverschiebung in Punkt C

Elementierungsvariante	z-Verschiebung in C	Abweichung zur exakten

	[mm]	Verschiebung in C [%]
a	- 0.204	exakter Wert (schub-weich)
b	- 0.198	2.9
c	- 0.197	3.4
d	- 0.083	59.8
e	- 0.082	59.8
f	- 0.194	4.9
g	- 0.197	3.4

2.3.4 Balken mit schiefem Auflager

Das Beispiel zeigt das Vorgehen, wenn an einer bestimmten Stelle des Systems nur eine bestimmte Verschiebungsrichtung möglich ist, die nicht mit den Richtungen des globalen Koordinatensystems übereinstimmt (Bild 2.69, Auflager C).

Dafür muss dann an dieser Stelle ein zusätzliches Koordinatensystem, ein Part-Koordinatensystem, angebracht werden, das diese Verschiebung so ermöglicht.

Betragsmäßige Spannungen im Punkt B der verschiedenen Berechnungsvarianten

Elementierungsvariante	Betragsmäßige Biege-spannung in B [N/ mm2]	Abweichung zum exakten Biegemoment in B [%]
a	64.	0
b	52.0	18.75
c	52.1	18.59
d	12.9	79,84
e	12.9	79,84

f	54.9	14.22
g	52.5	17.97

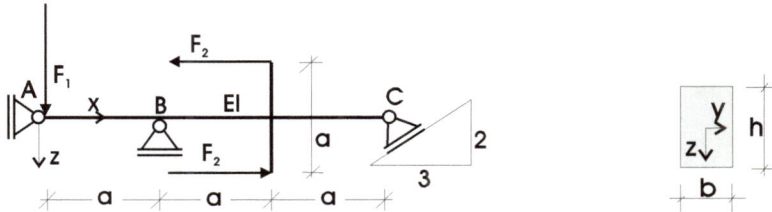

Bild 2.69 Balken mit schiefem Auflager; a = 300 mm; h = 75 mm; b = 25 mm; E = 21·10⁴ N/mm²; F₁ = 10⁴ N; F₂ = 2 F₁

Gesucht sind die Approximation des Balkens mit Balkenelementen und die Darstellung eines zusätzlichen Koordinatensystems.

Der Balken wird mit Balkenelementen approximiert (Bild 2.70). In Bild 2.71 ist die verformte Struktur mit den minimalen und maximalen Spannungen dargestellt.

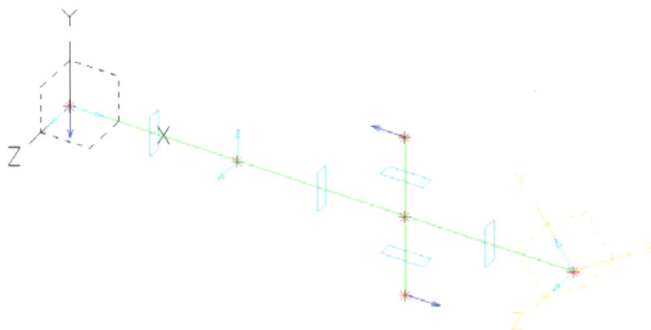

Bild 2.70 Approximation der Balkenstruktur; Part-Koordinatensystem in C

2.4 Zweidimensionale Elemente

Beim Stab-oder Balkenelement liegt jeweils eine analytische Lösung vor, die dem finiten Element als Lösung zugrunde gelegt wird.

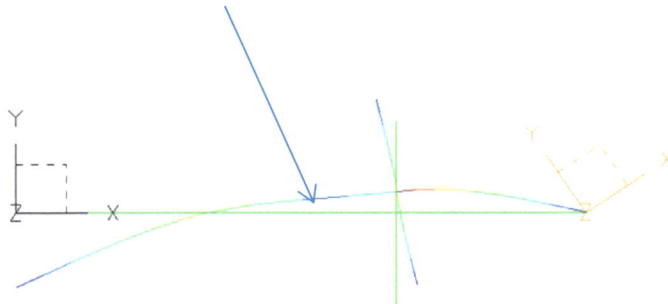

Bild 2.71 Spannungsverlauf der verformten Struktur, VON MISES STRESS = 1,97 10^2 N

Bei mehrdimensionalen Problemen liegen nur für einige Sonderfälle analytische Lösungen vor, zum Beispiel für ein dickwandiges Rohr unter Innendruck (Bild 2.72) oder eine Ringscheibe unter einer kontinuierlichen Belastung (Bild 2.73). Diese Beispiele lassen sich mit Hilfe von Reihenentwicklungen lösen.

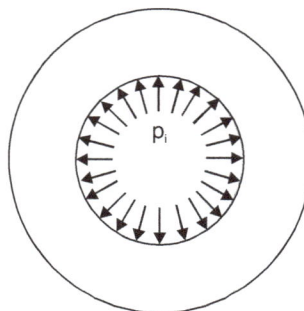

Bild 2.72 Dickwandiges Rohr unter Innendruck

Alle anderen Probleme, zum Beispiel ein auf Zug beanspruchter Blechstreifen (Bild 2.73) oder die Pleuelstange (Bild 2.5) lassen sich so nicht lösen. Hier ist man darauf angewiesen, allgemeine Näherungsverfahren anzuwenden.

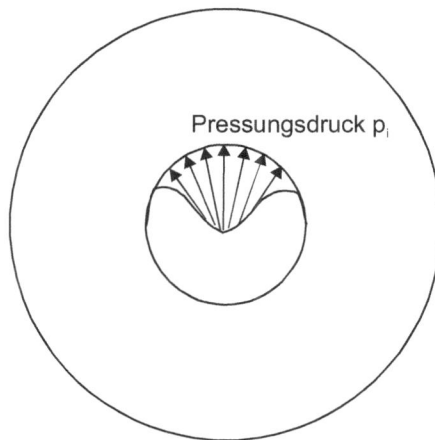

Bild 2.73 Ringscheibe unter dem $\cos^2$-förmigen Pressungsdruck p_i

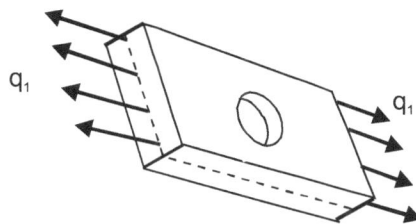

Bild 2.74 Ein auf Zug beanspruchter Lochstreifen

Das einfachste, zweidimensionale Tragwerk ist die Scheibe. Es handelt sich dabei um ein ebenes Bauteil, dessen Dicke klein gegenüber den beiden anderen Abmessungen ist. Die Belastungen treten nur in der Mittelebene der Struktur auf. Für dieses einfache Problem wird das prinzipielle Vorgehen des RITZsches Verfahrens zur Lösung dieses Problems gezeigt.

2.4.1 RITZsches Verfahren bei zwei- und dreidimensionalen Strukturen

Das RITZsche Verfahren ist nicht nur auf Systeme beschränkt, die sich aus bestimmten Elementen wie gerade Stäbe oder Balken zusammensetzen. Bei jeder

Art von Systemen kann man die Formänderungsenergie als Integral des Energie-ausdrucks schreiben, der nur die Verschiebungsgrößen enthält.

2.4.1.1 Formänderungsenergie für eine Platte

BEISPIEL

Zum Beispiel lässt sich die Formänderungsenergie einer Plattenstruktur unter folgenden Bedingungen und Annahmen formulieren.

o einzig interessierende Verformungsgröße einer Platte die Durchbiegung der Mittelebene w(x, y), die In Analogie zum Biegebalken bleibt bei dünnen, schwach verformten Platten die Mittelfläche der Platte unverzerrt. Die Mittelfläche entspricht der neutralen Faser beim Balken.

o Die Dehnung ε_z ist so klein, dass man die Verschiebung w(x, y, z) als unabhängig von z annehmen kann. Damit ist die nur noch von x und y abhängt.

o Der Einfluss der Schubspannungen τ_{xz} und τ_{yz} ist vernachlässigbar. Durch Nullsetzen erhält man die Verzerrungen $\gamma_{xz} = \gamma_{yz} = 0$. Diese Annahme entspricht beim Biegebalken dem Ebenbleiben der Querschnitte.

Damit lautet nun die Formänderungsenergie der Platte durch die Funktion w (x, y) = w (ohne Herleitung)

(2.230): $\quad \Pi^{(i)} =$

$$= D \int_x \int_y \left\{ \left(\frac{\partial^2 w}{\partial x^2} + \frac{\partial^2 w}{\partial y^2} \right)^2 + 2\,(1-\nu) \left[\left(\frac{\partial^2 w}{\partial x \partial y} \right)^2 - \frac{\partial^2 w}{\partial x^2} \frac{\partial^2 w}{\partial y^2} \right] \right\} dx\ dy$$

mit der Plattensteifigkeit

(2.231): $\quad D = \dfrac{E\,h^3}{24\,(1-\nu^2)},$

Mit der Querdehnzahl ν und der Plattendicke h.

Diese wird dann wieder mit der potentiellen Energie zur Gesamtenergie des Systems addiert und wie oben behandelt.

2.4.1.2 Ansatzfunktionen für ein Volumenelement

Auch für dreidimensionale Elemente liegen keine allgemein gültigen exakten Lösungen aus analytischen Methoden vor. Auch hier müssen immer Näherungsansätze gemacht werden. Hier wird die Formänderungsenergie mit Hilfe einer Ansatzfunktion ermittelt und deren Konstanten werden nach dem oben beschriebenen Verfahren bestimmt.

BEISPIEL

Am Beispiel eines Volumenelementes (Bild 2.75) werden die Ansatzfunktionen der Verschiebungen in allen drei Richtungen wie folgt gewählt

$$(2.232): \quad u_x = \sum_{i=1}^{8} h_i u_{xi} + h_9 a_{x1} + h_{10} a_{x2} + h_{11} a_{x3},$$

$$(2.233): \quad u_y = \sum_{i=1}^{8} h_i u_{yi} + h_9 a_{y1} + h_{10} a_{y2} + h_{11} a_{y3},$$

$$(2.234): \quad u_z = \sum_{i=1}^{8} h_i u_{zi} + h_9 a_{z1} + h_{10} a_{z2} + h_{11} a_{z3},$$

mit den Funktionen

$$(2.235): \quad h_1 = \frac{1}{8}(1+\xi)(1+\eta)(1+\zeta),$$

$$(2.236): \quad h_2 = \frac{1}{8}(1-\xi)(1+\eta)(1+\zeta),$$

$$(2.237): \quad h_3 = \frac{1}{8}(1-\xi)(1-\eta)(1+\zeta),$$

$(2.238):\quad h_4 = \dfrac{1}{8}(1+\xi)(1-\eta)(1+\zeta),$

$(2.239):\quad h_5 = \dfrac{1}{8}(1+\xi)(1+\eta)(1-\zeta),$

$(2.240):\quad h_6 = \dfrac{1}{8}(1-\xi)(1+\eta)(1-\zeta),$

$(2.241):\quad h_7 = \dfrac{1}{8}(1-\xi)(1-\eta)(1-\zeta),$

$(2.242):\quad h_8 = \dfrac{1}{8}(1+\xi)(1-\eta)(1-\zeta),$

$(2.243):\quad h_9 = 1+\xi^2,$

$(2.244):\quad h_{10} = 1+\eta^2,$

$(2.245):\quad h_{11} = 1+\zeta^2.$

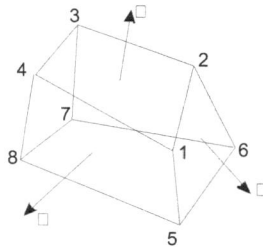

Bild 2.75 Volumenelement mit quadratischen Verschiebungsansätzen

Dieser sehr aufwendig erscheinende Ansatz für den dreidimensionalen Verschiebungsverlauf erzeugt immerhin nur lineare Spannungsverläufe über die Elementkanten.

In Bereichen mit hohen Spannungsgradienten, wie sie in Bild 2.88b, Bild 2.90b oder Bild 2.92b auftreten, kann dieser Ansatz immer noch keine ausreichend genaue Lösung liefern. Dann muss man an der gefragten Stelle entsprechend feiner elementieren, wie zum Beispiel in Bild 2.94. Das zieht allerdings ein insgesamt feineres Netz nach sich. Oder man erhöht die Verschiebungsansätze nochmals um eine Potenz. Auch das führt zu einem erheblich größeren Rechenaufwand.

2.4.2 Herleitung der Steifigkeitsmatrix eines Scheibenelements

Das einfache, dünne Scheibenelement wird als finites Element entwickelt. Dazu muss die Elementsteifigkeitsmatrix hergeleitet werden.

Über die Knotenkoordinaten wird dieses dreieckige Scheibenelement i definiert (Bild 2.76). Diese werden vom Anwender entweder direkt als Koordinatengrößen oder mit Hilfe einer zeichnerischen Eingabe angegeben.

Damit dieses zweidimensionale Element "funktioniert", müssen einige Bedingungen erfüllt sein.

Die Elementgeometrie muss möglichst einfach sein.

Eine weitere Forderung, dass das Elementnetz sich lückenlos über die Struktur legen muss, damit keine freien Stellen entstehen, führt zu geraden Elementkanten. Denn gekrümmte Elementkanten würden freie Stellen erzeugen.

Die Elementgeometrien müssen gleichartig sein. Daraus ergeben sich die einzig möglichen Elementformen:

o das ungleichmäßige Dreieck und

o das ungleichmäßige Viereck.

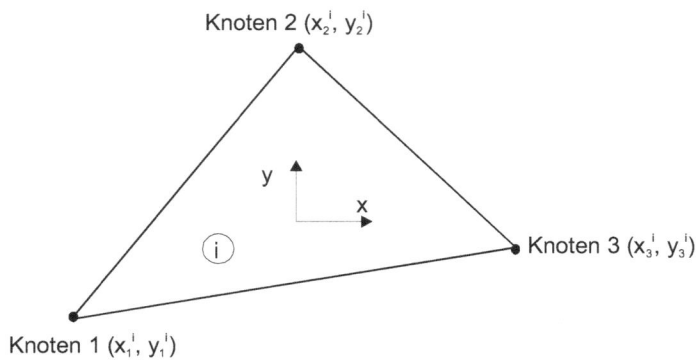

Bild 2.76 Ebenes finites Dreieckselement i mit seinen Knotenkoordinaten

Obwohl die Elementierung eines Systems möglichst mit Viereckselementen durchzuführen ist, wird hier im Folgenden die Steifigkeitsmatrix des einfacheren Dreieckselements hergeleitet, weil es weniger Aufwand in der Herleitung macht. Für ein Viereckselement muss man die Beziehungen für vier statt drei Knoten aufstellen.

In Bild 2.77 wird eine Anwendung eines solchen zweidimensionalen Elements gezeigt. Ein Lochstreifen wird mit Hilfe von Dreieckselementen approximiert. In Bild 2.89 wird eine Zugöse dargestellt, die sehr fein mit Viereckselementen approximiert wird.

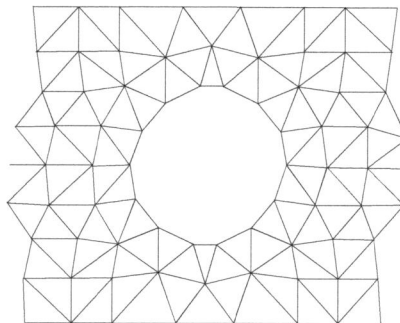

Bild 2.77 Aufteilung eines Lochstreifen in Dreieckselemente

Die Aufteilung einer Scheibe in Elemente allein macht das System aber noch nicht lösungsbereit. Im Gegensatz zum Fachwerkbeispiel sind für den Spannungs- und

Verschiebungszustand eines einfachen Dreieckselements keine Lösungen vorhanden. Es muss immer eine Näherungslösung formuliert werden.

Äquivalente Knotenkräfte

Bei diesem Scheibenelement ist die Verteilung der Schnittkräfte unter allgemeiner Belastung nicht bekannt.

Auch äußere Kräfte können nur an den Knoten des Elementes angreifen (Bild 2.78). Alle an den Elementkanten angreifenden Kräfte und eventuelle Volumenkräfte werden durch statisch äquivalente Einzelkräfte an den Knoten ersetzt.

Das gilt sowohl für die äußeren, also bekannten Kräfte, als auch für die unbekannten Auflagerkräfte.

In Bild 2.79 wird eine an den Elementkanten angreifende Gleichstreckenlast q als äquivalente Knotenkräfte auf die Knotenpunkte anteilmäßig verteilt.

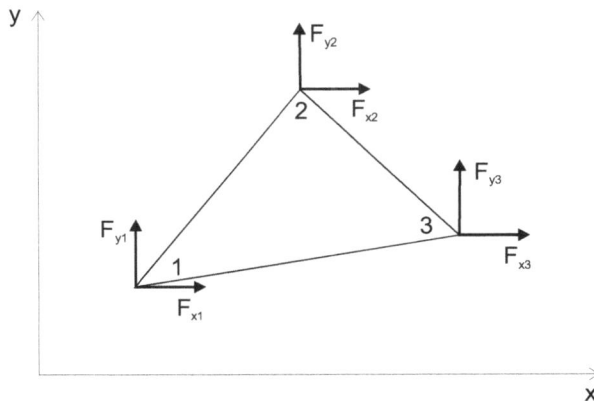

Bild 2.78 Knotenkräfte eines finiten Dreieckselements i

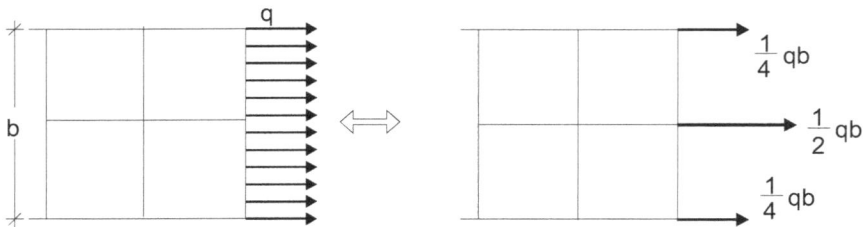

Bild 2.79 Gleichstreckenlast q wird als äquivalente Knotenkräfte auf die Knoten verteilt

Diese Aufteilung der Kräfte auf die Knoten muss entweder von Hand vorgenommen oder kann durch einen entsprechenden Programmbefehl ausgeführt werden.

Dabei muss die Verteilung fein genug sein, um Ungenauigkeiten zu vermeiden. In Bild 2.80 wird die fehlerhafte Approximation eines beidseitig gelenkig gelagerten Balkens unter einer Gleichstreckenlast q mit drei Balkenelementen gezeigt. Die Elementierung dürfte sogar mit nur einem Balkenelement erfolgen, da dafür eine exakte Lösung vorliegt (Bild 2.36). Das Ergebnis wird falsch, weil ein wesentlicher Teil der Belastung direkt in das Auflager geht und nicht zur Verformung des Balkens beiträgt.

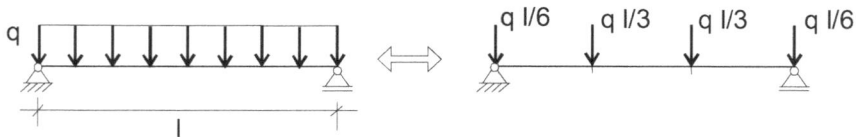

Bild 2.80 Gleichstreckenlast q wird als äquivalente Knotenkräfte auf die Knoten verteilt

Äquivalente Knotenverschiebungen

In einem finiten Element ist die Definition der Verformung prinzipiell nur knotenweise möglich, obwohl die Verschiebungsfunktion selbst als ein zweidimensionales Verschiebungsfeld

$$(2.246): \quad v_x^i(x, y)$$

und

(2.247): $\quad v_y^i(x, y)$

über der ganzen Scheibe definiert ist.

Um die Verschiebungsfunktionen (2.246) und (2.247) für beliebige Kräfte zu erhalten, müssen weiter einige vereinfachende Annahmen getroffen werden.

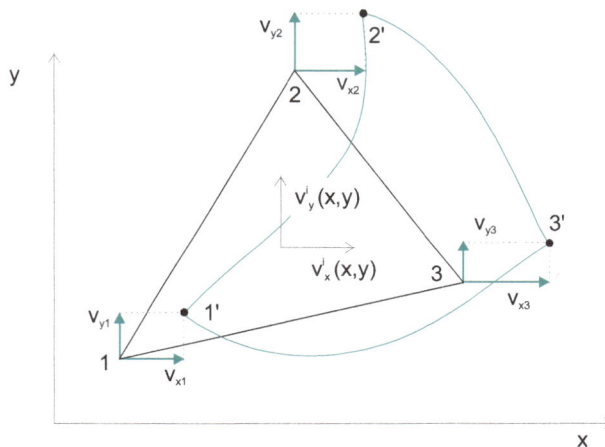

Bild 2.81 Knotenverschiebungen eines finiten Dreieckselements i

Die zweidimensionalen Verschiebungsverläufe $v_x^i(x, y)$ und $v_y^i(x, y)$ an einer beliebigen Stelle innerhalb und auf den Elementrändern werden durch sechs Verschiebungskomponenten in den Knoten eindeutig bestimmt (Bild 2.81).

Das bedeutet auch, dass die Ansatzfunktionen für die Näherungslösung, die das zweidimensionale Verschiebungsfeld beschreiben sollen, einige Anforderungen erfüllen müssen.

Die Ansatzfunktionen, die für die Verschiebungen der Elementkanten gewählt werden, müssen physikalisch sinnvoll sein. Es dürfen durch die Ansatzfunktionen innerhalb des Elementes keine Verzerrungen auftreten, wenn das Element als starre Scheibe durch eine Starrkörperbewegung verschoben wird (Bild 2.82).

Die Ansatzfunktion muss weiter dem Werkstoffgesetz des eingesetzten Werkstoffs entsprechen. Sie muss das Werkstoffverhalten in den verschiedenen Richtungen darstellen können.

Die Gleichungen (2.248 und 2.249) zeigen einen Verschiebungsansatz für einen isotropen Werkstoff, zum Beispiel Stahl. Die Art der Ansatzfunktion ist in beiden Richtungen gleich. Das Verhalten der Struktur verändert sich also nicht, wenn die Richtungen vertauscht werden. Würde ein anisotroper Werkstoff vorliegen, zum Beispiel Holz, müssten entsprechende Ansatzfunktionen in zwei Richtungen gewählt werden, die das unterschiedliche Verhalten widerspiegeln.

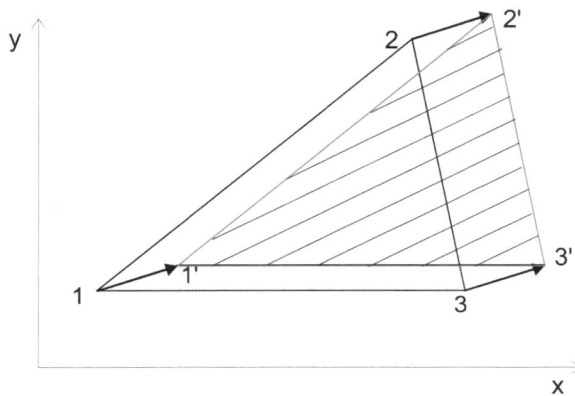

Bild 2.82 Starrkörperbewegung eines finiten Dreieckselements i

Kinematische Bedingungen

Von großer Wichtigkeit ist für die Ansatzfunktionen, dass sie die kinematischen Bedingungen erfüllen. Das bedeutet, dass die Elementkanten nach einer Belastung weder klaffen noch sich überlappen dürfen (Bild 2.83a). Sie müssen sich auch nach der Verformung aneinander schmiegen (Bild 2.83b).

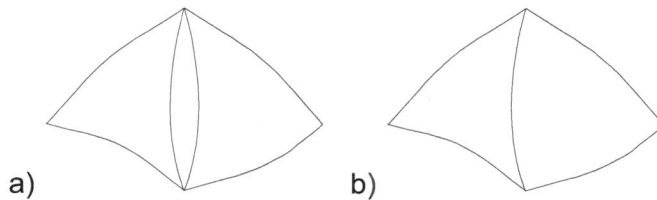

Bild 2.83 Elementkanten a) klaffen nach der Verformung; b) erfüllen auch nach der Verformung die kinematischen Bedingungen

Die hier für das einfache Dreieckselement mit einem isotropen Werkstoff gewählten Ansatzfunktionen lauten nun

$$(2.248): \quad v_x^i(x,y) = a_1^i + a_2^i\, x + a_3^i\, y$$

$$(2.249): \quad v_y^i(x,y) = b_1^i + b_2^i\, x + b_3^i\, y$$

Sie erfüllen die oben genannten Bedingungen

- o in beiden Richtungen hat die Ansatzfunktion den gleichen mathematischen Typ, da es sich um das Stoffgesetz eines isotropen Werkstoffs handelt.

- o Die Verbindungslinien sind nach der Verformung wieder gerade. Es entsteht so keine Klaffung.

- o Eine Starrkörperverschiebung erzeugt keine Verzerrungen im Element. Der dafür notwendige Beweis wird hier nicht durchgeführt.

Die unbekannten Koeffizienten

$$(2.250): \quad a_j^i, b_j^i \qquad \text{für } j = 1,3$$

sind so zu bestimmen, dass die Ansatzfunktionen die gesuchten Eckverschiebungen liefern, wenn die dazugehörigen Koordinatenwerte (Bild 2.77)

$$(2.251): \quad x_j^i, y_j^i \qquad \text{für } j = 1,3$$

eingesetzt werden.

Somit erhält man sechs Bestimmungsgleichungen für sechs Koeffizienten, die in Matrizenschreibweise formuliert werden (2.252) und (2.253)

$$(2.252): \quad \begin{bmatrix} 1 & x_1^i & y_1^i \\ 1 & x_2^i & y_2^i \\ 1 & x_3^i & y_3^i \end{bmatrix} \begin{bmatrix} a_1^i \\ a_2^i \\ a_3^i \end{bmatrix} = \begin{bmatrix} v_{x1}^i \\ v_{x2}^i \\ v_{x3}^i \end{bmatrix}$$

$$(2.253): \quad \begin{bmatrix} 1 & x_1^i & y_1^i \\ 1 & x_2^i & y_2^i \\ 1 & x_3^i & y_3^i \end{bmatrix} \begin{bmatrix} b_1^i \\ b_2^i \\ b_3^i \end{bmatrix} = \begin{bmatrix} v_{y1}^i \\ v_{y2}^i \\ v_{y3}^i \end{bmatrix}$$

Die Inverse $\mathbf{G}^i$ hängt nur von den Knotenkoordinaten der Elementknoten im globalen Koordinatensystem ab.

$$(2.254): \quad \mathbf{G}^i = \frac{1}{2A_i} \begin{bmatrix} x_2^i y_3^i - y_2^i x_3^i & x_3^i y_1^i - y_3^i x_1^i & x_1^i y_2^i - y_1^i x_2^i \\ y_2^i - y_3^i & y_3^i - y_1^i & y_1^i - y_2^i \\ x_3^i - x_2^i & x_1^i - x_3^i & x_2^i - x_1^i \end{bmatrix}$$

Der Flächeninhalt A_i des Elements i lässt sich direkt aus den Knotenkoordinaten berechnen.

$$(2.255): \quad A_i = \frac{1}{2}(x_1^i (y_2^i - y_3^i) + x_2^i (y_3^i - y_1^i) + x_3^i (y_1^i - y_2^i)).$$

Durch die Bildung der Inversen (2.254) in einer Nebenrechnung, die hier nicht dargestellt wird, werden die Koeffizienten a_j^i, b_j^i explizit dargestellt (2.256) und (2.257)

$$(2.256): \quad \begin{bmatrix} a_1^i \\ a_2^i \\ a_3^i \end{bmatrix} = \mathbf{G}^i \begin{bmatrix} v_{x1}^i \\ v_{x2}^i \\ v_{x3}^i \end{bmatrix}$$

$$(2.257): \quad \begin{bmatrix} b_1^i \\ b_2^i \\ b_3^i \end{bmatrix} = \mathbf{G}^i \begin{bmatrix} v_{y1}^i \\ v_{y2}^i \\ v_{y3}^i \end{bmatrix}$$

Damit lassen sich die Ansatzfunktionen $v_x^i(x, y)$ und $v_y^i(x, y)$ für die Variablen x und y in Matrizenform angeben

$$(2.258): \quad v_x^i(x, y) = \begin{bmatrix} 1 & x & y \end{bmatrix} \begin{bmatrix} a_1^i \\ a_2^i \\ a_3^i \end{bmatrix} = \begin{bmatrix} 1 & x & y \end{bmatrix} \mathbf{G}^i \begin{bmatrix} v_{x1}^i \\ v_{x2}^i \\ v_{x3}^i \end{bmatrix}$$

$$(2.259): \quad v_y^i(x, y) = \begin{bmatrix} 1 & x & y \end{bmatrix} \begin{bmatrix} b_1^i \\ b_2^i \\ b_3^i \end{bmatrix} = \begin{bmatrix} 1 & x & y \end{bmatrix} \mathbf{G}^i \begin{bmatrix} v_{y1}^i \\ v_{y2}^i \\ v_{y3}^i \end{bmatrix}$$

Jetzt ist die unbekannte Verteilungsfunktion für die Schnittkräfte und Verschiebungen durch sechs Knotenkräfte und sechs Knotenverschiebungen definiert.

Die schon vom Stabelement bekannte Bestimmungsgleichung (2.49) für ein Element i lautet.

$$(2.260): \quad \mathbf{f}_i = \mathbf{K}_i \, \mathbf{v}_i,$$

Nun muss der Kraftvektor $\mathbf{f}_i$ definiert werden. Er enthält die noch unbekannten Knotenkräfte

$$(2.261): \quad \mathbf{f}_i = \begin{bmatrix} F_{x1}^i & F_{x2}^i & F_{x3}^i & F_{y1}^i & F_{y2}^i & F_{y3}^i \end{bmatrix}$$

der Verschiebungsvektor $\mathbf{v}_i$ enthält die Knotenverschiebungen

$$(2.262): \quad \mathbf{v}_i = \begin{bmatrix} v_{x1}^i & v_{x2}^i & v_{x3}^i & v_{y1}^i & v_{y2}^i & v_{y3}^i \end{bmatrix}$$

Damit ist (2.49) für ein Dreieckselement i bis auf die Steifigkeitsmatrix $\mathbf{K}_i$ bestimmt.

Die Einzelsteifigkeitsmatrix $\mathbf{K}_i$ des Dreieckselements erhält man über die Entwicklung der gespeicherten Formänderungsenergie Π_i als Funktion der Knotenverschiebungen

$$(2.263): \quad \Pi_i = \frac{1}{2}\mathbf{v}_i^{\mathsf{T}}\,\mathbf{K}_i\,\mathbf{v}_i.$$

Dafür werden die Dehnungen

$$(2.264): \quad \varepsilon_x^{\,i} = \frac{\partial}{\partial x}v_x^{\,i}(x,y) = \begin{bmatrix} 0 & 1 & 0 \end{bmatrix}\mathbf{G}^i\begin{bmatrix} v_{x1}^i \\ v_{x2}^i \\ v_{x3}^i \end{bmatrix},$$

$$(2.265): \quad \varepsilon_y^{\,i} = \frac{\partial}{\partial y}v_y^{\,i}(x,y) = \begin{bmatrix} 0 & 0 & 1 \end{bmatrix}\mathbf{G}^i\begin{bmatrix} v_{y1}^i \\ v_{y2}^i \\ v_{y3}^i \end{bmatrix},$$

und die Verzerrungen benötigt

$$(2.266): \quad \gamma_{xy}^{\,i} = \frac{\partial}{\partial y}v_x^{\,i}(x,y) + \frac{\partial}{\partial x}v_y^{\,i}(x,y)\,.,$$

Sie lassen sich durch entsprechende Ableitungen der Verschiebungsfunktionen bestimmen. In Matrizenschreibweise lauten sie

$$(2.267): \quad \gamma_{xy}^{\,i} = \begin{bmatrix} 0 & 0 & 1 \end{bmatrix}\mathbf{G}^i\begin{bmatrix} v_{x1}^i \\ v_{x2}^i \\ v_{x3}^i \end{bmatrix} + \begin{bmatrix} 0 & 1 & 0 \end{bmatrix}\mathbf{G}^i\begin{bmatrix} v_{y1}^i \\ v_{y2}^i \\ v_{y3}^i \end{bmatrix}.$$

Die Dehnungen und Verzerrungen sind bei diesen in x und y linearen Verschiebungsansätzen unabhängig von den Variablen x und y. Das heißt, die Dehnungen und Verzerrungen sind auf allen Punkten des Elementes gleich groß.

Die Spannungen des Elementes lassen sich über (2.268), (2.269) und (2.270) bestimmen.

$$(2.268): \quad \sigma_x^i = \frac{E}{1-v^2}(\varepsilon_x^i + v\varepsilon_y^i)$$

$$(2.269): \quad \sigma_y^i = \frac{E}{1-v^2}(\varepsilon_y^i + v\varepsilon_x^i)$$

$$(2.270): \quad \tau_{xy}^i = G\gamma_{xy}^i = \frac{E}{2(1+v)}\gamma_{xy}^i$$

Da sie direkt von den Dehnungen und Verzerrungen abhängen, sind auch die Spannungen für alle Punkte des Dreieckselements i gleich groß.

Die Dehnungen und Verzerrungen lassen sich zusammenfassen als

$$(2.271): \quad \begin{bmatrix} \varepsilon_x^i \\ \varepsilon_y^i \\ \gamma_{xy}^i \end{bmatrix} = \begin{bmatrix} 0 & 1 & 0 & 0 & 0 & 0 \\ 0 & 0 & 0 & 0 & 0 & 1 \\ 0 & 0 & 1 & 0 & 1 & 0 \end{bmatrix} \begin{bmatrix} \mathbf{G}^i & \mathbf{0} \\ \mathbf{0} & \mathbf{G}^i \end{bmatrix} \begin{bmatrix} v_{x1}^i \\ v_{x2}^i \\ v_{x3}^i \\ v_{y1}^i \\ v_{y2}^i \\ v_{y3}^i \end{bmatrix} = \mathbf{B}_i\, \hat{\mathbf{G}}_i\, \mathbf{v}_i,$$

entsprechend lassen sich die Spannungen zusammenfassen

$$(2.272): \quad \begin{bmatrix} \sigma_x^i \\ \sigma_y^i \\ \tau_{xy}^i \end{bmatrix} = \frac{E}{1-v^2} \begin{bmatrix} 1 & v & 0 \\ v & 1 & 0 \\ 0 & 0 & \frac{1}{2}(1-v) \end{bmatrix}_i \begin{bmatrix} \varepsilon_x^i \\ \varepsilon_y^i \\ \gamma_{xy}^i \end{bmatrix}.$$

Mit (2.273) erhält man den Zusammenhang zwischen den Spannungen und dem Verschiebungsvektor $\mathbf{v}_i$

$$(2.273): \quad \begin{bmatrix} \sigma_x^i \\ \sigma_y^i \\ \tau_{xy}^i \end{bmatrix} = \frac{E}{1-v^2} \begin{bmatrix} 1 & v & 0 \\ v & 1 & 0 \\ 0 & 0 & \frac{1}{2}(1-v) \end{bmatrix}_i \mathbf{B}_i\, \hat{\mathbf{G}}_i\, \mathbf{v}_i .$$

Die Formänderungsenergie ist definiert als

$$(2.274): \quad \Pi_i = \frac{1}{2}\mathbf{v}_i^{\mathsf{T}}\, \mathbf{K}_i\, \mathbf{v}_i = \frac{1}{2}\int (\sigma_x^{\,i}\varepsilon_x^{\,i} + \sigma_y^{\,i}\varepsilon_y^{\,i} + \sigma_z^{\,i}\varepsilon_z^{\,i})\,dV .$$

Die Integration erfolgt über das Gesamtvolumen V des Elementes. Das heißt, dass die Elementfläche A_i mit der Dicke h_i multipliziert wird.

Da die Spannungen und Verzerrungen unabhängig von den Variablen x und y sind, ergibt sich

$$(2.275): \quad \Pi_i = \frac{A_i h_i}{2}(\sigma_x^{\,i}\varepsilon_x^{\,i} + \sigma_y^{\,i}\varepsilon_y^{\,i} + \tau_{xy}^{\,i}\gamma_{xy}^{\,i}),$$

oder in Matrizenschreibweise geschrieben

$$(2.276): \quad \Pi_i = \frac{A_i h_i}{2}\begin{bmatrix} \sigma_x^i & \sigma_y^i & \tau_{xy}^i \end{bmatrix} \begin{bmatrix} \varepsilon_x^i \\ \varepsilon_y^i \\ \gamma_{xy}^i \end{bmatrix} .$$

In (2.274) eingesetzt, erhält man

$$(2.277): \quad \Pi_i = \frac{1}{2}\frac{E A_i h_i}{1-v^2}\mathbf{v}_i^{\mathsf{T}}\, \hat{\mathbf{G}}_i^{\mathsf{T}}\, \mathbf{B}_i^{\mathsf{T}} \begin{bmatrix} 1 & v & 0 \\ v & 1 & 0 \\ 0 & 0 & \frac{1}{2}(1-v) \end{bmatrix}_i \mathbf{B}_i\, \hat{\mathbf{G}}_i\, \mathbf{v}_i .$$

Daraus ergibt sich nun die gesuchte Einzelsteifigkeitsmatrix $\mathbf{K}_i$ für das Dreieckselement i

$$(2.278): \quad \mathbf{K}_i = \frac{EA_i h_i}{1-\nu^2}\, \hat{\mathbf{G}}_i^{\mathsf{T}}\, \mathbf{B}_i^{\mathsf{T}} \begin{bmatrix} 1 & \nu & 0 \\ \nu & 1 & 0 \\ 0 & 0 & \frac{1}{2}(1-\nu) \end{bmatrix}_i \mathbf{B}_i\, \hat{\mathbf{G}}_i \;.$$

Wird die Matrix $\mathbf{B}_i$, bzw. $\mathbf{B}_i^{\mathsf{T}}$ ausmultipliziert, erhält man für $\mathbf{K}_i$

$$(2.279): \quad \mathbf{K}_i =$$

$$= \frac{EA_i h_i}{1-\nu^2} \begin{bmatrix} \mathbf{G}^i & \mathbf{0} \\ \mathbf{0} & \mathbf{G}^i \end{bmatrix} \begin{bmatrix} 0 & 0 & 0 & 0 & 0 & 0 \\ 0 & 1 & 0 & 0 & 0 & \nu \\ 0 & 0 & \frac{1}{2}(1-\nu) & 0 & \frac{1}{2}(1-\nu) & 0 \\ 0 & 0 & 0 & 0 & 0 & 0 \\ 0 & 0 & \frac{1}{2}(1-\nu) & 0 & \frac{1}{2}(1-\nu) & 0 \\ 0 & \nu & 0 & 0 & 0 & 1 \end{bmatrix}_i \begin{bmatrix} \mathbf{G}^i & \mathbf{0} \\ \mathbf{0} & \mathbf{G}^i \end{bmatrix}$$

Die Einzelsteifigkeitsmatrix $\mathbf{K}_i$ ist symmetrisch. Die Terme sind komplizierte Funktionen in x und y. Jedes Dreieckselement i einer Struktur hat eine solche Einzelsteifigkeitsmatrix, die dann wieder zu einer Gesamtsteifigkeitsmatrix $\mathbf{K}$, bzw. zum linearen Gleichungssystem

$$(2.51): \quad \mathbf{f} = \mathbf{K}\,\mathbf{v}$$

zusammengeführt werden müssen.

Der Weg wurde bereits in Kapitel 2.1 dargestellt. Hier muss das Verfahren entsprechend angewandt werden. Allerdings jetzt mit einigem Aufwand. Dieser lässt sich nur noch mit Hilfe von leistungsfähigen Rechnern bewältigen.

2.4.3 Spannungen innerhalb eines Scheibenelements

Die Spannungen für das oben hergeleitete Dreieckselement ergeben sich für diesen linearen Verschiebungsansatz als konstant (2.268, 2.269 und 2.270) über das gesamte Element. Das heißt, an jedem Punkt innerhalb und auf dem Rand des Elements herrscht dieselbe Spannung.

Der Spannungsverlauf über eine Elementreihe (Bild 2.84) ergibt sich nun aus den unterschiedlichen Spannungen der Elemente. Jedes Element hat an jedem Knoten an der betrachteten Kante einen Spannungswert. Das heißt, an jedem Knoten entstehen zwei Spannungswerte aus dem Element links und rechts. Diese Werte müssen zu einem mittleren Spannungswert gemittelt werden.

Einige Programme geben auch sofort die Spannungen als Mittelspannungen in Elementmitte aus (Bild 2.85).

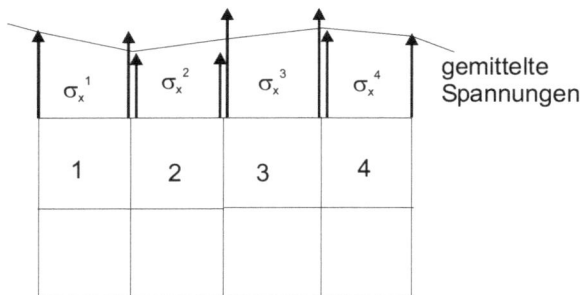

Bild 2.84 Knotenspannungen in den Elementen

! Erst höhere Verschiebungsansätze, zum Beispiel ein parabolischer Ansatz, liefern Spannungen, die von der Variablen x und y abhängen.

Bei großen Spannungsgradienten in der Struktur muss diese Tatsache berücksichtigt werden, damit die Spannungen richtig abgebildet werden können (Bild 2.88 bis Bild 2.93).

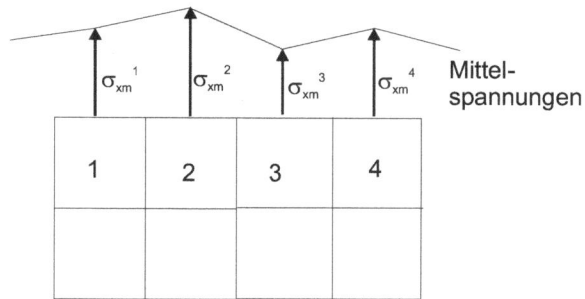

Bild 2.85 Mittelspannungen in den Elementen

BEISPIEL

Eine Zugöse unter einer Einzellast F = 1 kN wird mit einer unterschiedlichen Anzahl von Volumenelementen approximiert. Im Bereich der Kerbspannungsbereiche, also an den Innenseiten des Lochs, werden hohe Spannungen erwartet, die in Außenrichtung schnell abklingen. Unter der Einzellast wird sich eine Pressungsfläche nach der HERTZschen Pressung im Scheitel ausbilden.

Es wird gezeigt, wie grob die Spannungsverläufe werden, während die Verformungen noch gute Ergebnisse liefern.

Die erste Approximation erfolgt mit 8 Volumenelementen im Umfang des Bolzenlochs (Bild 2.86). Dabei ist offensichtlich, dass die Lochrundung nicht sauber abgebildet wird.

Bei dieser Approximation sind die Verformungen viel zu grob abgebildet (Bild 2.86b). Unter der Einzellast bildet sich eine regelrechte Spitze in der Gesamtstruktur. Das ist nicht realistisch und deutet auf die fehlerhafte Approximation dar.

a)

b)

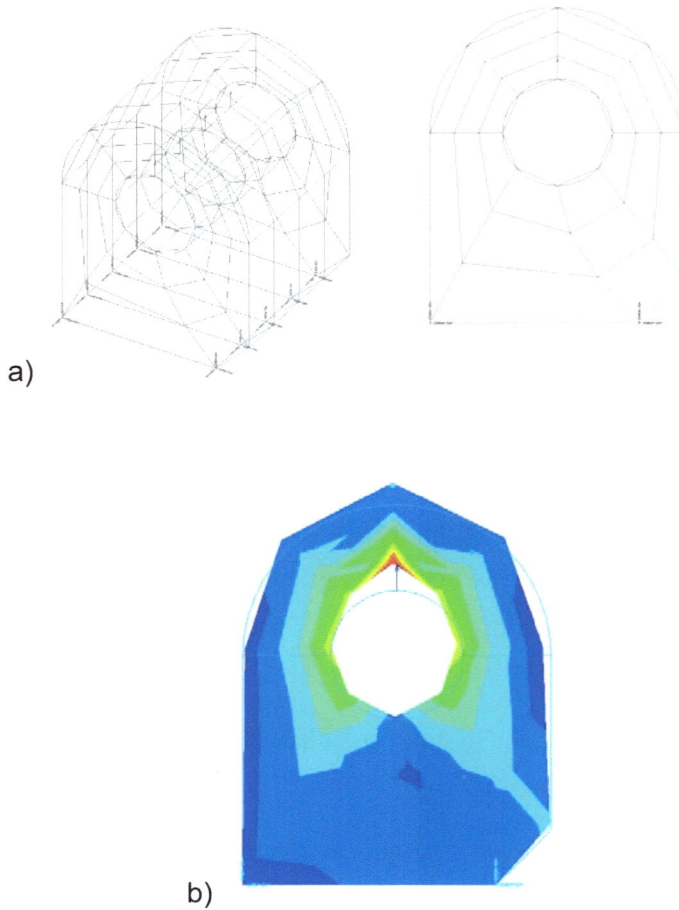

Bild 2.86 a) Approximation des Bolzenlochs mit 8 Volumenelementen; b) Vergleichsspannungsverlauf σ_V der verformten Zugöse

Der Spannungsverlauf ist ebenfalls viel zu grob (Bild 2.87b). Der Druckbereich unter der Einzellast ist zu breit ausgebildet. Hier sollte sich die kleine Pressungsfläche ausbilden. Insgesamt sind die Spannungsverläufe zackig und unstetig. Ein Hinweis auf eine unzureichende Approximation der Struktur.

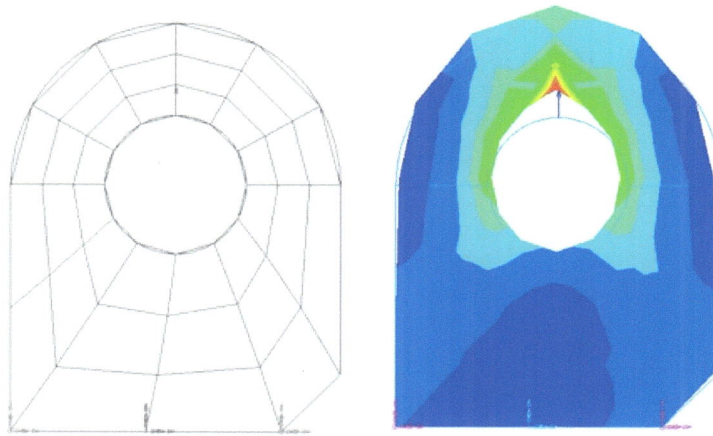

Bild 2.87 a) Approximation des Bolzenlochs mit 12 Volumenelementen; b) Vergleichsspannungsverlauf σ_V der verformten Zugöse

Auch die etwas feinere Approximation mit 12 Volumenelementen im Umfang des Bolzenlochs bringt für die Verläufe noch keine ausreichende Abbildung (Bild 2.87).

Im Wesentlichen gilt noch das oben beschriebene. Die Spannungsverläufe sind nur geringfügig verbessert. Es bildet sich zwar auch eine Spitze unter der Einzellast, aber sie ist lokaler ausgebildet (Bild 2.87b). Auch entspricht die Druckzone unter der Einzellast schon eher der realistischen Abbildung. Die Spannungen selbst sehen stetiger aus.

Erst die Approximation mit 24 Volumenelementen (Bild 2.88) zeigt eine sehr gute Darstellung der Spannungsverteilung an der verformten Zugöse (Bild 2.88b).

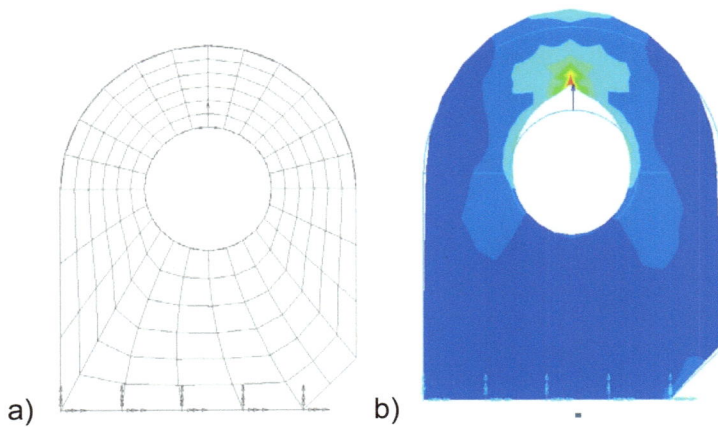

Bild 2.88 a) Approximation des Bolzenlochs mit 24 Volumenelementen; b) Vergleichsspannungsverlauf σ_V der verformten Zugöse

Die Spannungsverteilung im Druckbereich des Bolzenlochs ist jetzt realistischer, sie hat allerdings immer noch Unstetigkeitsstellen (Bild 2.93). Der Spannungsverlauf in den Kerbspannungsbereichen im Lochinnenbereich ist ebenfalls noch nicht gut abgebildet. Hier müssten sehr hohe Kerbspannungen entstehen.

Um die Ergebnisse besser beurteilen zu können, werden sie mit den Spannungsverläufen einer sehr genauen Berechnung einer Gewindeöse (Programm TPS10) verglichen.

In Bild 2.89 wird die halbe Struktur wiedergegeben. Der Spannungsverlauf wird durch Isolinien dargestellt. Die Dichte der Isolinien gibt Spannungsspitzen an. Es gibt davon zwei Bereiche. Der eine Bereich ist dort, wo hohe Kerbspannungen entstehen. Die Spannungsverläufe werden in drei Schnitten als Verläufe dargestellt. Dadurch wird auch deutlich, dass der Kerbspannungsbereich nur an der Stelle in der Lochung entsteht.

Der zweite Bereich ist der Druckbereich direkt unter der Einzellast. Er wird in Bild 2.90 noch genauer dargestellt. Über die Ösenhöhe der Gewindeöse werden die entstehenden Spannungen mit denen der HERTZschen Theorie verglichen.

Für die Spannungsdarstellung werden in der Praxis die Spannungen sehr oft als Vergleichsspannungsverläufe nach der Theorie von VAN MISES (1883-1953) dargestellt. Sie basiert auf der Gestaltänderungshypothese

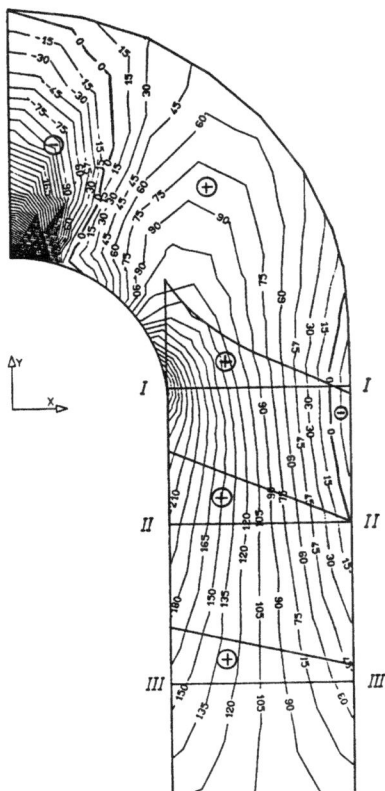

Bild 2.89 Spannungsverläufe (Isolinien) in der Gewindeöse

$$(2.280): \quad \sigma_{B,F} = \sqrt{\frac{(\sigma_1 - \sigma_2)^2 + (\sigma_2 - \sigma_3)^2 + (\sigma_3 - \sigma_1)^2}{2}} = \sigma_V ,$$

mit den drei Hauptnormalspannungen

$$(2.281): \quad \sigma_1 \geq \sigma_2 \geq \sigma_3 ,$$

und den Bezeichnungen σ_B für die Bruch-Zugspannung, σ_F für die Fließ-Zugspannung und $-\sigma_B$ für die Bruch-Druckspannung des Zug-, bzw. Druckstabes.

Sie lautet

"Bruch bzw. Fließen tritt ein, wenn die maximale spezifische Gestaltänderungs-energie

$$(2.282): \quad \Pi_G{}^* = \frac{1+\nu}{6\,E}((\sigma_1 \; \sigma_2)^2 + (\sigma_2 - \sigma_3)^2 + (\sigma_3 - \sigma_1)^2)$$

gleich ist jener des Zugstabes bei Bruch- bzw. Fließbeanspruchung

$$(2.283): \quad \Pi_{GZug}{}^* = \frac{1+\nu}{6\,E}(2\sigma_{B,F}{}^2)."$$

Das ist eine der gebräuchlichsten Darstellungsweisen, weil sie entsprechend den Vorschriften die Normal- und Schubspannungsanteile berücksichtigt. Allerdings wird sie als nicht vorzeichenbehaftete, skalierbare Größe verwendet. Das heißt, aus richtungsbehafteten Größen, der Druck-, Zug-, bzw. Schubspannung wird ein absoluter Wert gebildet. Das bedeutet einen erheblichen Informationsverlust.

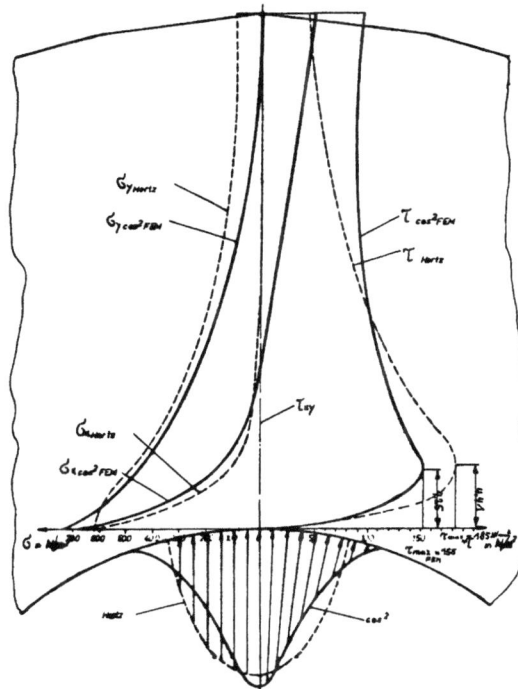

Bild 2.90 Spannungsverläufe über die Ösendicke im Scheitel; Finite-Elemente-
Berechnung durchgezogen, HERTZsche Theorie gestrichelt

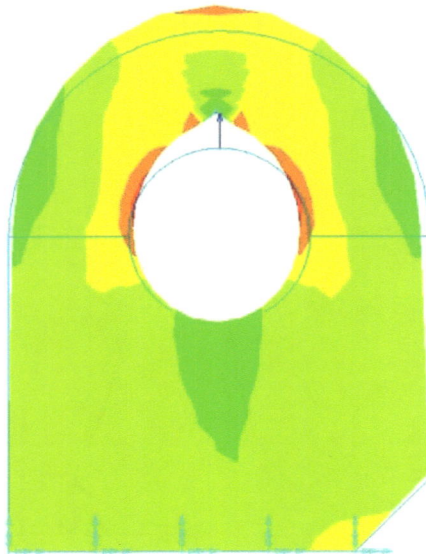

Bild 2.91 Hauptspannungsverlauf $\sigma_{1,2}$ **der verformten Zugöse**

Will man aber genau wissen, wo Maximal- bzw. Minimalspannungen auftreten, muss eine andere Darstellung der Spannungen gewählt werden. Die Darstellung als Hauptspannungen (maximal/ minimal principle stress) ist in (Bild 2.91) dargestellt. Hier sind die Spannungsspitzen infolge der Kerbwirkung im Innenrand des Lochs als Zugspannungen und der Druckbereich infolge der HERTZschen Pressung als Druckspannungen klar zu erkennen.

Eine weitere Möglichkeit der Spannungsdarstellung ist die Darstellung durch Pfeilbilder der Spannungen in den Größen und Richtungen der Hauptspannungen σ_1 und σ_2.

BEISPIEL

Ein statisch bestimmt gelagerter, hoher Balken wird durch eine Einzelkraft F = 1 kN belastet. In Bild 2.92 wird der Hauptspannungsverlauf mit einem Pfeilbild dargestellt.

Bei Strukturen, die Bereiche mit sehr unterschiedlichen Steifigkeiten haben, muss man aufpassen, dass die Spannungen nicht im Übergangsbereich "verschmiert" werden. Am besten ist es, dort mit getrennten Elementnetzen zu arbeiten (Bild

3.38). Dann werden bei der Spannungsausgabe in diesen Teilbereichen der Struktur auch nur die Spannungen innerhalb eines Elementnetzes dargestellt und die Spannungen gemittelt. Zum Beispiel treten bei unterschiedlichen Bauteildicken Spannungssprünge auf (Bild 2.93).

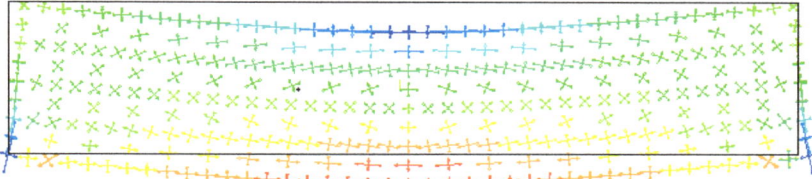

Bild 2.92 Hauptspannungsverlauf $\sigma_{1,2}$ **des Balkens unter einer Einzellast F = 1 kN**

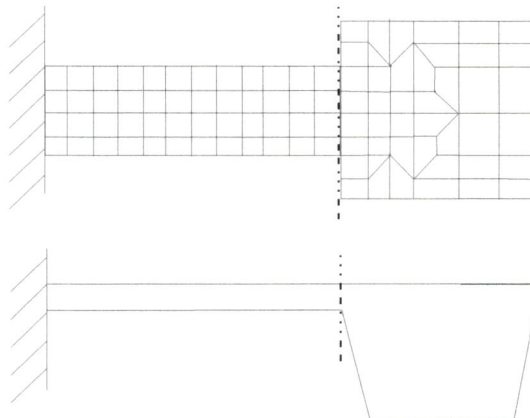

Bild 2.93 Struktur mit großen Steifigkeitsunterschieden; an der strichpunktierten Linie werden die Netze unterteilt

Um bessere Spannungsverläufe zu erhalten, kann man zum einen die Elementierung verfeinern.

Zum anderen können die die Verschiebungsansätze erhöht werden. Durch die immer größer werdende Rechnerkapazität hat sich in letzter Zeit die Geometrische-Elemente-Methode (h-Methode) weiterentwickelt, in der nicht das Elementnetz verfeinert (p-Methode), sondern der Verschiebungsansatz der Elemente erhöht wird. Damit erhält man höhere Genauigkeiten dieser Bereiche, ohne die Elementanzahl zu erhöhen. Die Rechenzeit erhöht sich allerdings ebenfalls durch den höheren Rechenaufwand.

2.5 Elementbeschreibungen

In Kapitel 1 wird ein Elementkatalog eines Programms vorgestellt, der eine Anzahl unterschiedlichster Elemente für den ein-, zwei- und dreidimensionalen Einsatz enthält. Dabei hat jeder Elementtyp sein spezielles Einsatzgebiet.

2.5.1 Eindimensionale Elemente

Stab- und Balkenelemente

Stab- und Balkenelemente werden für Strukturen eingesetzt, deren Querschnittsabmessungen klein gegenüber einer Ausdehnung, zum Beispiel der Länge sind. Man unterscheidet im Wesentlichen zwischen Stab- und Balkenelementen.

Ein Beispiel für eine Approximation mit Stabelementen zeigt das Bild 2.94. Es handelt sich um ein Fachwerk, in dem alle Stäbe als je ein Stabelement zwischen den Knoten definiert werden können.

Im Schnitt A-A ist die Normalspannung σ_x gleichförmig. Es treten nur Normalspannungen in Stabachse auf, alle anderen Spannungen verschwinden.

Im Folgenden werden die wesentlichen Einsatzgebiete und die Vor- und Nachteile der Stab- und Balkenelemente aufgelistet.

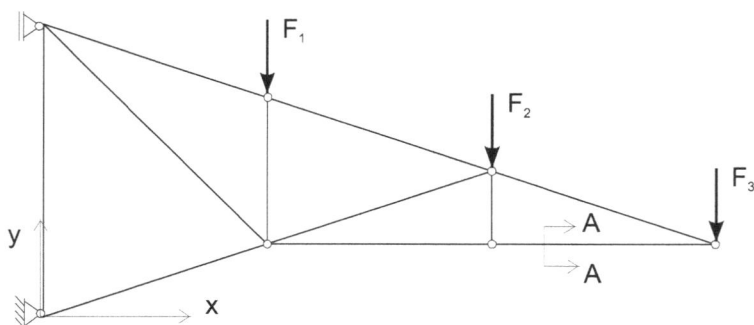

Bild 2.94 Fachwerksystem unter den Einzellasten F_1, F_2 und F_3

Rohrelemente

Rohrleitungselemente werden speziell im Bereich der Rohrleitungsberechnungen eingesetzt. Diese Kreisringquerschnitte werden als dünnwandig angenommen.

Einsatzgebiet von Stab- und Balkenelementen

Einsatzgebiet	Vorteil	Nachteil
Einsatz für alle eindimensionalen Strukturen wie Bolzen, Wellen, sowie Rahmen von Gebäuden und Brücken	Es liegen exakte Lösungen vor. Man erhält sehr gute Information mit wenigen Elementen durch die Stab-, bzw. Balkentheorie.	Eine Approximation als eindimensionales Element ist häufig zu ungenau oder nicht brauchbar.

2.5.2 Zweidimensionale Elemente

Die zweidimensionalen, ebenen Bauteile sind dadurch gekennzeichnet, dass eine Bauteilabmessung, zum Beispiel die Dicke, wesentlich kleiner als die anderen Abmessungen ist, zum Beispiel die Seitenlängen.

Diese Gruppe wird grundsätzlich in verschiedene Tragwerkstypen unterteilt, die Scheibe, Platte und Schale, die sich allein durch ihre Belastungsrichtungen unterscheiden.

Elemente des ebenen Spannungs- und Verzerrungszustandes

Bei einer Scheibe treten die Belastungen nur in der Mittelebene x-y auf (Bild 2.95).

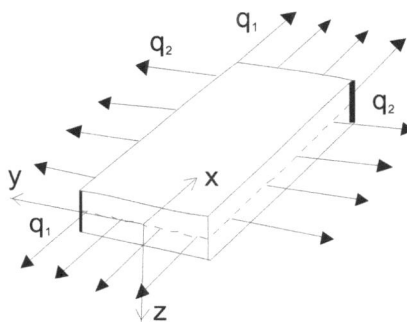

Bild 2.95 Scheibe: dreidimensionale Struktur mit einer Belastung in der x-y-Ebene

Ein solcher ebener Spannungszustand kann aber auch an einem dreidimensiona-len Bauteil allein durch die Belastung entstehen. Die dreidimensionale Struktur in Bild 2.96 wird gerade so belastet, dass nur in der x-y-Ebene Spannungen und Ver-formungen auftreten. In z-Richtung können die Verformungen und Spannungen als konstant angenommen werden.

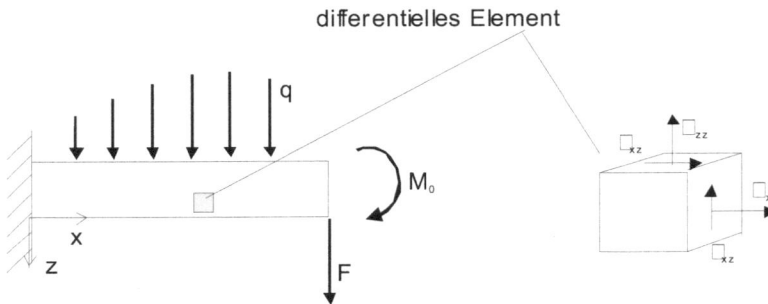

Bild 2.96 Platte: dreidimensionale Struktur mit einer Belastung in der x-y-Ebene

Im Bild 2.101 wird das System nur senkrecht zur x-Achse belastet. Dieses System ist eine Platte.

Rotationssymmetrische Volumenelemente

Liegt ein rotationssymmetrisches Bauteil vor, kann man eine große Vereinfachung des Systems und damit eine Verkürzung der Rechenzeit erreichen, indem man nur einen radialen Schnitt des Bauteils, einen Einheitsradianten, abbildet und ihn um die Rotationsachse rotieren lässt. Dieser Einheitsradiant wird um die Rotati-onsachse beliebig oft gespiegelt. Damit erhält man die notwendige Anzahl von Segmenten, um das Bauteil korrekt im Umfang darzustellen.

Einsatzgebiet von Elementen des Scheiben- und Plattenelements

Einsatzgebiet	Vorteil	Nachteil
Tatsächliche Belastung nur in einer Ebene Ebener Spannungszustand: z. B. in einer x- y- Ebene mit den Normal-	Die Information im Element ist ein-fach, damit wird der Berechnungs-aufwand gering.	Es entstehen große Fehlermög-lichkeiten beim Einsatz dieser Ele-menttypen mit veränderter Belas-tung, zum Beispiel durch nachträg-

und Schubspannungen $\sigma_{zz} = \tau_{yz} = \tau_{zx} = 0$, die näherungsweise gegen Null gehen, $\sigma_{xx}, \sigma_{yy}, \tau_{xy}$ sind über die Breite gleichförmig, alle anderen Spannungen sind Null. Ebener Verzerrungszustand: Scheibe der Dicke 1, deren Verzerrungskomponenten $\varepsilon_{zz}, \gamma_{yz}, \gamma_{zx}$ verschwinden.		liche Änderungen.

Die Belastung des Bauteils wird dann ebenfalls auf diesen Einheitsradianten umgerechnet. Man unterscheidet dabei rotationssymmetrische und nicht-rotationssymmetrische Belastungen. Die so durchgeführte zweidimensionale Berechnung eines Einheitsradianten liefert die vollständige Spannungs- und Verzerrungsverteilung.

Die Genauigkeit der Lösung entspricht der einer vollständigen dreidimensionalen Berechnung, ist allerdings vom Approximationsaufwand und in der Rechenzeit sehr viel weniger aufwendig.

Im Folgenden werden die wesentlichen Einsatzgebiete und die Vor- und Nachteile der Elemente der rotationssymmetrischen Volumenelemente aufgelistet.

Bei einer nicht-rotationssymmetrischen Belastung kann zwischen einer zweidimensionalen, rotationssymmetrischen Berechnung mit einer Zerlegung der nicht-rotationssymmetrischen Lasten in rotationssymmetrische FOURIER-Ansätze oder einer vollständigen dreidimensionalen Berechnung gewählt werden.

Einsatzgebiet von rotationssymmetrischen Volumenelementen

Einsatzgebiet	Vorteil	Nachteil
Alle Bauteile, die bezüglich einer Achse rotationssymmetrisch sind, z. B. Druckbehälter, Dichtungsringe, Wellen.	Die Approximation einer dreidimensionalen Struktur ist durch die Darstellung des zweidimensionalen Einheitsradianten einfach. Dadurch wird Approximationsaufwand und Rechenzeit eingespart.	Das Verfahren ist nur bei rotationssymmetrischer Belastung einfach anwendbar, bei nicht rotationssymmetrischer Belastung sehr aufwendig.

BEISPIEL

Eine Seiltrommel eines Kranes wird durch die Seilkräfte S belastet (Bild 2.97). Die Verformungen und Spannungen des Seiltrommelbodens werden berechnet. Der Seiltrommelboden wird als zweidimensionales, rotationssymmetrisches Modell mit Schalenelementen approximiert (Bild 2.103).

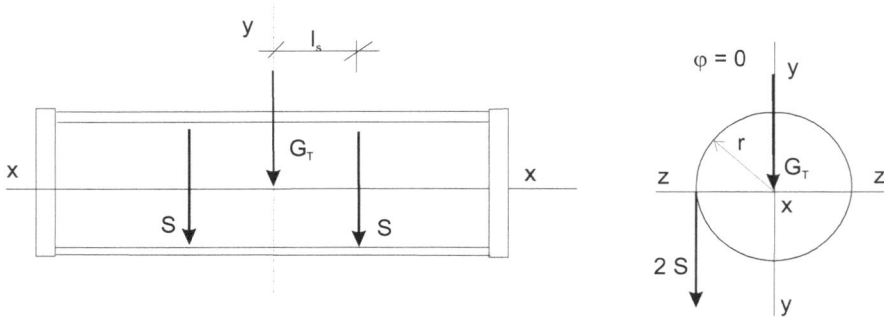

Bild 2.97 Belastungen einer Seiltrommel aus dem Eigengewicht G_T und den Seilkräften 2 S

Die Schnittkräfte, die durch die Belastung am Seiltrommelboden angreifen, werden am Gesamtsystem ermittelt (Bild 2.98).

Es entstehen die rotationssymmetrische Schnittkraft M_x und nicht-rotationssymmetrischen Schnittkräfte Q_y, M_z. Diese werden für das zweidimensionale Rechenmodell mit Hilfe von FOURIER-Reihen zerlegt.

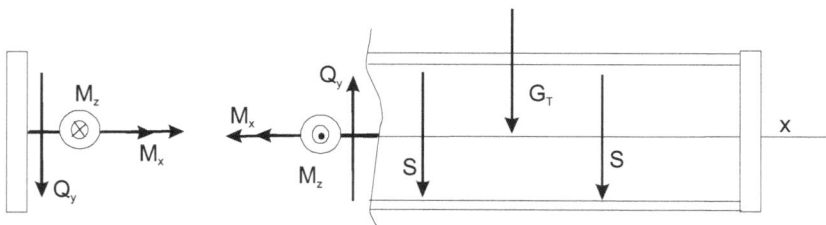

Bild 2.98 Schnittkräfte zwischen Seiltrommel und -boden

Die nicht-rotationssymmetrische Querkraft Q_y wird halbiert und jeweils um 90^0 versetzt über den Umfang cosinusförmig verteilt (Bild 2.99 und Bild 2.100). Die Amplitude der Cosinusfunktion beträgt

(2.284): $L_2 = \dfrac{Q_y}{4}$,

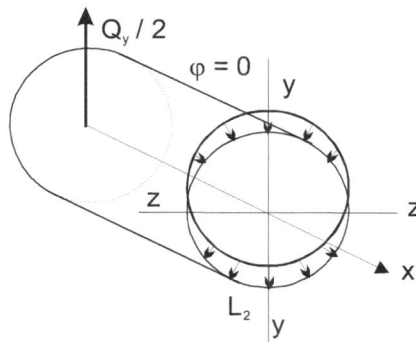

Bild 2.99 Zerlegung der halbierten Querkraft Q_y in eine cosinusförmige rotationssymmetrische FOURIER-Reihe

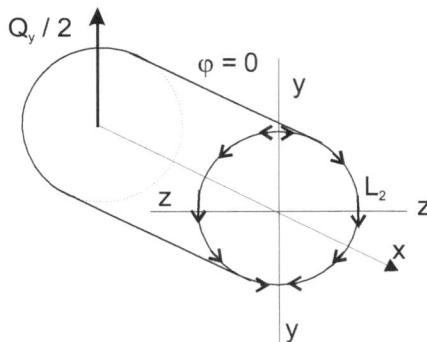

Bild 2.100 Zerlegung der halbierten Querkraft Q_y in eine cosinusförmige rotationssymmetrische FOURIER-Reihe

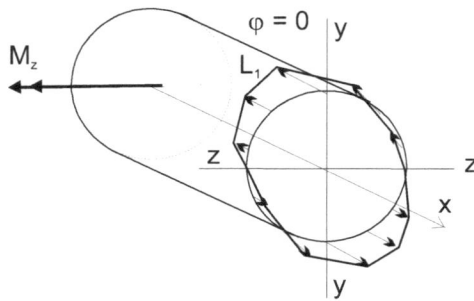

Bild 2.101 Zerlegung des Biegemoment M_z in eine cosinusförmige rotationssymmetrische FOURIER-Reihe

Das Biegemoment M_z wird ebenfalls über den Umfang cosinusförmig verteilt (Bild 2.101), mit der Amplitude der Cosinusfunktion

(2.285):　$L_2 = \dfrac{2M_z}{2\pi r}$,

Das rotationssymmetrische Torsionsmoment M_x wird mit der Amplitude

(2.286):　$L_3 = \dfrac{M_x}{2\pi r} = \dfrac{2S}{2\pi}$,

gleichmäßig über den Umfang verteilt (Bild 2.102).

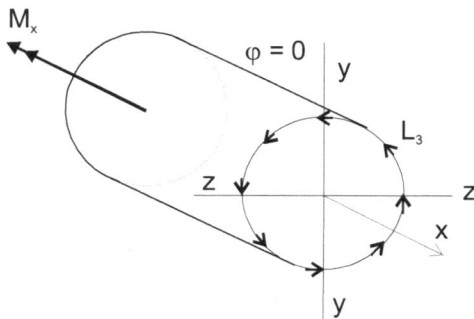

Bild 2.102 Zerlegung des rotationssymmetrischen Torsionsmoments M_x in eine rotationssymmetrische FOURIER-Reihe

Das System wird für die drei Belastungsfälle mit Hilfe von Einheitslastfällen einzeln berechnet. Danach werden diese Teillösungen zur Gesamtlösung überlagert. Damit erhält man eine gut nachvollziehbare Berechnung mit geringem Berechnungsaufwand. Dafür ist der Aufwand für die Definition der Belastung recht aufwendig.

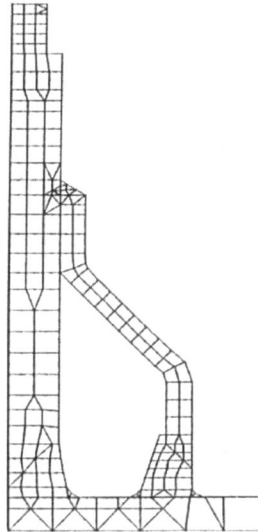

Bild 2.103 Approximation des Seiltrommelbodens durch eine rotationssymmetrische Struktur

Der in Bild 2.103 dargestellte Einheitsradiant wird im Umfang alle 15^0

um seine Achse gespiegelt. Damit erhält man im Umfang 24 Segmente, die das Problem sehr genau darstellen. Eine dreidimensionale Kontrollrechnung zeigt keine Abweichungen der Verformungs- und Spannungsverläufe.

Membranelemente

Membranelemente sind Schalenelemente, die nicht auf Biegung beansprucht werden können. Ihnen liegt die einfache Membran-Schalentheorie zugrunde. Sie können eben und gewölbt sein.

Schalenelemente

Ein Schalenelement ist ein gekrümmtes, flächiges Bauteil. Es wird sowohl in als auch senkrecht zu seiner Mittelebene belastet. Damit sind alle Belastungsrichtungen zugelassen (Bild 2.104). Damit sind die Schalenelemente die zweidimensionalen Elemente mit dem vielfältigsten Anwendungsbereich.

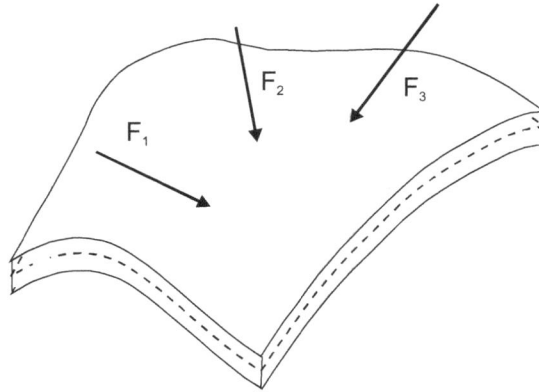

Bild 2.104 Belastung eines Schalenelementes durch Kräfte F_1, F_2 und F_3 in allen Richtungen

Im Folgenden werden die wesentlichen Einsatzgebiete und die Vor- und Nachteile der Elemente der Platten- und Schalenelemente aufgelistet.

Wie bei der BERNOULLI-EULER-Theorie werden bei der KIRCHHOFFschen Plattentheorie die Schubdeformationen vernachlässigt, in der die MINDLINsche Theorie werden sie wie beim schubweichen Balken berücksichtigt.

Einsatzgebiet von Platten- und Schalenelementen

Einsatzgebiet	Vorteil	Nachteil
Sie dienen zur Modellierung von ebenen Schalenbauteilen (gefaltete Platten wie Gehäusestrukturen, etc.) oder von gekrümmten Schalen. Die Struktur muss in einer Richtung dünn gegenüber den restlichen Abmessungen sein. Damit kann die Spannung über die Dicke (senkrecht zur Mittelfläche) der Platte/Schale vernachlässigt werden.	Man erhält eine sehr gute Information mit wenigen Elementen.	Die Approximation als zweidimensionale Struktur ist nicht immer ausreichend.

Dicke Schalenelemente

Neben diesen einfachen dünnen Platten- und Schalenelementen gibt es dicke Platten- und Schalenelemente, die die Platten-, bzw. Schalentheorie für dickwandige Bauteile erweitern.

Bei dickwandigen Bauteilen kann nicht mehr davon ausgegangen werden, dass die Querschnitte auch nach der Verformung eben bleiben und dass die Spannungsverläufe über die Dickenkoordinate linear sind.

Diese dicken Platten- und Schalenelemente berücksichtigen dies in ihren Ansätzen und können überall dort eingesetzt werden, wo sonst die viel aufwendigeren dreidimensionalen Volumenelemente einsetzt werden müssten.

2.5.3 Dreidimensionale Elemente

Wird das zu untersuchende Bauteil aus sehr dicken, dreidimensionalen Teilstrukturen gebildet, zum Beispiel die Pleuelstange (Bild 2.5b), muss man diese Struktur durch finite Volumenelemente approximieren.

Hier gibt es würfel-, keilförmige und Tetraeder-Volumenelemente.

Im Folgenden werden die Einsatzgebiete und die Vor- und Nachteile der Volumenelemente aufgelistet.

Einsatzgebiet von Volumenelementen

Einsatzgebiet	Vorteil	Nachteil
Immer, wenn es keine Möglichkeiten gibt, die Struktur mit den vorher vorgestellten Elementtypen zu modellieren, ist man gezwungen dreidimensionale Elemente einzusetzen.	Man kann sehr genau approximieren.	Es ist jedoch zu beachten, dass man die Genauigkeit der Ergebnisse einer dünnen Schale erst mit mindestens drei Elementschichten über die Dicke erreichen kann. Eine Elementierung mit Volumenelementen ist immer sehr aufwendig und rechenintensiv.

Bei der Approximation mit Volumenelementen muss man jedoch beachten, dass diese Abbildung zu einer sehr aufwendigen, kosten-, bzw. rechenzeitintensiven Berechnung führt, weil man pro Wanddicke mindestens drei Elementschichten benötigt, um die Genauigkeit einer dünnen Schale zu erhalten.

Volumenelemente geben an ihren Eckknoten nur Verschiebungen in den drei Richtungen aus. Wird eine Wand durch nur eine Elementschicht abgebildet, hat man nur zwei Informationen über den Verlauf der Verformung, nämlich eine Gerade. In Bild 2.105 wird dies durch eine Verschiebung in x-Richtung dargestellt. Erst durch die Abbildung mit drei oder mehr Elementschichten kann man einen nichtlinearen Verformungsverlauf über die Strukturdicke erzielen (Bild 2.111 bis Bild 2.113).

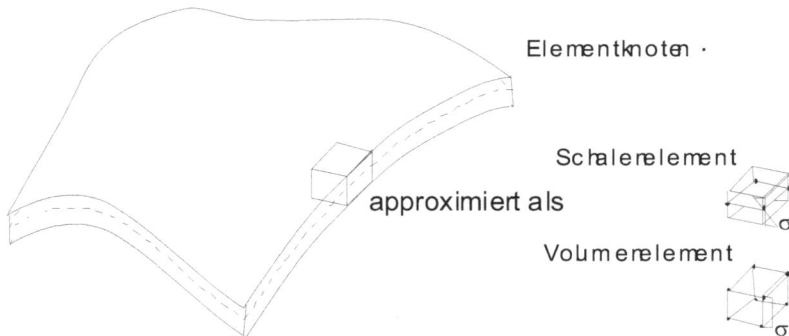

Bild 2.105 Element in der gekrümmten Struktur

In Bild 2.111 wird einmal mit einem Schalenelement und das andere Mal mit einem Vierecksvolumenelemet approximiert. Beim Schalenelement ergibt sich ein linearer Spannungsverlauf über die Elementhöhe aus der Schalentheorie.

Beim Volumenelement erhält man nur in den Knoten Informationen über die Verschiebung, also u_1 und u_2 in Bild 2. 106, also ein linearer Verlauf. Die Spannungen ergeben sich aus der Ableitung nach x, also $\sigma = E\,\varepsilon = E\,\dfrac{du}{dx}$. Somit ist die Spannung konstant über die Elementhöhe. Erst durch eine Approximation mit mindestens drei Volumenelementschichten erreicht man einen quadratischen Verschiebungsverlauf und damit einen linearen Spannungsverlauf.

Da die Elemente aber den später im Kapitel erläuterten Netzbeurteilungen standhalten müssen, ergeben sich für die Vernetzung mit Vierecksvolumenelementen damit 4 Element und 9 Knoten.

Berücksichtigt man weiter, dass bei einer automatischen Vernetzung immer Tetraederelemente benutzt werden, die entsprechen der Regel: „Vier Dreieckselemente für ein Viereckselement" noch feiner unterteilt werden müssen, um dieselbe Genauigkeit der Ergebnisse wie ein Viereckvolumenelement zu erzielen, erbeben sich für eine dem Schalenelement entsprechende Vernetzung 106 Knoten.

Das wirkt sich nicht nur auf die Anzahl der zu lösenden Gleichungen, sondern ebenfalls auf die Bandbreite aus, die für die Rechenzeit verantwortlich ist.

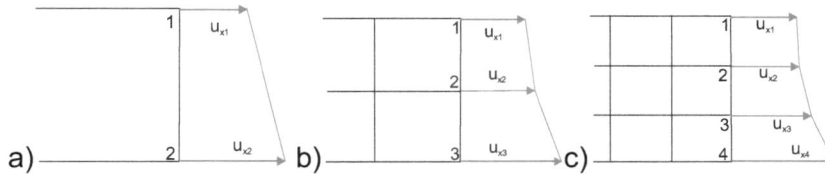

Bild 2.106 Wanddicke durch a) eine b) zwei c) drei Volumenelementschichten approximiert

2.5.4 Sonderelemente

Einzelmasse

Einzelmassen werden in der Dynamik benötigt. Dort werden ganze Bauteile durch Einzelmassen mit translatorischen und rotatorischen Freiheitsgraden approximiert.

Feder

Federelemente werden in den Berechnungen häufig benötigt. Im Allgemeinen können sie auch als einfacher Druck-, Zugstab abgebildet werden. Dort liegt dann das einfache lineare Federgesetz vor. Bei Federelementen hat man jedoch auch die Möglichkeit, spezielle Federkonstanten zu definieren.

Dämpfer

Dämpferelemente werden ebenfalls in der Dynamik eingesetzt. Mit ihnen können die Dämpfungseigenschaften einer Struktur abgebildet werden.

Gap-Elemente

Gap-Elemente oder Kontaktelemente haben ein weites Einsatzgebiet. Sie werden überall dort eingesetzt, wo Spalten überwunden werden müssen, bis es zum Kontakt zwischen verschiedenen Strukturteilen kommt. Eigentlich sind Gap-Elemente Bestandteil der nichtlinearen Theorie, weil sich nach dem Kontakt ein gänzlich anderer Zustand des Systems einstellt (siehe auch Kap. 4.2).

BEISPIEL

Ein rahmenartiges System wird rechts und links statisch bestimmt gelagert und mit einer Einzellast F = 5 MN, bzw. F = 10 MN von unten belastet. Da nur die Verformung der Struktur betrachtet wird, wird der Rahmen grob mit Schalenelementen vernetzt (Bild 2.107).

Der obere und untere Rahmenriegel sind in der Mitte durch ein Gap-Element miteinander verbunden, das bei Entlastung einen Zwischenraum von 10 mm hat. Das angebrachte Gap-Element ist ein "node to node gap"-Element.

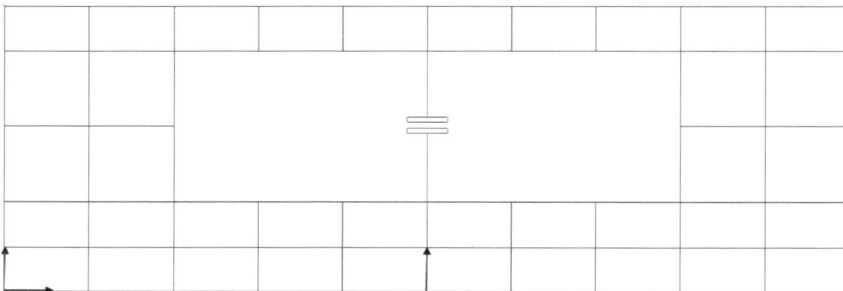

Bild 2.107 Vernetzung eines Rahmens unter einer Vertikalbelastung F = 5 MN/ 10 MN

Unter der Belastung F = 5 MN berühren sich die Enden des Gap-Elementes nicht. Nur der untere Rahmenriegel wird verformt, der obere erfährt eine elastische Beeinflussung (Bild 2 108).

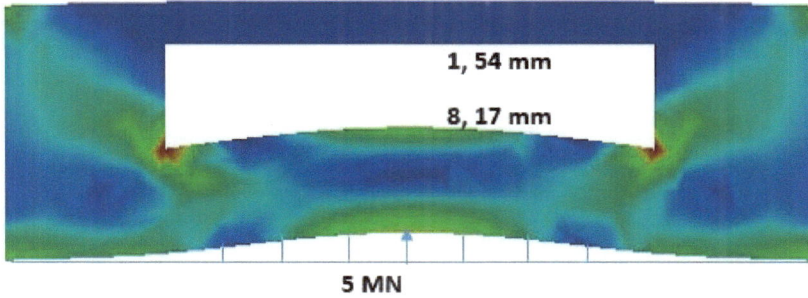

Bild 2.108 Verformungsverlauf der Struktur; kein Kontakt des Gap-Elementes (F = 5 MN)

Im zweiten Fall bei der Belastung mit F = 10 MN überwindet das Gap-Element den Zwischenraum. Es überträgt die Kraft in den oberen Rahmenriegel und verformt diesen ebenfalls (Bild 2.109).

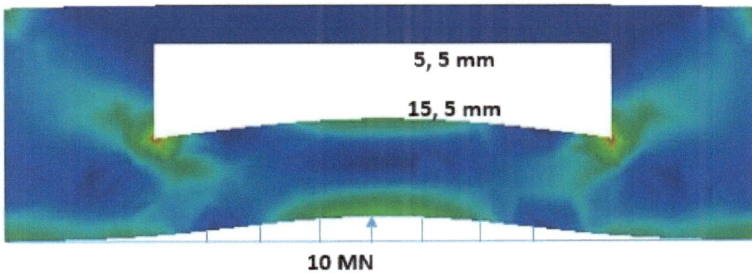

Bild 2.109 Verformte Struktur; das Gap-Element (F = 10 MN) hat Kontakt

Rigid Constraint-Element

Ein weiteres Element ist das Rigid Constraint-Element. Es wird dort eingesetzt, wo starre Verbindungen zwischen zwei Bauteilen oder Teilen von Bauteilen erforderlich sind.

Hier können Sie eine [kostenlose Strategie-Session](#) buchen oder [schreiben Sie](#) mir, wenn Ihnen dieses Buch gefällt und Sie Anregungen oder Fragen haben.

Hier kommen Sie zum kostenlosen [Bonusmaterial zum Buch](#).

Hier finden Sie weiteres [Bonusmaterial](#) zum Thema oder besuchen Sie meinen Blog „[Selbstführung & Produktivität](#)". Ich helfe Ihnen, bessere Ergebnisse zu erzielen.

2.6 Vernetzungsregeln

Als allgemeine Vernetzungsregeln können folgende Kriterien gelten

- o Vernetzung muss den physikalischen Eigenschaften entsprechen.

- o Symmetrien in der Struktur müssen auch wieder im Netz zu finden sein.

- o Netze müssen ästhetisch aussehen.

- o Jede Vernetzung muss mit dem gesunden Ingenieurverstand betrachtet und überprüft werden.

- o Jedes Ergebnis muss kritisch von allen Seiten durchleuchtet werden.

- o Jedes Ergebnis muss mit einer unabhängigen Kontrollrechnung überprüft werden.

2.6.1 Kompatibilität der verschiedenen Elementfamilien

Ein- und zwei-, bzw. dreidimensionale Elemente können nicht so ohne weiteres miteinander kombiniert werden. Zum Beispiel die Kombination von Balkenelementen mit Scheiben-, Platten- und Schalenelementen, oder die Kombination von Volumenelementen mit Scheiben-, Platten- und Schalenelementen ergibt numerische Probleme, weil diese Elemente unterschiedliche Definitionen der Freiheitsgrade haben.

Bild 2.110 zeigt die Kombination von Balkenelementen mit Schalenelementen. Das Balkenelement hat einen definierten Verdrehungsfreiheitsgrad in seinem Elementansatz, der beim Schalenelement nicht definiert ist (Bild 2.111). Dort sind, wie bei der Scheibe, nur Knotenverschiebungen vorgegeben.

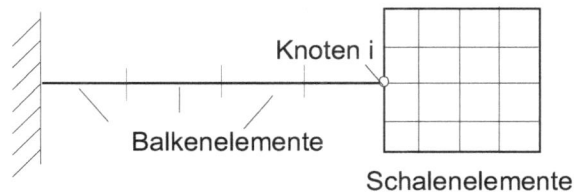

Bild 2.110 Kombination von Balken- und Schalenelementen

Kombiniert man nun diese beiden Elemente miteinander, bleibt die Verdrehung ψ_1. im Knoten 1 undefiniert.

Das wird in den meisten Finite-Elemente-Programmen durch eine Warnung kommentiert.

! Manche Programme halten den letzten der auftretenden Verdrehungsfreiheitsgrade selbständig fest, um kein singuläres Gleichungssystem zu erzeugen. Da diese "Randbedingung" willkürlich gewählt wird, muss dies keineswegs der physikalischen Eigenschaft des Modells entsprechen. Deshalb muss diese Randbedingung unbedingt überprüft werden.

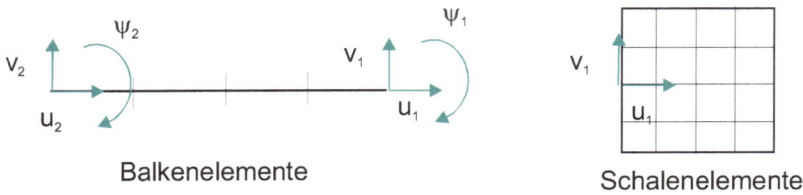

Bild 2.111 Freiheitsgrade von Balken- und Schalenelementen

Diese Inkompatibilität lässt sich jedoch leicht beheben, indem man zum Beispiel ein Balkenelement mit deutlich geringerer Steifigkeit als die übrigen Balkenelemente bis zum nächsten Schalenelement weiterführt. So wird der überzählige Verdrehungsfreiheitsgrad festgehalten (Bild 2.112).

Bild 2.112 Lösung durch zusätzliches Balkenelement

Eine Vernetzung, die Balkenelemente mit Schalenelementen kombiniert, stellt im allgemeinen eine grobe Näherung dar, die nur dort verwendet wird, wo keine genauen Ergebnisse für diese Übergangsbereiche benötigt werden. Zum Beispiel dort, wo Lasten eingeleitet werden, aber der Lasteinleitungsbereich selbst keine Rolle spielt.

Will man zum Beispiel in diesen Bereichen genauere Ergebnisse haben, muss die Vernetzung dort wesentlich feiner werden. Für das Beispiel wird dann eine vollständige Vernetzung mit Schalenelementen erforderlich (Bild 2.113).

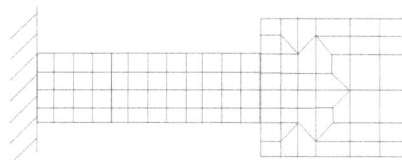

Bild 2.113 Vernetzung eines Beschleunigungssensors mit Schalenelementen

BEISPIEL

An einem Kragarm mit unterschiedlichen Vernetzungskombinationen werden eine fehlerhafte Vernetzung und eine sehr genaue Vernetzung gezeigt,

In Bild 2.114 werden die verschiedenen Vernetzungsmethoden dargestellt. Fall a ist die sehr genaue Vernetzung mit mehreren Volumenelementschichten. Fall b ist ebenfalls eine Vernetzung mit Volumenelementen, aber mit nur einer Schicht.

In Fall c bis e werden Volumenelemente mit Schalenelementen kombiniert, wobei die Schalenelemente unterschiedlich angeschlossen werden. In Fall c schließen die Schalenelemente ohne weitere Maßnahme an die Volumenelemente an, im Fall d werden die Schalenelemente zwischen die Volumenelemente hineingeführt und in Fall e werden weniger steife Schalenelemente auf die Volumenelemente aufgelegt.

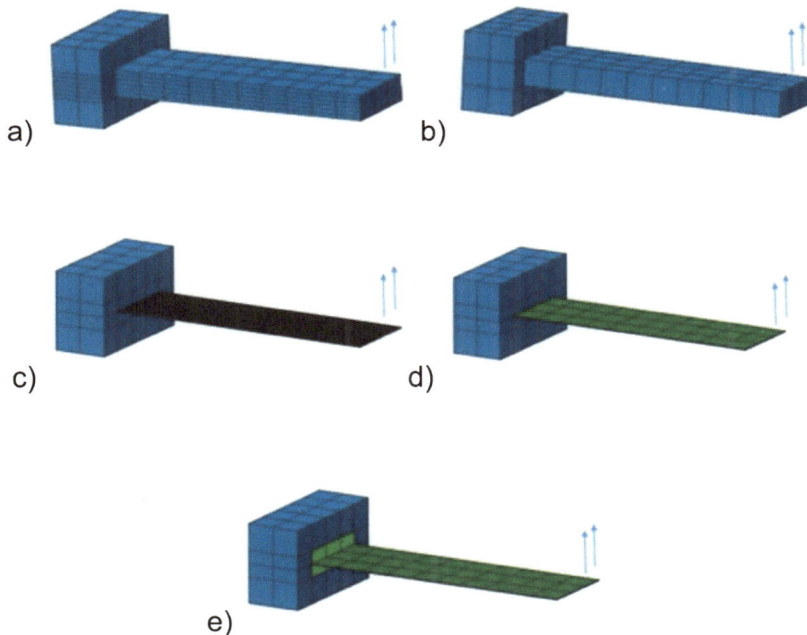

Bild 2.114 Vernetzung eines Kragarms unter einer senkrechten Belastung mit a) mehreren Volumenelementschichten; b) einer Volumenelementschicht; c) Plattenelementen, die ohne weitere Verbindung am Sockel angreifen; d) Plattenelementen, die in den Sockel mit einer Elementreihe hineinführen; e) Plattenelementen, die auf dem Sockel aufliegen

Die Vernetzungsfall c des Kragarms hat durch die fehlerhafte Anbindung eine Starrkörperbewegung (Bild 2.115).

In Bild 2.116 sieht man die Spannungsverläufe der sehr genauen Vernetzung durch die Volumenelemente. Besonders im Übergangsbereich werden die Spannungsverläufe gut dargestellt.

2.6.2 Vernetzungsstrategien

Die Elementierung einer Struktur muss so gestaltet sein, dass auch an Stellen mit hohen Spannungsgradienten ein korrekter Spannungsverlauf erzeugt wird. Das heißt, es dürfen keine Knicke oder gar Sprünge in den Verläufen auftreten.

Wenn diese Stellen vorher nicht bekannt und abschätzbar sind, müssen die Korrekturen, zum Beispiel eine Verbesserung des Elementnetzes, nach einem Probelauf durchgeführt werden. Diese Korrekturen können durch eine feinere Elementierung oder durch die Erhöhung der Verschiebungsansätze erfolgen.

Ganz allgemein gilt: anfangs reicht eine grobe Elementierung für eine Übersicht aus, wenn man noch nichts über den Spannungsverlauf weiß. Danach wird an den Stellen verfeinert, an denen die Spannungen nicht korrekt abgebildet werden. Das Ergebnis wird immer ein Kompromiss zwischen Genauigkeit und benötigter Rechenzeit sein.

Bild 2.115 Kinematische Verformung der Vernetzungskombination c

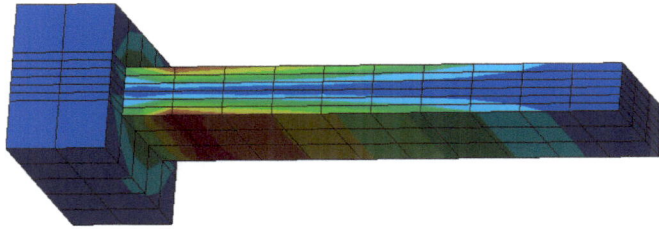

Bild 2.116 Spannungsverlauf des Vernetzungsfalles a

Wenn Spannungsspitzen in der berechneten Struktur auftreten, muss das Ergebnis immer auch bewertet werden. Nicht jede Spannungsspitze wird maßgeblich bei der Dimensionierung der Struktur. Zur Beurteilung muss grundsätzlich untersucht werden, ob diese Spannungsspitzen örtlich oder global auftreten, und ob diese Spannungsspitzen bei einer Vergrößerung zum Versagen der Struktur führen können.

Eine geringe Erhöhung der Zugspannungen am Lochrand der Gewindeöse kann zum Versagen der Gewindeöse führen (Bild 2.89), während die Erhöhung der Druckspannungen infolge der HERTZschen Pressung erst bei extrem hohen Werten zum Versagen führen wird, nämlich dann, wenn sich die Atomstruktur des Werkstoffs nicht mehr umlagern kann (Bild 2.90) .

In den Normen wird zwischen Primär- und Sekundärspannungen unterschieden.

Nach den Primärspannungen muss das Bauteil ausgelegt werden. Die Sekundärspannungen sind auf ihre Entstehung hin zu untersuchen und dann entsprechend zu bewerten. Sie können geometrische Ursachen haben, zum Beispiel die Verschneidung von Strukturen, die nur zusätzliche, örtliche Spannungen erzeugen. Entsprechend ihrer Ursache und Auswirkung müssen sie dann in der Berechnung berücksichtigt werden.

2.6.3 Beurteilung von Netzen

In jedem Finite-Elemente-Programm gibt es eine Reihe von Kontrollen, die die Qualität der Vernetzung prüfen, und Hinweise auf eine fehlerhafte Elementierung geben. Sie umfasst verschiedenartige Kontrollen, die im Folgenden näher erläutert werden.

2.6.3.1 Prüfung der Verzerrung und Dehnung

Die Qualität der Elemente bezieht sich auf die maßliche Abweichung des Elements von einer Idealform, die vom jeweiligen Elementtyp abhängt. Ein Element kann einen Verzerrungswert und einen Dehnungswert haben, die in einer Skalierung von völlig abweichend (0) bis nicht abweichend (1) pro Element oder Elementgruppe ausgegeben werden. Bei Elementierungen mit Werten wesentlich unter 1 können Fehler in der Berechnung entstehen, die immer untersucht werden müssen.

Verzerrung

Die im Programm berechneten Verzerrungswerte werden durch den Vergleich mit einem sogenannten Elternelement erstellt. Dieses Elternelement stellt die Idealform des Elements dar, alle anderen Elementformen können zu Fehlern in der Berechnung führen.

In der Praxis ist die Realisierung einer solch korrekten Elementierung nicht immer möglich. Dort muss dann jedes Mal überprüft werden, ob diese ungenügende Übereinstimmung tatsächlich einen Einfluss auf das Ergebnis hat. Das kann zum Beispiel in Bereichen sein, in denen die Ergebnisse nicht zur Dimensionierung maßgeblich sind, oder dort, wo der Anwender bewusst eine ungenaue Elementierung zulässt.

Im Folgenden werden diese Idealformen für die einzelnen Elementtypen angegeben. Das Element des gewählten Elementtyps sollte dieser Form möglichst genau entsprechen.

Dehnung

Die im Programm berechneten Dehnungswerte werden durch den Vergleich mit einem sogenannten Elternelement erstellt. Dieses Elternelement stellt die Idealform des Elements dar, alle anderen Elementformen können zu Fehlern in der Berechnung führen.

Diese Idealformen werden für die einzelnen Elementtypen angegeben. Das Element des gewählten Elementtyps sollte dieser Form möglichst genau entsprechen. Für die Anwendung gilt dasselbe wie für die Verzerrungskriterien.

Idealformen der Elementtypen für die Beurteilung des Verzerrungswerts und des Dehnungswerts

Elementtyp	Idealform des Verzerrungswerts	Idealform des Dehnungswerts
Viereck	Parallelogramm	Quadrat
Dreieck	gleichseitiges Dreieck	gleichseitiges Dreieck
Würfel	Parallelseitiger Würfel	Würfel
Tetraeder	gleichwinkliges Dreieck	gleichseitige Dreiecksseiten
Keil	Parallelogramm mit rechteckigen Seiten	gleichseitig mit rechtwinkligen Seiten

In Bild 2.117 wird ein ideales Dreieckselement einem abweichenden gegenübergestellt. Beim idealen Element wird die Seitenlänge $L_{max} = 1$ gesetzt. Dann gilt für den Radius des idealen Dreieckselements

$$(2.287): \quad R = \frac{1}{\sqrt{12}},$$

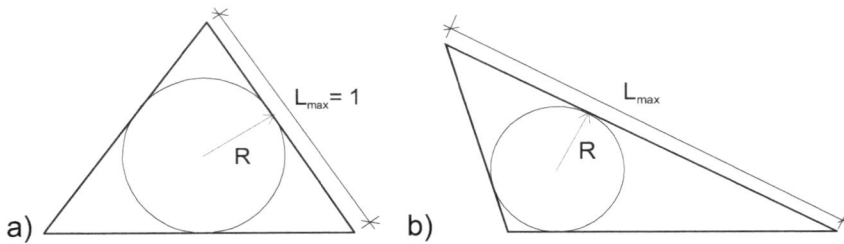

Bild 2.117 a) Ideales; b) abweichendes Dreieckselement

Der Berechnungswert für die Dehnung der Elemente mit drei Seiten ist der Normierungsfaktor

$$(2.288): \quad \frac{R}{L_{max}} \sqrt{12}.$$

Bei "Volumenkeilen" ist der Normierungsfaktor das Minimum der Dehnung an einer der fünf ebenen Seiten.

In Bild 2.118 wird ein ideales Viereckselement einem abweichenden gegenübergestellt. Die Seitenlänge des Quadrats ist $L_{min} = 1$. Die Diagonale $L_{max} = \sqrt{2}\, L_{min} = \sqrt{2}$.

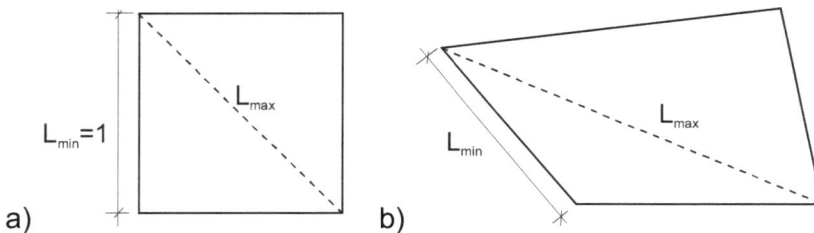

Bild 2.118 a) Ideales; b) abweichendes Viereckselement

Für Viereckselemente ist der Normierungsfaktor für die Dehnung

$$(2.289): \quad \frac{L_{min}}{L_{max}} \sqrt{2}$$

Für alle dreidimensionalen Elemente ist der Normierungsfaktor für die Dehnung

(2.290): $\quad \dfrac{L_{min}}{L_{max}} \sqrt{3}$,

die Werte für Tetraeder sind

(2.291): $\quad \dfrac{R}{L_{max}} \sqrt{24}$,

wobei R der Radius einer Innenkugel und L_{max} die längste Entfernung zwischen zwei Knoten ist.

> **!** Als allgemeiner Wert wird der Verzerrungs- und Dehnungswert von 0,7 als unterste Grenze für zweidimensionale Elemente angegeben. Allerdings wird darauf hingewiesen, dass diese Werte problemorientiert überprüft werden müssen.

2.6.3.2 Prüfung auf aufeinanderliegende Knoten

Diese Überprüfung zeigt alle doppelt liegenden, bzw. übereinander liegenden Knoten an. Sie können zum Beispiel durch das Kopieren vorhandener Elemente entstehen. Diese Knoten können dazu führen, dass die Elemente nicht korrekt miteinander verbunden werden.

Mit einem Befehl können diese Knoten gelöscht werden. Der Anwender definiert die Grenze, innerhalb der die Abstände zwischen den Knoten liegen dürfen.

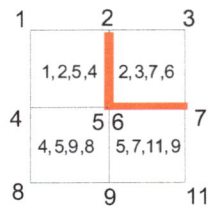

Bild 2.119 Das rechte obere Element ist im Knoten 5,6 nicht mit den anderen Elementen verbunden

2.6.3.3 Prüfung auf aufeinanderliegende Elemente

Diese Überprüfung zeigt alle doppelt liegenden Elemente. Sie können zum Beispiel durch das Kopieren vorhandener Elemente entstehen. Diese Elemente können dazu führen, dass die Vernetzung nicht korrekt ist.

Mit einem Befehl können diese Elemente gelöscht werden. Der Anwender muss gegebenenfalls neue, korrekte Elemente eingeben.

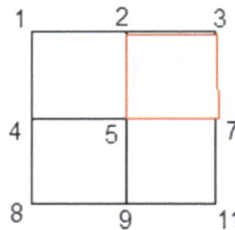

Bild 2.120 Das obere Element liegt doppelt

2.6.3.4 Prüfung auf verwölbte Elemente

Dieser Check findet in sich verwölbte Elemente. Das sind zum Beispiel Abweichungen von ebenen Elementen aus der Ebene. Das Maß ist die Abweichung jeder Elementseite von einer ebenen Fläche. Die Größe der Abweichung kann vom Anwender angegeben werden.

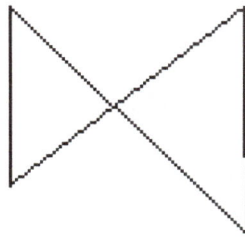

Bild 2.121 Durch falsche Nummerierung verwölbtes Element. Viereckselement

2.6.3.5 Prüfung auf freie Elementkanten

Diese Überprüfung zeigt alle freien Elementkanten. Sie können zum Beispiel durch das Kopieren und Löschen vorhandener Elemente entstehen. Freie Elementkanten liegen bei einer Struktur im Allgemeinen am Rand. Fehlerhafte Elementkanten können dazu führen, dass die Vernetzung nicht korrekt ist.

Mit einem Befehl werden diese Elemente gelöscht und von Anwender gegebenfalls von Hand neu eingegeben.

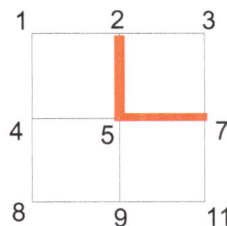

Bild 2.122 Freie Elementkanten zwischen den Elementen

2.6.3.6 Prüfung auf Richtung der Schalenelementnormalen

Alle Schalenelemente haben eine Normale, die die Ober- und Unterseite definiert. Durch das Erstellen, Duplizieren oder Verschieben von Schalenelementen kann es passieren, dass die Normalen einer Elementgruppe in verschiedene Richtungen zeigen. Dies wird durch eine andere Schattierung oder eine Warnung angezeigt.

Einige Funktionen, zum Beispiel die Ergebnisausgabe für Spannungen, benötigen zusammenhängende Ober-, bzw. Unterseiten. Durch falsch orientierte Normalen können Fehler in der Auswertung entstehen (Bild 1.12).

In den meisten Programmen kann eine solche Normale mit einem Befehl umgedreht werden.

2.6.3.7 Vernetzungskontrolle durch Verkleinern aller Elemente

Eine weitere Möglichkeit, die Vollständigkeit einer Vernetzung zu überprüfen, ist die Verkleinerung aller Elemente. Damit wird ersichtlich, ob die Struktur vollständig mit Elementen überdeckt ist (Bild 2.123).

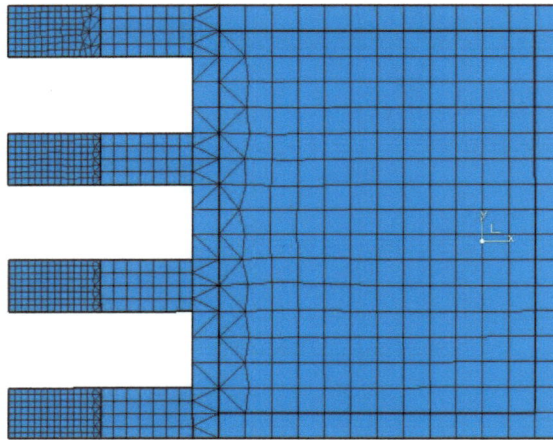

Bild 2.123 Vernetzungskontrolle einer Struktur durch das Verkleinern aller Elemente

2.6.4 Randbedingungen

Prinzipiell wird ein System so gelagert, dass die Unterdrückung seiner Beweglichkeit im Modell der Realität entspricht.

Allerdings ist die Definition der Randbedingungen nicht immer ganz einfach. Die realen Randbedingungen können manchmal nur ungenügend nachgebildet werden.

> **!** Prinzipiell muss sichergestellt werden, dass der Kraftfluss, der in der realen Struktur verläuft, physikalisch richtig dargestellt wird. Das muss durch entsprechende Kontrollen überprüft werden.

Weiter muss bei der Definition der Randbedingungen beachtet werden, dass, wie bei der Lasteinleitung, häufig singuläre Stellen im System erzeugt werden. Diese können zu Spannungsspitzen führen, die im realen System gar nicht auftreten.

2.6.4.1 Lokales und globales Koordinatensystem

Prinzipiell wird zwischen lokalem und globalem Koordinatensystem unterschieden. In vielen Fällen hat der Anwender jedoch mit dem lokalen Koordinatensystem wenig oder gar nichts zu tun, weil es im Programm automatisch durch die Reihenfolge der Knoteneingabe bei der Elementierung definiert wird.

Nur bei Stab- und Balkenelementen kann die Ausgabe der Ergebnisse direkt als Schnittkräfte erfolgen. Diese Schnittkräfte werden im Allgemeinen im lokalen Koordinatensystem angegeben. Die Ergebnisse aller anderen Elemente werden als Spannungen in Richtung der globalen Koordinatenachsen oder einer entsprechenden Definition ausgegeben.

2.6.4.2 Zusätzliche Koordinatensysteme

In vielen Finite-Elemente-Programmen ist es möglich, bei einzelnen Knoten, Rändern oder Flächen ein vom globalen Koordinatensystem unabhängiges, zusätzliches Teil-(Part-) Koordinatensystem zu definieren (Bild 1.15).

2.6.4.3 Symmetrie- und Antimetriebedingungen

Liegt eine zu einer Achse symmetrische Struktur vor, kann diese Symmetrie ausgenutzt werden. Durch die Teilung in ihrer Symmetrielinie und durch Anbringen neuer Randbedingungen lassen sich die Ergebnisse an der halben Struktur ermitteln. Damit halbiert sich auch nahezu die Anzahl der Freiheitsgrade des Systems.

Das ist besonders bei großen Strukturen interessant, weil dadurch die Rechenzeit erheblich reduziert werden kann. Durch ein nachfolgendes Spiegeln der halben

Struktur an der Symmetrielinie kann die gesamte Struktur zur Ergebnisausgabe dargestellt werden.

Zuerst werden die Randbedingungen des Ersatzsystems eines ursprünglich symmetrischen Systems mit symmetrischer Belastung gezeigt. Dann werden die Randbedingungen des Ersatzsystems eines symmetrischen Systems mit antimetrischer Belastung dargestellt.

Symmetrisches System mit symmetrischer Belastung

Ein symmetrisches System unter symmetrischer Belastung erzeugt symmetrische Auflagerkräfte im System (Bild 2.127).

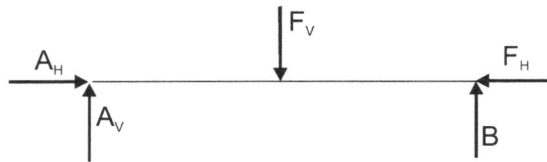

Bild 2.124 Schnittkräfte eines symmetrischen Systems mit symmetrischer Belastung

Die Auflagerkräfte halbieren die Belastung F_V, die Horizontalkomponente geht in das linke Auflager

$$(2.292): \quad A_V = B = \frac{F_V}{2}, A_H = F_H.$$

Als Schnittkräfte liegt ein symmetrischer Normalkraftverlauf vor

$$(2.293): \quad N = -F_H = const.$$

Die anderen Schnittkräfte Q (Bild 2.125) und M (Bild 2.126) in der Mitte des Systems sind von Null verschieden

$$(2.294): \quad N_{Mitte} \neq 0, Q_{Mitte} \neq 0, M_{Mitte} \neq 0.$$

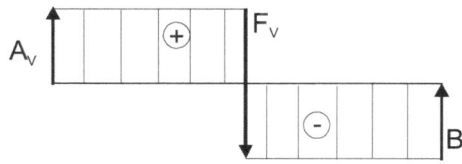

Bild 2.125 Querkraftverlauf Q des symmetrischen Systems mit symmetrischer Belastung

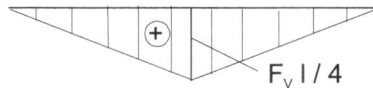

Bild 2.126 Momentenverlauf M des symmetrischen Systems mit symmetrischer Belastung

Ersatzsystem des symmetrischen Systems mit symmetrischer Belastung

Das Ersatzsystem kann als eingespanntes System mit verschieblichem Auflager dargestellt werden (Bild 2.127).

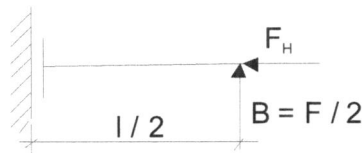

Bild 2.127 Schnittkräfte des Ersatzsystems (linkes Lager)

Wieder liegt ein symmetrischer Normalkraftverlauf vor

$$(2.295): \quad N = -F_H = \text{const.}$$

Die anderen Schnittkräfte Q (Bild 2.128) und M (Bild 2.129) in der Mitte des Systems sind von Null verschieden.

$F_v / 2$ 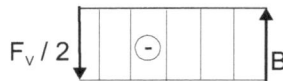 B

Bild 2.128 Querkraftverlauf Q des Ersatzsystems

$F_v \, l / 4$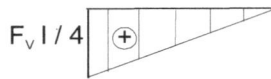

Bild 2.129 Momentenverlauf M des Ersatzsystems

Symmetrisches System mit antimetrischer Belastung

Ein symmetrisches System unter antimetrischer Belastung erzeugt antimetrische Auflagerkräfte im System (Bild 2.130).

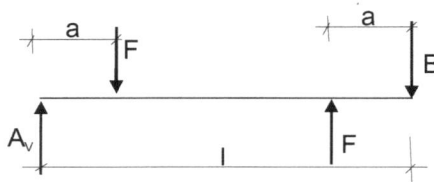

Bild 2.130 Schnittkräfte des symmetrischen Systems mit antimetrischer Belastung

Die Auflagerkräfte halbieren die Belastung, zeigen aber in verschiedene Richtungen

$$(2.296): \quad A_V = B = F \left(1 - \frac{2a}{l}\right).$$

Der Normalkraftverlauf wird zu Null. Die anderen Schnittkräfte Q (Bild 2.131) und M (Bild 2.132) in der Mitte des Systems sind von Null verschieden, bzw. Null

$$(2.297): \quad N = 0, Q_{Mitte} \neq 0, M_{Mitte} = 0.$$

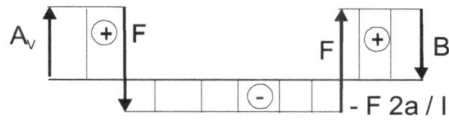

Bild 2.131 Querkraftverlauf Q des symmetrischen Systems mit antimetrischer Belastung

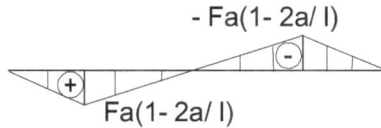

Bild 2.132 Momentenverlauf M des symmetrischen Systems mit antimetrischer Belastung

Ersatzsystem des symmetrischen Systems mit antimetrischer Belastung

Das Ersatzsystem kann als System mit verschieblichem Auflager dargestellt werden (Bild 2.133).

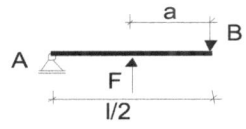

Bild 2.133 Schnittkräfte des Ersatzsystems

Der Normalkraftverlauf ist Null

$$(2.298): \quad N = 0.$$

Die anderen Schnittkräfte Q (Bild 2.134) und M (Bild 2.135) in der Mitte des Systems sind von Null verschieden, bzw. Null.

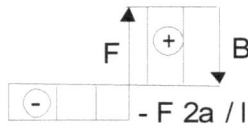

Bild 2.134 Querkraftverlauf Q des Ersatzsystems

$$- Fa(1- 2a/ l)$$

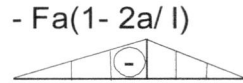

Bild 2.135 Momentenverlauf M des Ersatzsystems

!

> Die Randbedinungen werden am besten an einem kleinen Ersatzmodell ausgetestet (Bild 2.13 und Bild 2.137).

BEISPIEL

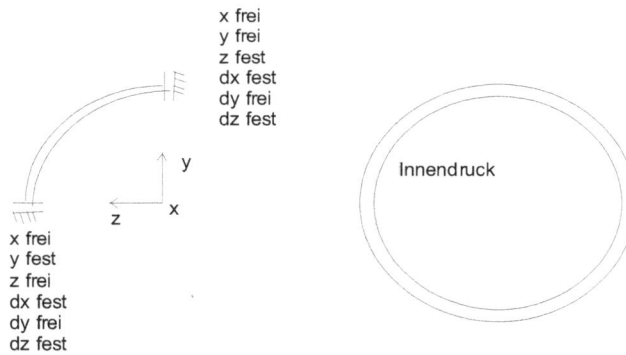

x frei
y frei
z fest
dx fest
dy frei
dz fest

x frei
y fest
z frei
dx fest
dy frei
dz fest

Innendruck

Bild 2.136 Symmetrie; Randbedingungen bei einem Rohr unter Innendruck

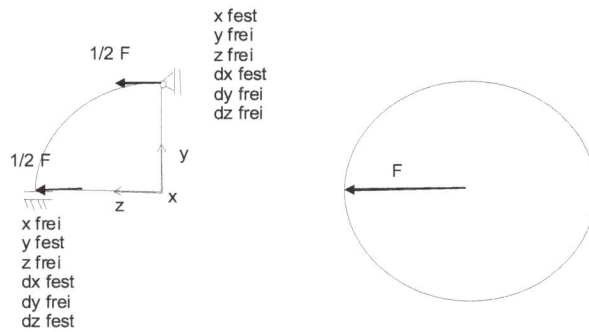

Bild 2.136 Antimetrie; Randbedingungen bei einem Rohr unter Einzellast F

Weil das System sonst zu groß geworden wäre und damit nicht mehr berechenbar (Rechnerkapazität) wurde ein symmetrisches Aggregat auf ein Viertel reduziert und berechnet.

Bild 2.138 Symmetrie; Finite-Elemente-Modell bei einem symmetrischen Bauteil, durch Randbedingungen als Viertel abgebildet

2.6.4.4 Rand- und Kopplungsbedingungen

Da nicht immer starre Randbedingungen vorgegeben werden können, gibt es die Kopplungsbedingungen, die bestimmte physikalische Beziehungen zwischen einzelnen Knoten, verschiedenen Flächen, einzelner Knoten mit einer Fläche, etc. numerisch definieren.

2.6.5 Lastannahmen

Reale Strukturen sind im Allgemeinen mit Kräften, Temperaturen oder anderen Belastungen belastet. Diese Kräfte lassen sich knotenweise, bzw. elementweise in das Modell einbringen.

Allerdings gibt es auch hier, wie bei der Definition der Randbedingungen, häufig Probleme, dieselbe Wirkung im Modell wie in der Realität zu erzielen. Auch hier ist es unbedingt notwendig, genaue Kontrollen auf die Richtigkeit der Eingaben zu machen.

2.6.5.1 Lasteinleitung

Bei manchen Problemen müssen Lasten eingeleitet werden, deren Angriffspunkt nicht modelliert werden kann. Zum Beispiel bei einer Rohrleitungsberechnung werden die Lasten in Rohrmitte berechnet. Will man sie nun auf eine andere Struktur, zum Beispiel auf ein Druckventil (Bild 2.139) aufbringen, muss man die Kräfte umrechnen.

Durch steife Balkenelemente, die strahlenförmig angeordnet sind, kann man die Rohrleitungskräfte in die Struktur, hier die Zu- bzw. Ablaufrohre einleiten (Bild 2.139). Diese Balkenelemente leiten die Lasten korrekt in die Struktur, ohne Momente an der Lasteinleitungsstelle zu erzeugen. Zudem werden die Rohrendquerschnitte durch diese Balkenelemente eben gehalten, wie es durch das anschließende Rohrleitungssystem tatsächlich der Fall ist.

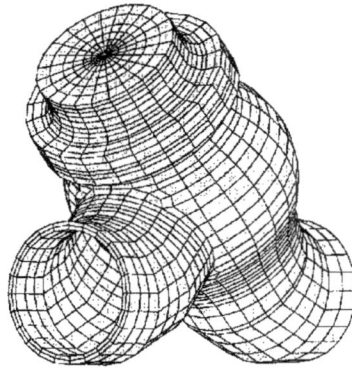

Bild 2.139 Vernetzung eines Druckventils

Diese Balkenelemente übertragen die Last auf die Innenknoten der Elemente. Von dort aus werden sie mit weiteren Balkenelementen an die jeweiligen Knoten der Elementaußenseiten weitergeleitet. Damit wird die Lasteinleitung ohne Zwängungen definiert. Ebenso kann verfahren werden, wenn die realen Randbedingungen einer Struktur in einem Punkt außerhalb angreifen.

Durch die numerischen Ungenauigkeiten kann an einer Struktur kein Gleichgewicht durch gleich große, entgegengesetzt wirkende Kräfte erzeugt werden (Bild 2.140). Der Rechner würde das System als kinematisch auffassen, weil durch die numerischen Ungenauigkeiten Kräfte in einer Richtung übrigbleiben würden. Es würde kein Gleichgewicht herrschen, auch wenn es sich nur um sehr kleine Kräfte handelt. Auch hier können Balkenelemente so angeordnet werden, dass alle Kräfte aufgenommen werden können. In den zusätzlichen Balkenelementen dürfen aber nur diese numerischen Restkräfte auftreten, dann ist das System korrekt abgebildet.

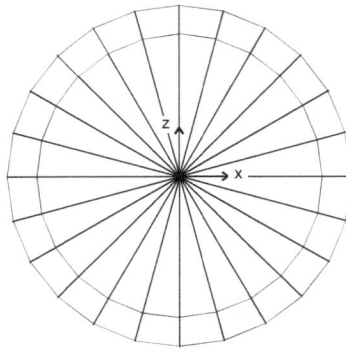

Bild 2.140 Lasteinleitung über strahlenförmig angeordnete Balkenelemente

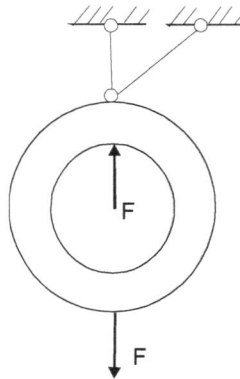

Bild 2.141 Balkenkonstruktion zur Aufnahme numerischer Restkräfte

> **!**
>
> Im Allgemeinen ist jedoch immer Vorsicht mit Lasteinleitungen durch Stäbe geboten. Stabelemente, bzw. die daraus entstehenden Einzelkräfte sind mathematisch gesehen Singularitäten, die mindestens Spannungsspitzen zur Folge haben können.

Wenn die Lasteinleitungsstellen von großer Bedeutung für eine Untersuchung ist, wird man diese Bereiche sehr fein vernetzen müssen, um genauere Ergebnisse zu erhalten.

2.6.5.2 Einheitslastfall

Es ist sinnvoll, die Belastungen in deren Wirkungsrichtungen aufzusplitten, wie es beim Fachwerkbeispiel gezeigt wird. Dadurch gewinnt man eine größere Kontrollmöglichkeit am Gesamtsystem.

In der Praxis werden im Allgemeinen Einheitslastfälle mit Belastungsgrößen von zum Beispiel 1000 kN angenommen. Dadurch erhält man eine bessere Übersicht über die Ergebnisse. Erst am Schluss werden diese zum endgültigen Ergebnis durch die Multiplikation mit dem aktuellen Faktor erzeugt.

2.6.6 Ergebniskontrolle

2.6.6.1 Numerische Grenzbetrachtungen

Bei komplizierten Systemen ist es häufig notwendig, die Ergebnisse durch numerische Grenzbetrachtungen zu kontrollieren. Dazu werden maßgebliche Werte, wie zum Beispiel Steifigkeiten, Kräfte, Temperaturen, numerisch sehr klein oder sehr groß dem Berechnungswert gegenüber gesetzt. Die Änderung der Ergebnisse wird anschließend auf Plausibilität analysiert. Allerdings sind analytische Grenzbetrachtungen, die die Werte gegen unendlich oder zu Null gehen lassen, in der Numerik unbrauchbar. Sie führen zu numerischen Instabilitäten in der Berechnung. In der Numerik bedeutet sehr klein bzw. sehr groß der Faktor 100-oder 1000-mal kleiner oder größer.

2.6.6.2 Gleichgewichtsbetrachtung

Jedes Finite-Elemente-Programm gibt die Kontrolle des Gleichgewichts am Gesamtsystem an. Diese Gleichgewichtskontrolle sollte immer nachgeprüft werden. Weiter müssen die Balken, die nur eingeführt werden, um das numerische Gleichgewicht zu erhalten, nahezu unbelastet bleiben. Falls das Programm wegen fehlender Halterungen automatische Randbedingungen eingeführt hat, müssen deren Werte gegen Null gehen. Besser ist es allerdings, das System nach einem Probelauf so zu fixieren, dass diese gar nicht auftreten.

2.6.6.3 Plausibilitätsbetrachtungen

Der Anwender muss grundsätzlich alle Ergebnisse kritisch kontrollieren. Die Frage: "Ist das Ergebnis sinnvoll, ist es überhaupt möglich?" sollte grundsätzlich bei jeder Berechnung gestellt werden. Erst die jahrelange Erfahrung mit der Finite-Elemente-Methode ermöglicht zuverlässige Berechnungsergebnisse.

2.6.6.4 Analytische Lösungen

Jede Möglichkeit der Kontrolle durch analytische Methoden, auch durch Näherungslösungen mit wesentlichen Vereinfachungen (siehe Kapitel 3.3), sollten zur Überprüfung der Ergebnisse herangezogen werden.

Jedes System kann durch ein ganz grobes, globales Ersatzsystem für eine solche Untersuchung dargestellt werden. Wenn nötig kann dieses System auch numerisch berechnet werden. Der Vergleich mit solchen Werten liefert manchmal wichtige Anhaltswerte, die die Diskussion der Ergebnisse komplexerer Systeme verständlicher machen.

2.6.6.5 Vergleich mit Versuchsergebnissen

Wenn Versuchsergebnisse vorliegen, sollten diese unbedingt mit in die Kontrolle einbezogen werden. Zum Beispiel liefern Fotos von Versuchen oft ein sehr gutes Anschauungsmaterial für das realistische Verhalten einer Struktur.

Allerdings müssen Versuchsergebnisse, die aus Versagenslastfällen herrühren, zum Beispiel durch Bruch einer Struktur, vorsichtiger beurteilt werden. Dort können durch die impulsartige Belastung beim Bruch Verformungen auftreten, die nichts mit denen der eigentlichen Belastung zu tun haben. Durch die Analyse der Bruchstelle kann man aber oft gut erkennen, welche Beanspruchung wesentlich zum Bruch beigetragen hat.

Bei Versuchsergebnissen ist zu berücksichtigen, dass Abweichungen zwischen der geplanten und der durchgeführten Positionierung der Dehnmessstreifen sein können, vor allem, wenn sie durch Dritte durchgeführt werden. Wenn die Lage eines zu klebenden Dehnmessstreifens zum Beispiel schlecht oder nicht erreichbar ist, wird häufig eine benachbarte Position genommen, ohne es im Protokoll anzugeben. In Bereichen mit hohen Spannungsgradienten kann dies schnell zu erheblichen Abweichungen führen.

Bei dicken Wandstärken, zum Beispiel im Verschneidungsbereich einer Struktur (Bild 2.139), sind die Spannungen nicht immer über die Wanddicke linear. Wenn solche Werte des Versuchs mit den Ergebnissen zum Beispiel einer Schalenberechnung verglichen werden, muss sichergestellt sein, dass an dieser Stelle tatsächlich linear interpoliert werden darf.

2.6.6.6 Möglichkeiten der Ergebnisausgabe

Jedes Finite-Elemente-Programm hat die unterschiedlichsten Ausgabemöglichkeiten, bzw. Darstellungsmöglichkeiten der Ergebnisse. Zum Beispiel ist die Möglichkeit, die verformte Struktur mit ihren Spannungen als farbige Isolinien darzustellen, sehr aufschlussreich. In den vorherigen Kapiteln wird eine Anzahl solcher Ergebnisdarstellungen gezeigt. Auch bei bewegten Verformungen (Animationen) kann ein System gut kontrolliert werden.

Zusätzlich müssen aber alle vorhandenen Datenlisten auf Fehler und Warnungen hin untersucht werden. In einer Berechnung dürfen keine Fehler auftreten. Dann muss mit falschen Ergebnissen gerechnet werden. Bei Warnungen ist allerdings auch sehr genau zu prüfen, ob die Berechnung trotzdem auf brauchbare Ergebnisse führt.

2.7 Zweidimensionale Berechnungsbeispiele

2.7.1 Plattenvarianten

Für die skizzierte Platte (Bild 2.142) werden mehrere Finite-Elemente-Modelle mit unterschiedlicher Elementierung (Elementierungsvarianten a bis d (Bild 2.143) erstellt, deren Ergebnisse verglichen werden. Die Elementierungsvarianten des Plattenbeispiels sollen die Genauigkeit der Elemente und deren Grenzen zeigen.

Gesucht ist jeweils die maximale Knotenverschiebung in z-Richtung.

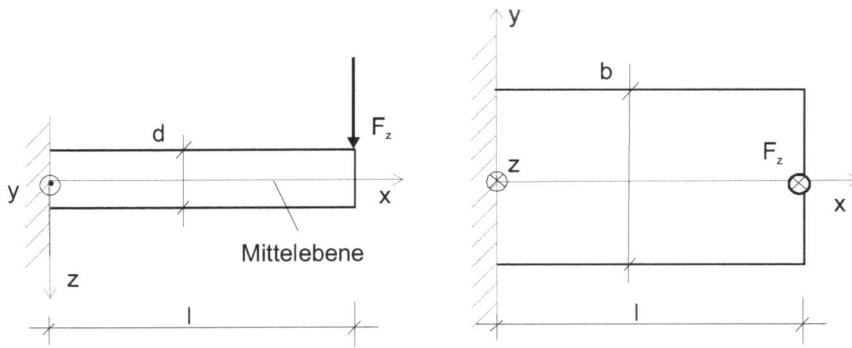

Bild 2.142 Plattenabmessungen und Belastung; l = 800 mm; b = 400 mm; d = 10 mm;
E = 210 000 N / mm² ; Fz = 1 000 N

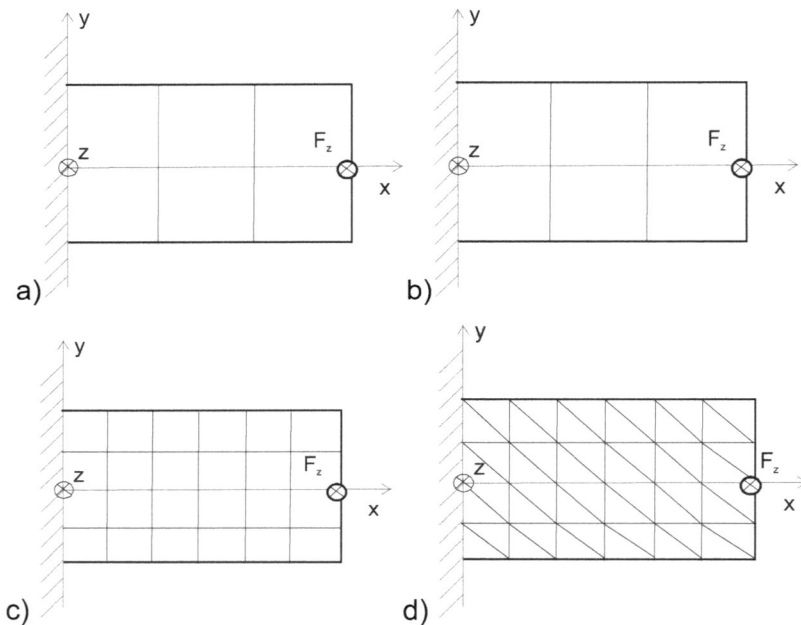

a) b)

c) d)

Bild 2.143 Elementierungsvariante a) 6 lineare Schalenelemente; b) 6 parabolische
Schalenelemente; c) 24 parabolische Schalenelemente; d) 48 parabolische Schalen-
elemente

In Bild 2.143 werden die Approximationen der Elementierungsvarianten darge-stellt. Am linken Rand ist die Struktur jeweils fest eingespannt, in der Mitte der rechten Kante wirkt die Einzelkraft F_z.

In Bild 2.144 werden die Verformungen dargestellt. Die Abweichungen zwischen den Elementierungsvarianten sind nicht bedeutend.

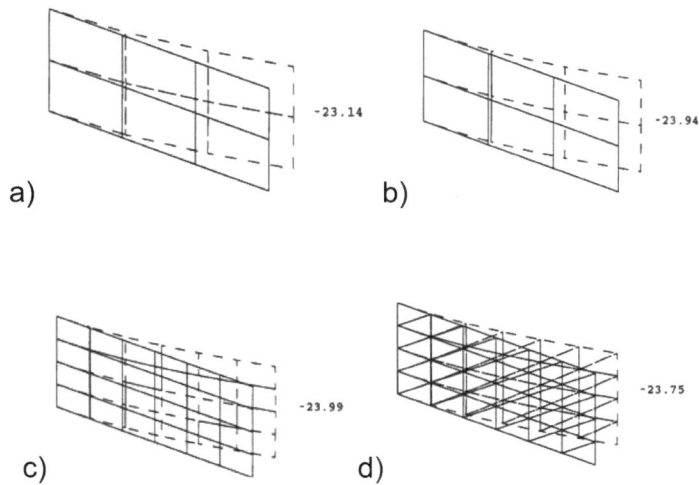

Bild 2.144 Approximation der Platte und Verformungen der Elementvarianten a bis d

Im Folgenden werden die Maximalverschiebungen und die prozentualen Abweichungen zahlenmäßig angegeben. Die größte Abweichung liegt unter 4%.

Elementierungs- variante	z- Verschiebung am Plattenende	Abweichung zum exak- ten Wert [%]
a	- 23.14	3.59
b	- 23.94	0.21
c	- 23.99	0.00
d	- 23.75	1.00

Die fehlerhafte Elementierung durch grobe, unsymmetrische Dreieckselemente wirkt sich kaum auf die Verschiebungen aus.

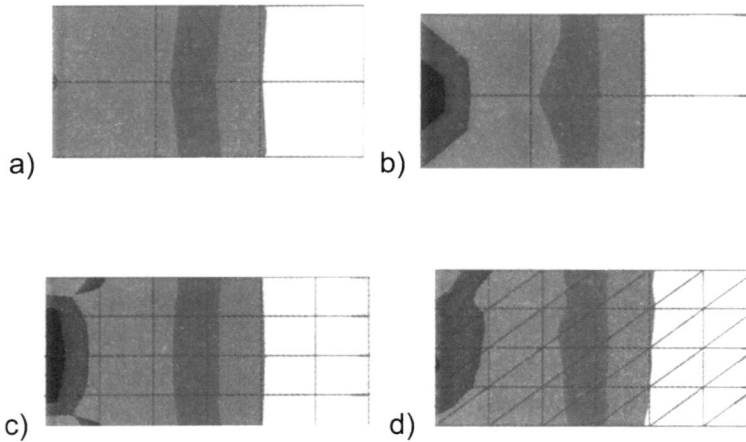

Bild 2.145 Vergleichsspannungsverläufe der Elementierungsvarianten a bis d

Für die Spannungsverläufe zeigen sich allerdings große Unterschiede. In Bild 2.145 werden die Spannungsverläufe der Plattenvarianten als Vergleichsspannungen dargestellt. Elementierungsvariante c) zeigt den korrekten Spannungsverlauf. An der Einspannung entstehen zusätzliche Spannungen durch die Behinderung der Aufbiegung der Ecken.

In allen anderen Elementierungsvarianten kann das nicht beobachtet werden. Fall a und b zeigen unzureichend ausgeprägte Spannungsverläufe. Man erkennt das an den unstetigen, eckigen Verläufen.

Fall d zeigt sogar einen unsymmetrischen Spannungsverlauf dieses symmetrischen Belastungsfalls. Dieser entsteht zum einen durch die Nichteinhaltung der Symmetrie mit einer unsymmetrischen, groben Elementierung und zum anderen durch die viel zu grobe Vernetzung mit Dreieckselementen.

2.7.2 Lochstreifen

Ein Lochstreifen wird mit einer Gleichstreckenlast q = 1 kN/ m^2 belastet. Er ist statisch bestimmt gelagert und hat in der Mitte ein Loch mit dem Durchmesser 60 mm. Die Abmessungen des Streifens sind l = 500 mm, h = 100 mm und d = 10 mm.

Gesucht sind die Spannungen und die Verformungen der Struktur.

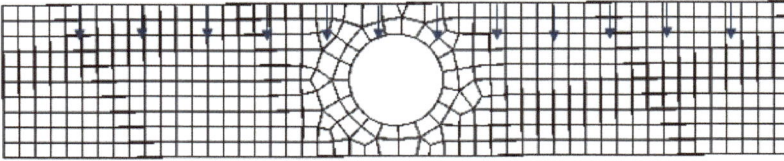

Bild 2.146 Approximation des Lochstreifens

Er wird durch 138 viereckige, dünne Schalenelemente approximiert (Bild 2.146), die das Loch im Umfang gut darstellen. An der oberen Kante wird die Gleichstreckenlast aufgegeben und vom Programm selbst auf die Knoten verteilt.

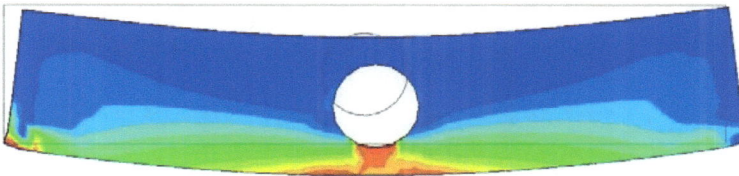

Bild 2.147 Hauptspannungsverlauf der verformten Struktur

Der Spannungsverlauf wird für die verformte Struktur in Bild 2.147 angegeben. Die Spannungen werden als Hauptzug- und Hauptdruckspannungen dargestellt. Im oberen Bereich des Streifens treten nur Druckspannungen auf. Im unteren Bereich entstehen erwartungsgemäß Zugspannungen. Im unteren Lochinnenbereich entsteht eine Kerbspannung, die bei Überschreiten der Spannungsobergrenze zu einem Riss im Lochstreifen führt.

2.8 Temperaturlastfall

In einer Struktur können durch Erwärmung große Temperaturdehnungen entstehen. Schränkt man diese Dehnungen ein, können extrem hohe Spannungen auftreten, die das Bauteil bis zur Zerstörung beanspruchen. Deshalb ist es häufig notwendig, die Temperaturverteilung in einem Bauteil zu kennen.

Dies lässt sich am besten mit Hilfe des Temperaturgefälles in einer Struktur darstellen. Dieses Temperaturgefälle ist vom Zustand und elementaren Aufbau (Atomstruktur) der beteiligten Werkstoffe abhängig. Das Absinken der Temperaturen mit größer werdender Entfernung von der Energiequelle lässt sich graphisch mit den sogenannten Temperaturverläufen, den sogenannten Isothermen, darstellen.

Diese Temperaturverläufe selbst sind stark von den Werkstoffen, deren Temperaturkoeffizienten α_T, und deren Anordnung zueinander abhängig. Wird diese Anordnung verändert, verändern sich die Temperaturverläufe zum Teil drastisch.

2.8.1 Grundlagen der Thermodynamik (Wärmeübertragung) /4/

Der Berechnung von Wärmeübertragungsproblemen mit der Finite-Elemente-Methode liegen die Differential- und Variationsgleichungen eines Wärmeübertragungsproblems zugrunde, die hier zum besseren Verständnis kurz erläutert werden.

Klassische Wärmeübertragungsgleichungen

Bei einer Berechnung der Wärmeübertragung eines allgemeinen, dreidimensionalen Körpers (Bild 2.148) gehorcht der Werkstoff dem FOURIERschen Wärmeleitungsgesetz.

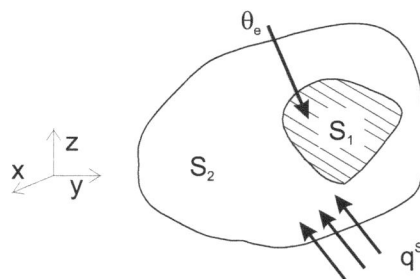

Bild 2.148 Wärmeübertragung eines dreidimensionalen Körpers

Die pro Flächeneinheit übertragenen Wärmeströme, die Wärmestromdichten q_x, q_y, q_z werden durch die partielle Ableitung der Temperatur des Körpers θ beschrieben

$(2.299):\quad q_x = -k_x \dfrac{\partial \theta}{\partial x},$

$(2.300):\quad q_y = -k_y \dfrac{\partial \theta}{\partial y},$

$(2.301):\quad q_z = -k_z \dfrac{\partial \theta}{\partial z},$

Die Wärmeleitfähigkeiten k_x, k_y, k_z werden bezüglich der Hauptachsen x, y, z definiert.

Die Forderung nach Gleichgewicht des Wärmestroms im Inneren des Körpers liefert

$(2.302):\quad \dfrac{\partial \theta}{\partial x}(k_x \dfrac{\partial \theta}{\partial x}) + \dfrac{\partial \theta}{\partial y}(k_y \dfrac{\partial \theta}{\partial y}) + \dfrac{\partial \theta}{\partial z}(k_z \dfrac{\partial \theta}{\partial z}) = -q^B,$

die auf die erzeugte Wärmemenge q^B pro Volumeneinheit bezogen ist.

Des Weiteren müssen auf den Oberflächen des Körpers S_1 und S_2 folgende Bedingungen erfüllt sein. Die Umgebungstemperatur θ_e wird innerhalb des Bereiches S_1 wie folgt definiert

$(2.303):\quad \theta\big|_{S_1} = \theta_e$

und der durch die Oberfläche S_2 des Körpers zugeführte Wärmestrom q^S ist ein Produkt aus Wärmeleitfähigkeit des Körpers k_n und der Ableitung der Körpertemperatur θ in Richtung der nach außen weisenden Normalen n zur Oberfläche,

$$(2.304): \quad k_n \frac{\partial \theta}{\partial n}\bigg|_{S_1} = q^S$$

Voraussetzungen

Die Anwendung der Gleichungen ist an einige Voraussetzungen geknüpft. Eine davon ist, dass sich die materiellen Teilchen des Körpers in Ruhe befinden. Es werden also Wärmeleitungsbedingungen in Strukturen betrachtet.

Wenn dagegen Wärmeübertragung in einem bewegten Fluid berechnet werden soll, muss im FOURIERschen Wärmeleitungsgesetz ein Term aufgenommen werden, der die konvektive Wärmeübertragung durch das Medium erfasst. Dieser Term führt dann auf eine nicht-symmetrische Koeffizientenmatrix. Um numerische Instabilitäten zu vermeiden, muss der konvektiven Wärmeübertragung in der numerischen Lösung besondere Aufmerksamkeit gewidmet werden.

Eine weitere Voraussetzung für die Anwendung der obigen Gleichungen ist, dass die Wärmeübertragung entkoppelt vom Spannungszustand berechnet werden kann. Diese Annahme trifft für viele Strukturberechnungen zu. Aber sie kann, zum Beispiel bei der Berechnung der Umformung von Metallen, auch unzutreffend sein.

Schließlich werden Phasenänderungen und Umwandlungswärmeeffekte ausgeschlossen. Jedoch wird die Temperaturabhängigkeit der Werkstoffparameter in den folgenden Formulierungen in Betracht gezogen.

Bei Wärmeübertragungsberechnungen sind verschiedenartige Randbedingungen zu berücksichtigen:

Temperaturbedingungen

Die Temperatur kann in bestimmten Punkten oder auf bestimmten Flächen vorgeschrieben sein. In Bild 2.152 ist sie durch S_1 bezeichnet.

Wärmestrombedingungen

Der dem Körper zugeführte Wärmestrom q^S kann in bestimmten Punkten oder auf einer bestimmten Fläche vorgeschrieben sein. Gleichung (2.304) gibt diese Wärmestrombedingung wieder.

Konvektionsrandbedingungen

Gleichung (2.304) mit einem temperaturabhängigen Konvektionskoeffizienten h

$$(2.305): \quad q^S = h\,(\theta_e - \theta^S)\big|$$

schließt auch Konvektionsrandbedingungen ein.

Strahlungsrandbedingungen

Mit der Temperatur einer äußeren Strahlungsquelle θ_r und der Variablen h_r, der STEFAN-BOLTZMANNschen Konstanten unter Berücksichtigung des Emissionsvermögens des Strahlers, der absorbierenden Werkstoffe und der geometrischen Faktoren

$$(2.306): \quad q^S = \kappa\,(\theta_r - \theta^S)\big|$$

mit dem Faktor

$$(2.307): \quad \kappa = h_r\,(\theta_r^{\,2} + (\theta^S)^2)\,(\theta_r + \theta^S)$$

können die Strahlungsrandbedingungen angegeben werden.

Neben diesen Randbedingungen müssen für zeitlich veränderliche Berechnungen auch Anfangsbedingungen der Temperatur vorgegeben werden.

Für die Entwicklung einer Finite-Elemente-Lösung kann entweder von einer GALERKIN-Formulierung, die die Differentialgleichung für das Gleichgewicht benutzt, oder von einer Variationsformulierung des Wärmeübertragungsproblems ausgegangen werden. In der Variationsformulierung wird wieder ein Funktional Π

so definiert, dass die Forderung nach Stationarität von Π die bestimmenden Differentialgleichungen (2.299) bis (2.304) liefert.

Für den dreidimensionalen Körper (Bild 2.152) lautet das Funktional, das die Wärmeleitung beherrscht, mit der Wärmezufuhr Q^i durch konzentrierte Ströme

$$(2.308): \quad \Pi = \int_V \frac{1}{2} \left[k_x \left(\frac{\partial \theta}{\partial x}\right)^2 + k_y \left(\frac{\partial \theta}{\partial y}\right)^2 + k_z \left(\frac{\partial \theta}{\partial z}\right)^2 \right] dV$$
$$- \int_V \theta \, q^B dV - \int_{S_1} \theta^S \, q^S dS - \sum_i \theta^i Q^i \, .$$

Da θ die einzige Variable ist, liefert die Forderung nach Stationarität von Π

$$(2.309): \quad \int_V \delta\boldsymbol{\theta}'^{\mathsf{T}} \mathbf{k}\, \boldsymbol{\theta}^{\mathsf{I}} \, dV = \int_V \delta\theta \, q^B dV + \int_{S_1} \delta\theta^S \, q^S dS + \sum_i \delta\theta^i Q^i \, .$$

Darin sind folgende Matrizen enthalten

$$(2.310): \quad \boldsymbol{\theta}'^{\mathsf{T}} = \left[\frac{\partial \theta}{\partial x} \quad \frac{\partial \theta}{\partial y} \quad \frac{\partial \theta}{\partial z} \right].$$

und

$$(2.311): \quad \mathbf{k} = \begin{bmatrix} k_x & 0 & 0 \\ 0 & k_y & 0 \\ 0 & 0 & k_z \end{bmatrix}.$$

Hier ist der Zusammenhang zwischen der Wärmestromgleichung (2.309) mit der in der Spannungsberechnung verwendeten Gleichung der virtuellen Arbeit (Kapitel 2.2) offensichtlich. Da insbesondere die Variation von θ als virtuelle Größe aufgefasst werden kann, zeigt sich, dass die Gleichung (2.309) dem Prinzip der virtuellen Verschiebungen für Spannungsberechnungen entspricht.

In der Ausdrucksweise der in der Spannungsberechnung angestellten Gleichgewichtsbetrachtungen ist (2.309) nun eine Gleichgewichtsaussage für den Wärmestrom. Sie sagt aus, dass die durch die Leitung übertragene Wärmemenge gleich der erzeugten Wärmemenge ist.

Wegen der Analogie der Gleichungen ist die Art des Vorgehens bei der Finite-Elemente-Lösung von Spannungsberechnungen auf die Lösung der Wärmestromgleichung direkt anwendbar. Insbesondere lassen sich die Verfahren, die zur Konstruktion der Gleichgewichtsbedingungen der Finite-Elemente in der Spannungsberechnung verwendet werden, sowie die entsprechenden Konvergenz- und Genauigkeitsbetrachtungen, direkt anwenden. Ein wesentlicher Unterschied ist aber, dass nur eine unbekannte Variable, die Temperatur θ, berechnet werden muss.

Das zuvor betrachtete Wärmeleitungsproblem entspricht also einer statischen Spannungsberechnung, sofern keine Zeiteffekte in der Temperaturverteilung berücksichtigt werden müssen, wenn also stationäre Bedingungen angenommen werden können.

Stationärer Zustand

Als stationären Zustand bezeichnet man den Gleichgewichtszustand, der sich einstellt und im weiteren Verlauf bei $T \to \infty$ konstant ist.

Wenn sich jedoch der eintretende Wärmestrom mit der Zeit merklich verändert, ist es unerlässlich, einen Term aufzunehmen, der die Geschwindigkeit berücksichtigt, mit der die Wärme im Werkstoff gespeichert wird. Diese Geschwindigkeit der Wärmeabsorption ist gegeben durch

$$(2.312): \quad q^c = c\dot{\theta}.$$

Dabei ist c die Wärmekapazität des Werkstoffs pro Volumeneinheit und q^c ein Teil des im Körperinneren erzeugten Wärmestroms q^B. Dieser entspricht den bei bewegten Systemen notwendigen Trägheitskräften in der Spannungsberechnung.

2.8.2 Wärmeisolierung

Um solche Wärmeeinflüsse in der Praxis zu verringern, wird, wo immer es geht, eine Wärmeisolierung vorgesehen. Dazu werden Werkstoffe eingesetzt, die sogenannten Wärmedämmstoffe. Der verwendete Isolierwerkstoff hängt in erster Linie von den auftretenden Temperaturen ab. Zum Beispiel lassen sich keramische Werkstoffe je nach Produkt bei Temperaturen bis zu 1430^0 C einsetzen.

Die isolierende Wirkung dieser Werkstoffe beruht zum Beispiel darauf, dass die Stoffe ein großes Porenvolumen haben und darin Luft einschließen. Luft ist einer der besten und kostengünstigsten Werkstoffe zur Wärmeisolierung. Infolge der Struktur von Dämmstoffen wird die freie Konvektion unterbunden.

Der Energieaustausch infolge eines Temperaturunterschiedes zwischen zwei Systemen erfolgt immer vom System mit der höheren zum System mit der niedrigeren Temperatur. Dabei kühlt sich das eine System ab und das andere wird erwärmt. Dieser Vorgang findet so lange statt, bis die Temperaturen ausgeglichen sind, das heißt, kein Wärmestrom mehr stattfinden kann.

2.8.3 Analytische Temperaturberechnung

BEISPIEL

Am Beispiel des Druck-, Zugstabes unter einer Temperaturbelastung wird das analytische Vorgehen gezeigt.

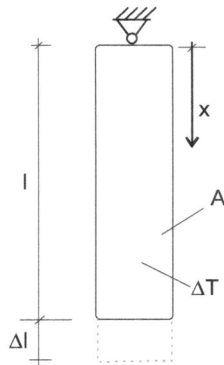

Bild 2.149 Statisch bestimmt gelagerter Stab ohne Eigengewicht unter einer Tempe-
raturbelastung ΔT

Gegeben ist ein Stab der Länge l, der an seinem oberen Ende aufgehängt und durch eine konstante Temperaturerhöhung ΔT gegenüber der Umgebungstemperatur belastet wird (Bild 2.149).

Gesucht sind die Verformung und die Spannung des Stabes unter dieser Belastung.

Die Differentialgleichungen

$$(2.313): \quad \frac{dN}{dx} = EAu'' = \ 0$$

und

$$(2.314): \quad \frac{du}{dx} = \frac{N}{EA} + \alpha_T \Delta T$$

lauten über x integriert

$$(2.315): \quad N = EAu' = C_1$$

und

$$(2.316): \quad u = \frac{C_1}{EA} x + \alpha_T \Delta T x + C_2.$$

Randbedingungen

Die darin enthaltenen Konstanten C_1, C_2 werden über die statische Randbedingung am freien Ende

$$(2.317): \quad N(x = l) = 0 \quad \Rightarrow \quad C_1 = 0$$

und geometrische Randbedingung an der Aufhängung bestimmt

$$(2.318): \quad u(x = 0) = 0 \quad \Rightarrow \quad C_2 = 0$$

Damit folgt, dass die Normalkraft des Stabes zu Null wird, damit entsteht auch keine Spannung im System

$$(2.319): \quad N(x) = 0 \quad \Rightarrow \quad \sigma(x) = 0$$

Für die Verschiebung erhält man einen linearen Verlauf

$$(2.320): \quad u(x) = \alpha_T \Delta T x.$$

Die Gesamtverlängerung des Stabes wird zu

$$(2.321): \quad u(l) = \alpha_T \Delta T l = \Delta l.$$

Eine Temperaturbelastung erzeugt in einem statisch bestimmten System nur Verformungen. Sie erzeugt keine Spannungen.

BEISPIEL

Gegeben ist ein Stab der Länge l, der an seinem oberen und unteren Ende gelagert ist und durch eine konstante Temperaturerhöhung ΔT gegenüber der Umgebungstemperatur belastet wird (Bild 2.150).

Gesucht sind die Verformung und die Spannung des Stabes unter dieser Belastung.

Die Differentialgleichungen (2.313) und (2.314) liefern nach der Integration wieder (2.315) und (2.316).

Randbedingungen

Die darin enthaltenen Konstanten C_1, C_2 werden diesmal über zwei geometrische Randbedingung an den Auflagern bestimmt

$$(2.322): \quad u(x=0) = 0 \quad \Rightarrow \quad C_2 = 0$$

$$(2.323): \quad u(x=l) = 0 = \frac{C_1}{EA} l + \alpha_T \Delta T l \quad \Rightarrow \quad C_1 = -\alpha_T \Delta T \, EA.$$

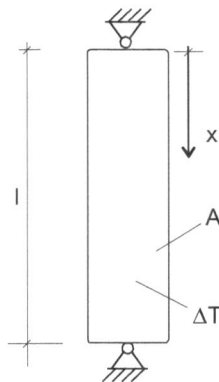

Bild 2.150 Statisch unbestimmt gelagerter Stab ohne Eigengewicht unter einer Temperaturbelastung ΔT gegenüber der Umgebungstemperatur

Damit der Normalkraft-, bzw. der Spannungsverlauf des Stabes

(2.324): $N(x) = -\alpha_T \Delta T\, EA \quad \Rightarrow \quad \sigma(x) = -\alpha_T \Delta T\, E.$

Für die Verschiebung wird der Verlauf identisch Null

(2.325): $u(x) = -\alpha_T \Delta T x + \alpha_T \Delta T x = 0.$

Eine Temperaturbelastung erzeugt in einem statisch unbestimmten System Spannungen, da die Verformungen behindert werden.

2.9 Berechnungsbeispiele mit Temperaturbelastung

2.9.1 Einseitige Temperaturbelastung einer quadratischen Scheibe

Um die Temperaturverläufe qualitativ zu zeigen, werden zuerst an einer quadratischen Scheibe verschiedene Einflussgrößen variiert. Danach werden die Ergebnisse von anderen Systemen dargestellt (Bild 2.151). Die Berechnungen werden mit dem Finite-Elemente-Programm TPS10 durchgeführt.

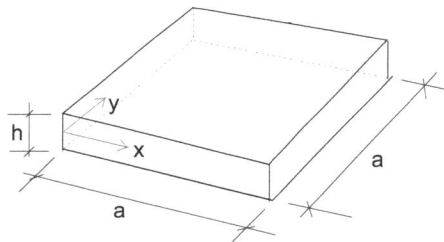

Bild 2.151 Quadratische Scheibe; Seitenlänge a = 300 mm; Scheibendicke h = 20 mm; Umgebungstemperatur von 20^0 C; Wärmeleitfähigkeit $\lambda = 0,4$ W/mK; Wärmeausdehnungskoeffizient $\alpha = 12 \cdot 10^{-6}$ 1/K; Wärmeleitfähigkeit des Isolierungsmaterials $\lambda = 0,04$ W/mK

Die Temperaturverläufe werden hier als Isothermen dargestellt. Isothermen sind die geometrischen Orte aller Punkte mit gleicher Temperatur. Die Isothermenwerte werden als Mittelwerte der Elementknoten in der Mitte der Elementkanten ermittelt. Das führt bei ungenügend genauer Approximation zu Fehlern, zum Beispiel der Nichterfüllung der vorgegebenen Randbedingungen, in der Berechnung.

Temperaturbelastung

Für die untere Scheibenkante, $y = 0$, wird eine Temperatur von 150^0 C angenommen. Die gegenüberliegende Scheibenkante, $y=a$, befindet sich in Umgebungstemperatur. Die anderen Kanten werden als adiabat, also wärmedicht angenommen, wenn keine Temperatur-Randbedingungen angegeben werden.

Im ersten Beispiel wird die Scheibe mit neun konstanten Viereckselementen vernetzt (Bild 2.152a).

In Bild 2.152b ist der Temperaturverlauf unter dieser Temperaturbelastung dargestellt. Die Temperatur fällt gleichmäßig von der wärmeren zur kühleren Seite ab.

Die gleiche Scheibe wird ebenfalls mit einer Temperatur von 150^0 C in positiver y-Richtung auf die Scheibenkante belastet. Diesmal wird mit neun linearen Viereckselementen vernetzt.

Der Temperaturverlauf in dieser Scheibe ist mit dem vorherigen identisch, da durch die Zwischenknoten lediglich lineare Mittelwerte ermittelt werden.

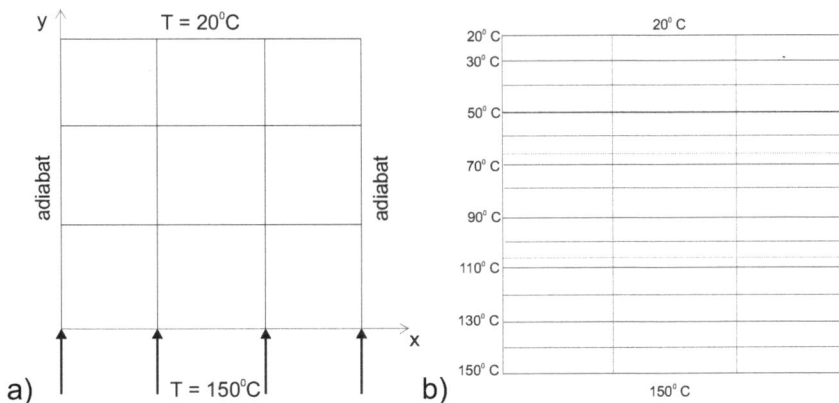

Bild 2.152 Scheibe mit der Temperaturbelastung 150^0 C in positiver y-Richtung auf die Scheibenkante; a) Vernetzung mit neun konstanten Viereckselementen; b) Temperaturverlauf (Isothermen) der Scheibe

Eine Scheibe, die zur einen Hälfte aus einem wärmeisolierenden Material und zur anderen Hälfte aus Stahl besteht, wird mit einer Temperatur von 150^0 C in positiver y-Richtung auf die Scheibenkante belastet (Bild 2.153a).

In Bild 2.153b wird der Temperaturverlauf dargestellt. Die Wärmeisolierung nimmt den größten Temparaturanteil auf. Im Bereich des Stahls kommt nur noch eine geringe Temperatur von 28, 24^0 C an.

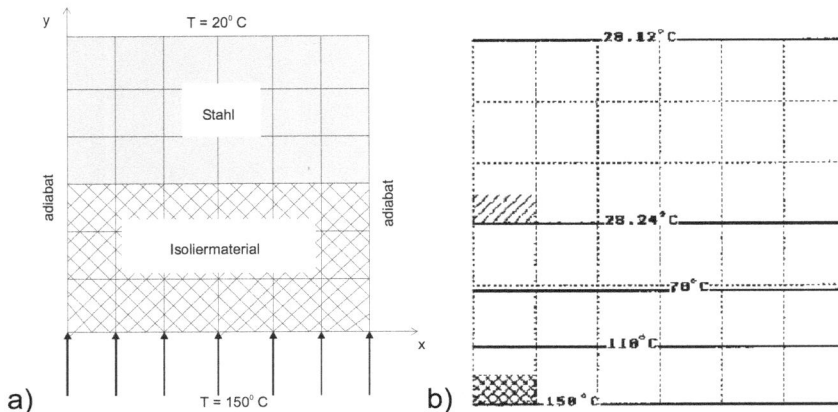

Bild 2.153 Scheibe mit einer Temperatur von 150^0 C in positiver y-Richtung auf die Scheibenkante; a) Vernetzung mit 36 konstanten Viereckselementen; b) Temperaturverlauf (Isothermen) der Scheibe aus zwei Materialien

2.9.2 Zweiseitige Temperaturbelastung einer quadratischen Scheibe

Die gleiche Scheibe wird nun mit einer Temperatur von 150^0 C jeweils in positiver x- und y-Richtung auf die Scheibenkanten belastet. Die gegenüberliegenden Scheibenkanten haben Umgebungstemperatur von 20^0 C (Bild 2.154).

In Bild 2.154b ist der Temperaturverlauf unter dieser Temperaturbelastung dargestellt. Die Temperatur fällt von beiden Seiten gleichmäßig von der wärmeren zur kühleren Seite ab. Im Temperaturverlauf sind Knicke zu erkennen, die durch die zu grobe Vernetzung hervorgerufen werden.

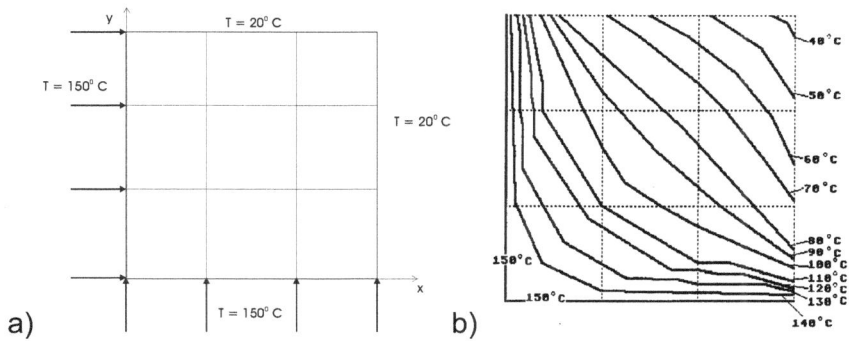

Bild 2.154 Scheibe mit einer Temperatur von 150^0 C in positiver x- und y-Richtung auf die Scheibenkanten; a) Vernetzung mit neun linearen Viereckselementen; b) Temperaturverlauf (Isothermen) der Scheibe

Um dieses Ergebnis zu verbessern, wird die Scheibe nun feiner vernetzt. Die Vernetzung erfolgt mit 144 konstanten Viereckselementen (Bild 2.155).

In Bild 2.155b ist der Temperaturverlauf unter dieser Temperaturbelastung dargestellt. Die Temperatur fällt von beiden Seiten gleichmäßig von der wärmeren zur kühleren Seite ab. Durch die feinere Vernetzung sind die Knicke verschwunden.

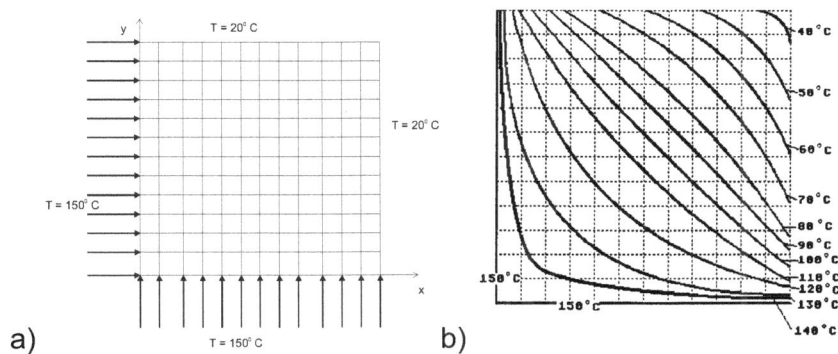

Bild 2.155 Scheibe mit der Temperatur von 150^0 C in positiver x- und y-Richtung auf die Scheibenkanten; a) Vernetzung mit 144 konstanten Viereckselementen; b) Temperaturverlauf (Isothermen) der Scheibe

Die Scheibe aus den zwei Materialien wird nun mit derselben Temperatur von 150^0 C in positiver x- und y-Richtung auf die Scheibenkanten belastet (Bild 2.156).

In Bild 2.156b ist der Temperaturverlauf unter dieser Temperaturbelastung darge-stellt. In der Wärmeisolierung wird die Temperatur stark abgebaut. Im Stahlteil bleibt die Temperatur fast überall hoch. Dort stellt sich nur ein geringer Abfall auf 140^0 C ein.

Die Scheibe aus zwei Materialien wird nun um 180^0 gedreht und mit derselben Temperatur von 150^0 C in positiver x- und y-Richtung auf die Scheibenkanten be-lastet (Bild 2.157).

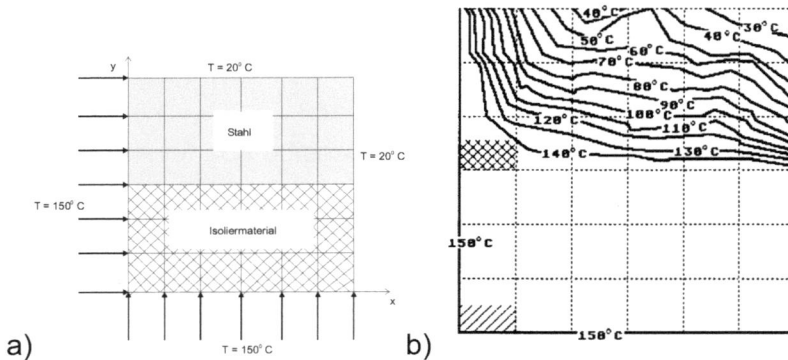

Bild 2.156 Scheibe mit der Temperatur von 150^0 C in positiver x- und y-Richtung auf die Scheibenkanten; a) Vernetzung mit 36 konstanten Viereckselementen; b) Tempe-raturverlauf (Isothermen) der Scheibe aus zwei Materialien

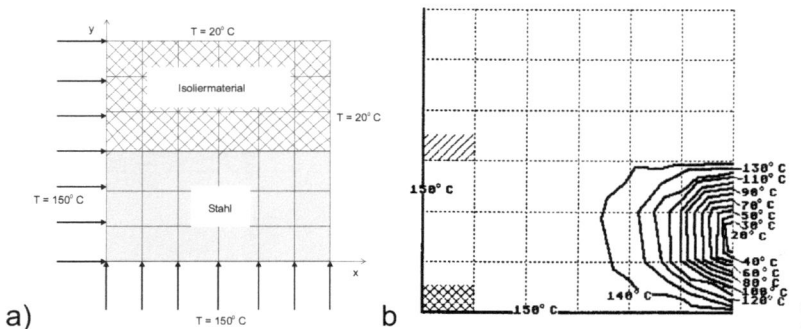

Bild 2.167 Scheibe mit einer Temperatur von 150^0 C in positiver x- und y-Richtung auf die Scheibenkanten; a)Vernetzung mit 36 konstanten Viereckselementen; b) Temperaturverlauf (Isothermen) der Scheibe

In Bild 2.157b ist der Temperaturverlauf unter dieser Temperaturbelastung dargestellt. In der Wärmeisolierung wird die Temperatur stark abgebaut. Im Stahlteil bleibt die Temperatur fast überall hoch. Dort stellt sich nur ein kleiner Temperaturabfall ein, weil dieser Teil von beiden Seiten mit 150^0 C belastet ist.

2.9.3 Temperaturbelastung verschiedener Anordnungen Walzprofil/ Wärmeisolierung

BEISPIEL

Ein Walzprofil mit einer Wärmeisolierung, wie in Bild 2.158 dargestellt, wird durch eine einseitige Temperatur von 150^0 C belastet. Auf der anderen Seite herrscht die Umgebungstemperatur von 20^0 C.

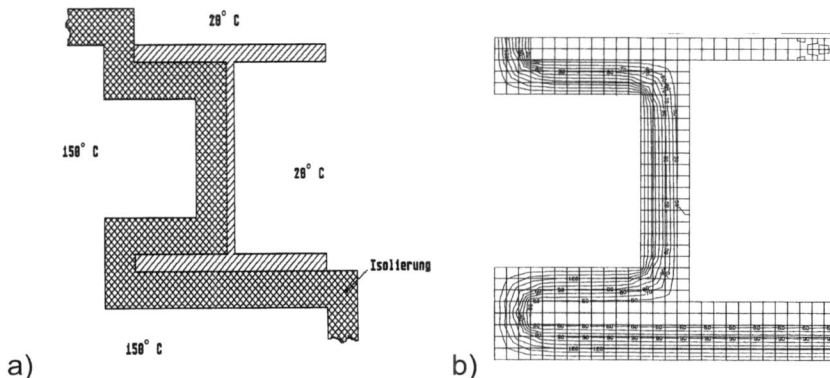

Bild 2.158 Walzprofil a) mit Temperaturbelastung; b) Temperaturverlauf (Isothermen) mit Wärmeisolierung

In Bild 2.158b wird der Temperaturverlauf in diesem Walzprofil dargestellt. In der Wärmeisolierung wird die Temperatur sehr schnell abgebaut. Das Walzprofil wird nur noch mit 50^0 C belastet. In der rechten oberen Ecke sieht man einen zackigen Verlauf. Dort ist die Vernetzung zur Darstellung glatter Kurven nicht ausreichend fein gewählt.

BEISPIEL

Als zweites Beispiel wird eine Rahmenecke unter Temperaturbelastung dargestellt. An der äußeren Seite wird eine Temperaturbelastung von 150^0 C aufgegeben, innen herrschen 300^0 C. In Bild 2.159 wird die verformte Struktur gezeigt.

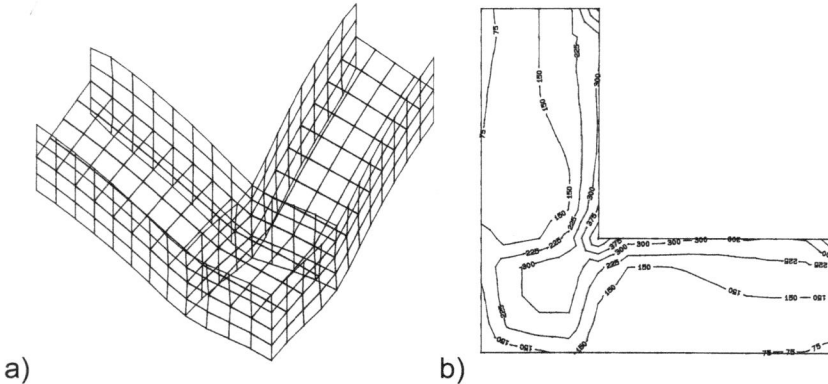

a)   b)

**Bild 2.159 a) Verformte Rahmenecke unter der Temperaturbelastung; b) Tempera-
turverlauf (Isothermen) der Rahmenecke**

In Bild 2.159b wird der Temperaturverlauf in dieser Rahmenecke dargestellt. Es
handelt sich um ein symmetrisches System mit symmetrischer Belastung, das
wiederum eine symmetrische Temperaturverteilung hat.

BEISPIEL

Ein weiteres Walzprofil mit einer Wärmeisolierung umschlossen, wie in Bild 2.160
dargestellt. Es wird durch eine zweiseitige Temperatur von 150^0 C belastet. Auf
der anderen Seite herrscht die Umgebungstemperatur von 20^0 C. Im Innenraum
des Walzprofils/ Wärmeisolierung befindet sich Luft.

In Bild 2.160b ist ein Ergebnis mit einer völlig ungenügenden Approximation des
Problems zu sehen. Die Temperaturverläufe sind unstetig und zackig. Sie geben
kein korrektes Ergebnis wieder. Die Verläufe lassen sich nur mit viel Phantasie
vermuten.

In Bild 2.160c werden die richtigen Verläufe mit Hilfe einer genaueren Approximation dargestellt. Es wird deutlich, dass das Luftpolster die Temperatur deutlich abfallen lässt, also auch als Wärmeisolator dient, während im Stahl nahezu dieselbe Temperatur rechts und links vom Steg, bzw. innen und außen wirkt.

BEISPIEL

Ein weiteres Walzprofil ist an der kühleren Seite mit einer Wärmeisolierung umgeben (Bild 2.161). Es wird ebenfalls durch eine zweiseitige Temperatur von 150^0 C belastet. Auf der anderen Seite herrscht die Umgebungstemperatur von 20^0 C.

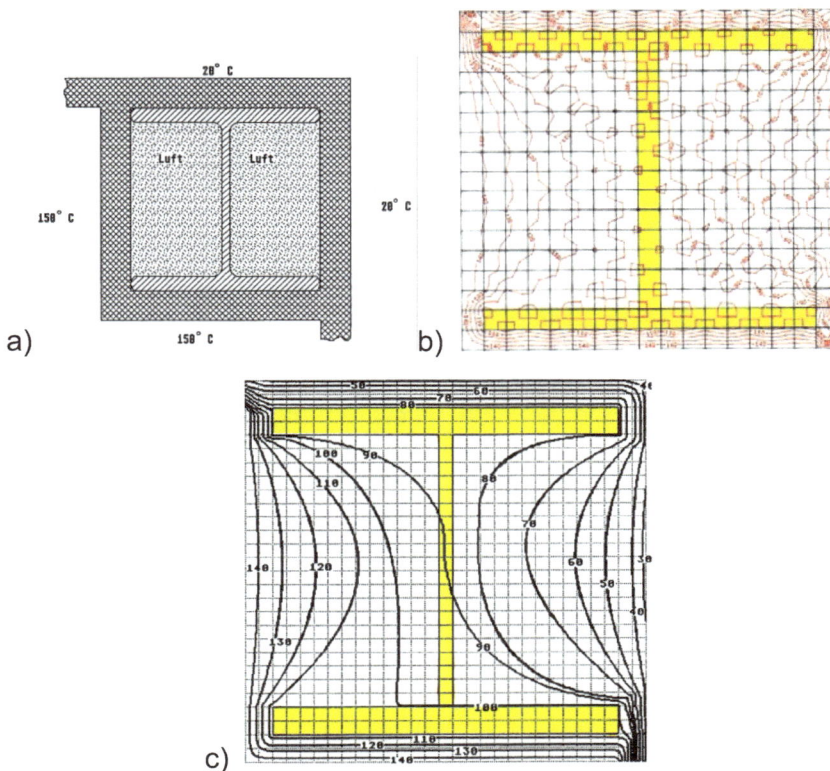

Bild 2.160 Walzprofil a) mit einer umlaufenden Wärmeisolierung; b) völlig ungenügende Approximation des Problems; c) Temperaturverlauf (Isothermen) des Systems

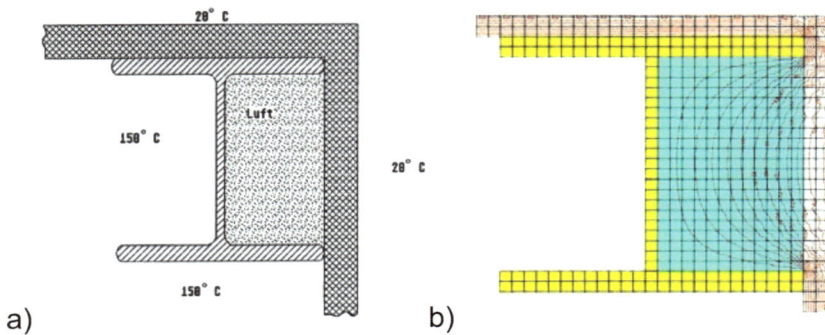

a)   b)

Bild 2.161 Walzprofil a) mit einseitiger Wärmeisolierung; b) Temperaturverlauf (Iso-thermen) des Systems mit einseitiger Wärmeisolierung (gelb Profil, blau Luft)

Durch die fehlende Wärmeisolierung an der Seite, an der die höhere Temperatur wirkt, wird erst im Bereich des Luftpolsters und der Wärmeisolierung die Temperatur des Systems geringer. Auf das Walzprofil wirkt die Temperatur von 150 ^{0}C. Sie kann bis an die Wärmeisolierungsschicht vordringen (Bild 2.161b).

2.9.4 Temperaturverteilung über eine Platte

Eine in Bild 2.162 dargestellte Platte wird durch Randtemperaturen belastet. Durch die Vernetzung der Struktur mit verschiedenen Elementierungsvarianten (a bis e (Bild 2.163)) wird die Brauchbarkeit und die Genauigkeit der verschiedenen Plattenelemente gezeigt.

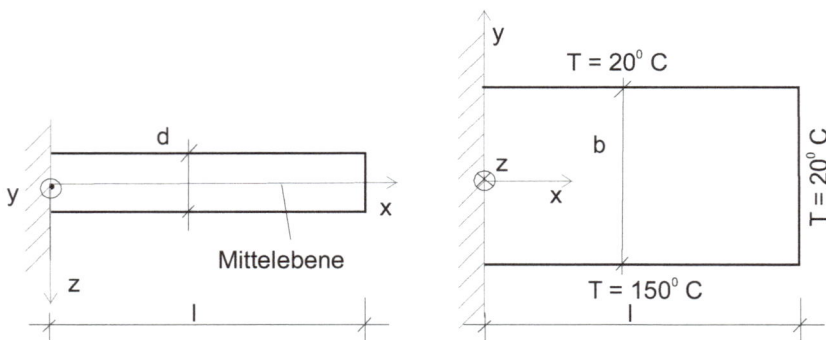

Bild 2.162 Temperaturbelastung einer Platte; l = 800 mm; b = 400 mm; d = 10 mm; E = 210000 N / mm^2; λ = 0,4 W/mK; α = 12·10^{-6} 1/K

Zuerst werden die Temperaturverteilungen innerhalb der Platte gesucht, die durch die Temperaturbelastungen entstehen. Diese werden dann anschließend als Temperaturbelastungen auf die verschiedenen Plattenvarianten aufgebracht.

In Bild 2.164 werden die verschiedenen Approximationen dargestellt. Die Dreiecke kennzeichnen die Temperatureingabe an den jeweiligen Randknoten.

Hier sind nur die Randtemperaturen bekannt. Die Temperaturverläufe innerhalb der Plattenstruktur werden daraus berechnet.

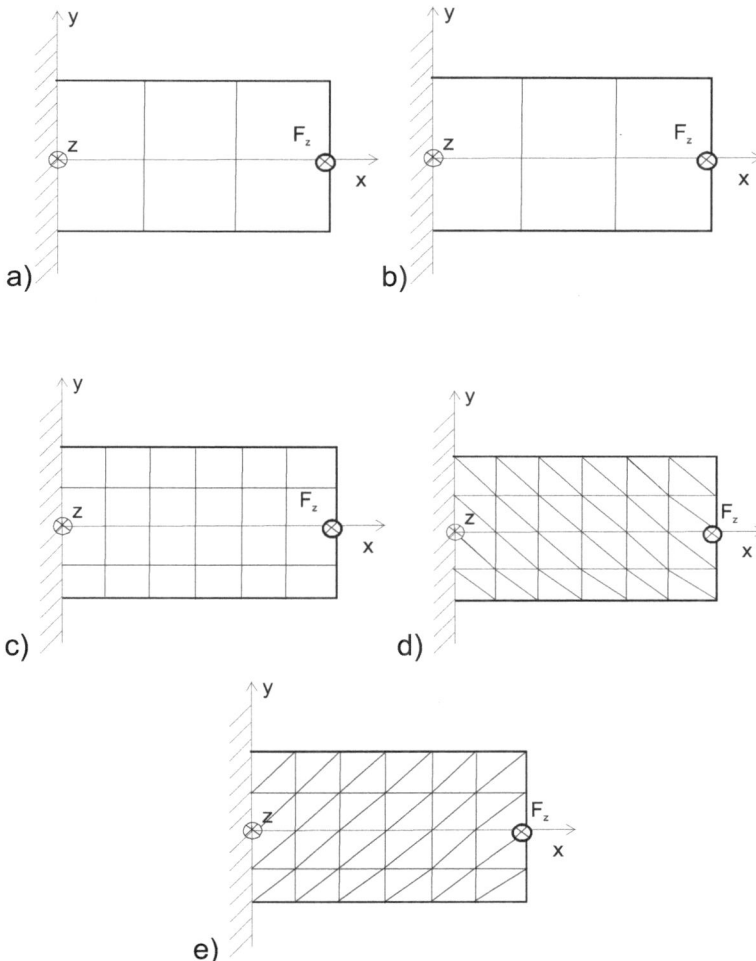

Bild 2.163 Elementierungsvariante a) 6 lineare, viereckige Plattenelemente; b) 6 parabolische, viereckige Plattenelemente; c) 24 parabolische, viereckige Plattenele-

mente; d) 96 parabolische, dreieckige Plattenelemente; e) 96 parabolische, dreieckige Plattenelemente

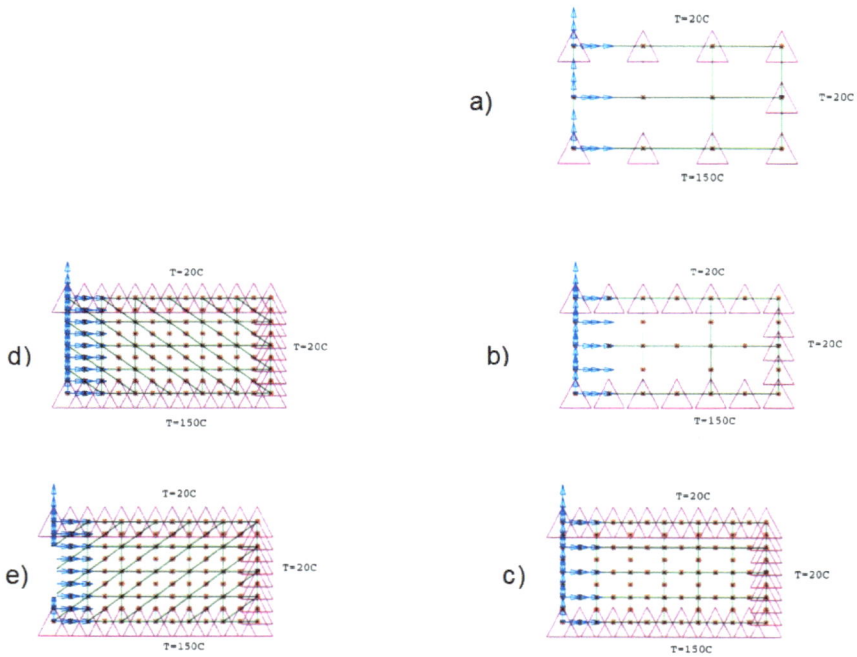

Bild 2.164 Approximation der Platte durch die verschiedenen Elementierungsvarianten

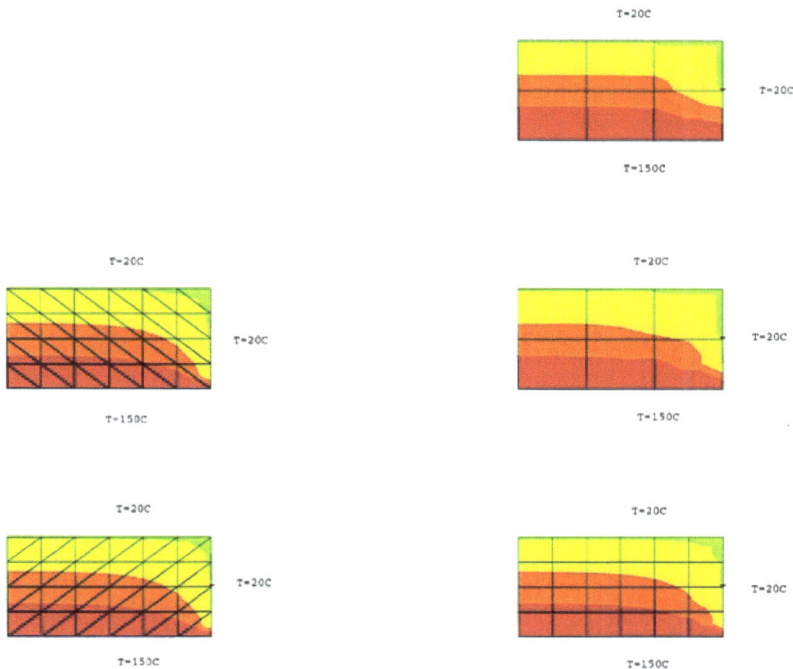

Bild 2.165 Temperaturverläufe (Isothermen) über die verschieden Plattenvarianten

In Bild 2.165 werden die Temperaturverläufe über die Platte dargestellt. Die Elementierung hat für die Temperaturverläufe keinen großen Einfluss auf das Ergebnis. Je feiner die Plattenstrukturen vernetzt sind, desto besser werden die Abstufungen der Temperaturverläufe. Erstaunlich ist, dass die Dreieckselemente ebenfalls gute Ergebnisse liefern. Die Ergebnisse zeigen keine signifikanten Unterschiede. Allerdings werden sie mit 96 parabolischen Dreieckselementen auch sehr fein vernetzt.

2.9.5 Temperaturbelastung einer Platte

Dieselbe Platte (Bild 2.162) wird nun mit den vorab berechneten Temperaturverläufen über die Strukturen belastet. Es sollen wieder die unterschiedlichen Elementierungsvarianten a bis e (Bild 2.166) untersucht werden.

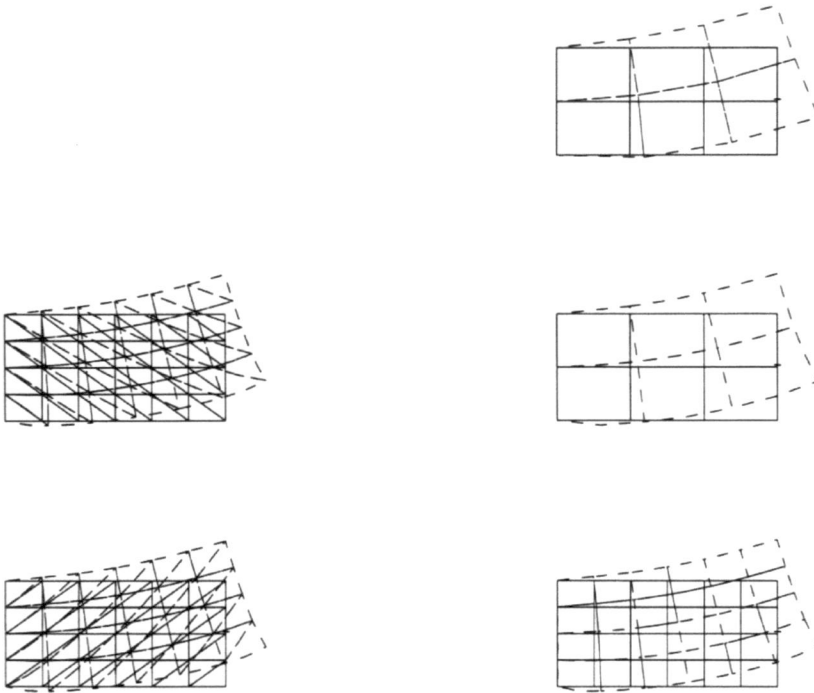

Bild 2.166 Verformungsverläufe der Plattenvarianten

Gesucht sind die Spannungsverläufe und die Verformungen unter dieser Belastung.

In Bild 2.166 werden die Verformungen der Plattenstrukturen dargestellt. Zwischen den Elementvarianten sind keine Unterschiede zu erkennen.

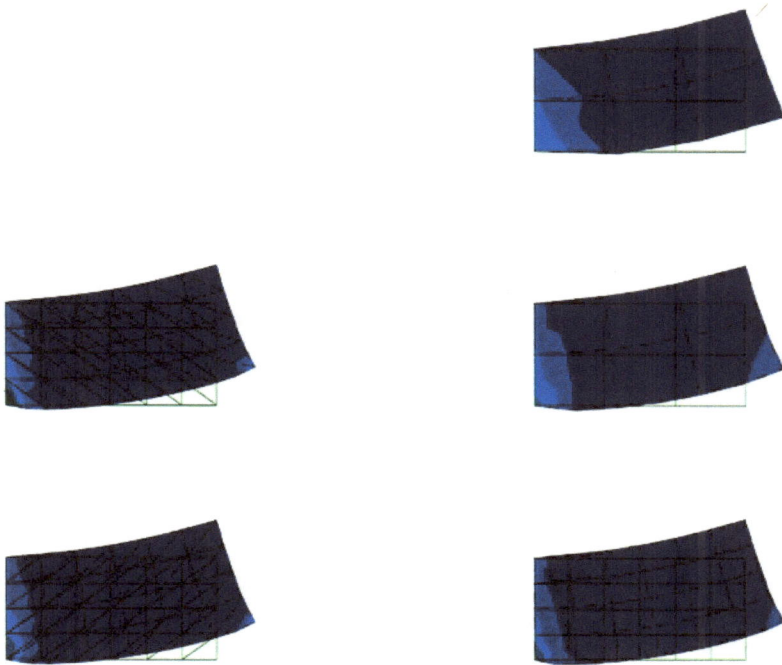

Bild 2.187 Verformte Vergleichsspannungsverläufe der Plattenvarianten

In Bild 2.167 werden die verformten Vergleichsspannungsverläufe der Strukturen gezeigt. Auch hier sind die Unterschiede der Verläufe nicht sehr groß. Die sehr fein vernetzten Strukturen mit den Elementierungsvarianten c bis e zeigen eine bessere Spannungsverteilung.

2.9.6 Temperaturbelastung einer Platte mit der absoluten Temperatur von -273⁰ C

Dieselbe Platte wird mit der absoluten Temperatur von -273⁰ C belastet. Die Abmessungen und Werkstoffkennwerte sind dieselben.

Gesucht werden wieder die Verformungen und die Spannungsverläufe.

Zuerst muss wieder aus den Randtemperaturen, diesmal allseitig -273⁰ C, der Temperaturverlauf innerhalb der Plattenstruktur berechnet werden (Bild 2.168).

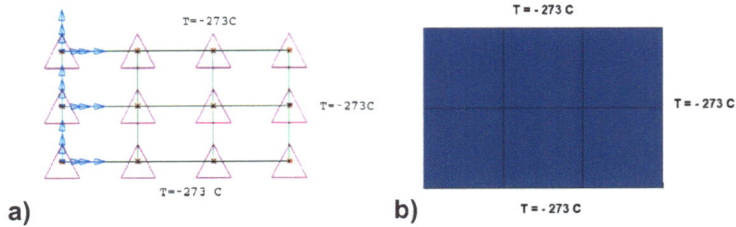

Bild 2.168 a)Vernetzte Platte mit der Temperaturbelastung der Ränder; b) Temperaturverteilung über der Platte

Durch die allseitige Temperaturbelastung von -273^0 C wird die Plattenstruktur gleichmäßig belastet. Der Temperaturverlauf ist dann über der ganzen Platte konstant (Bild 2.168a).

Diese Temperaturverteilung wird nun als Belastung auf die Struktur aufgebracht. Nur an der Einspannung an der linken Seite wird die Verformung behindert.

In Bild 2.169 wird der Vergleichsspannungsverlauf der verformten Platte dargestellt. Nur an der Einspannung können Spannungen auftreten, der Rest des Systems kann sich ohne Spannungen frei verformen.

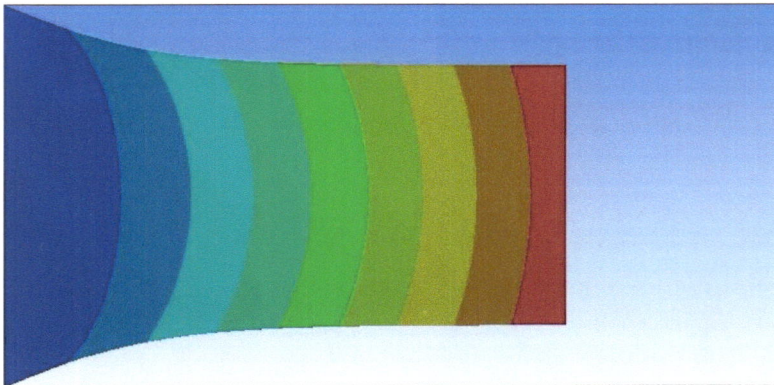

Bild 2.169 Verformter Vergleichsspannungsverlauf bei einer Temperaturbelastung von -273^0 C

Hier können Sie eine kostenlose Strategie-Session buchen oder schreiben Sie mir, wenn Ihnen dieses Buch gefällt und Sie Anregungen oder Fragen haben.

Hier kommen Sie zum kostenlosen Bonusmaterial zum Buch.

Besuchen Sie auch meinen Blog „Selbstführung & Produktivität". Ich helfe Ihnen, bessere Ergebnisse zu erzielen.

3 GRUNDLAGEN DER LINEAREN DYNAMIK

Die Anwendung der Finite-Elemente-Methode erstreckt sich nicht nur auf die Statik und die Festigkeitslehre. Sie kann auch bei bewegten Systemen verwendet werden.

Um das physikalische Problem der Dynamik zu formulieren, muss die Massenträgheit in dem Gleichungssystem berücksichtigt werden. Das heißt, der Trägheitsterm muss in das Gleichgewicht mit eingehen. Ansonsten gelten alle Aussagen und Annahmen über die Anwendung des linearen Elastizitätsgesetzes weiterhin, die in den ersten Kapiteln für die Statik und Festigkeitslehre gemacht werden.

Im folgenden Kapitel wird das Prinzip der dynamischen Berechnung anhand des Einmassenschwingers hergeleitet. In Kapitel 3.2 wird eine dynamische Berechnung für das Kontinuum, ein Balkensystem, gezeigt. In Kapitel 3.4 wird dann das prinzipielle Vorgehen der Finite-Elemente-Methode erläutert.

3.1 Einmassensystem

Der Einmassenschwinger ist das wichtigste System überhaupt, um dynamische Berechnungen zu verstehen und zu überprüfen. Die meisten dynamischen Berechnungen beruhen auf einer Methode, der Methode der Modalen Superposition, in der die Gesamtlösung, zum Beispiel die zeitlich veränderlichen Spannungen oder Verformungen, des jeweiligen dynamischen Problems durch die Überlagerung der Einzellösungen einzelner Einmassenschwinger unter dieser dynamischen Belastung entsteht. Dabei werden die Eigenkreisfrequenzen der Einmassenschwinger so variiert, dass sie das Problem richtig wiedergeben (Kapitel 3.2).

3.1.1 Lösung des ungedämpften, erregten Systems

Die einfachste Lösung liefert der ungedämpfte Einmassenschwinger. Er besteht aus einer Punktmasse m, die durch eine Feder mit der Federkonstanten c gehalten und durch eine Einzelkraft $F = \overline{F}_0 \cos \Omega t$.

belastet wird. Die dynamische Belastung, auch Erregung genannt, verändert sich mit der harmonischen Cosinusfunktion. Die Feder folgt einem linearen Federgesetz. In Bild 3.1a ist das System in Ruhe, die Punktmasse befindet sich zum Zeitpunkt t = 0 bei x = 0.

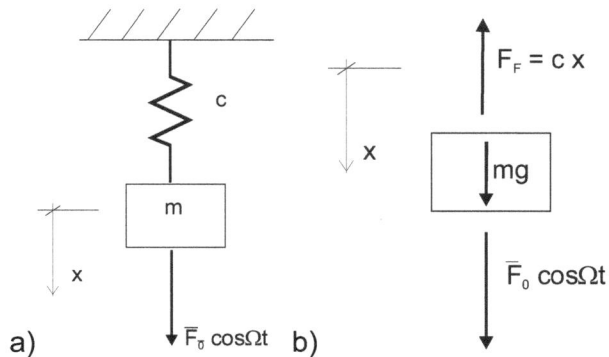

Bild 3.1 Einmassenschwinger a) unter einer harmonischen Einzelkraft $\overline{F}_0 \cos \Omega t$; b) Schnittbild des Einmassenschwingers

Um die Bewegungsgleichungen aufstellen zu können, wird die Punktmasse um den Weg x(t) = x ausgelenkt. Dadurch entsteht in der Feder eine Federkraft, die wie in der Statik mit Hilfe eines Schnittbildes am ausgelenkten System sichtbar gemacht wird (Bild 3.1b). Dort wird die Federkraft F_F

(3.1): $F_F = c\,x,$

und die Gewichtskraft G

(3.2): $G = mg$

eingetragen.

Aus der Gleichgewichtsbedingung in x-Richtung erhält man eine inhomogene Differentialgleichung für das System

(3.3): $m\ddot{x}(t) + cx(t) = m\,g + \overline{F}_0 \cos \Omega t.$

Um diese Differentialgleichung zu lösen, wird die Gleichung durch die Masse m geteilt. Das ergibt

$$(3.4): \quad \ddot{x}(t) + \omega^2 x(t) = g + F_0 \cos \Omega t,$$

mit der harmonischen Lasterregung

$$(3.5): \quad F_0 = \frac{\overline{F_0}}{m}$$

und der Eigenkreisfrequenz ω, bzw. der Eigenfrequenz f des ungedämpften Systems

$$(3.6): \quad \omega = \sqrt{\frac{c}{m}} = 2\pi f.$$

Die Gesamtlösung für die Verschiebung x setzt sich aus der Lösung der homogenen Gleichung x_{hom} und der Lösung der partikulären oder inhomogenen Gleichung x_{part} zusammen

$$(3.7): \quad x_{ges} = x_{hom} + x_{part}.$$

Die Lösung der homogenen Gleichung x_{hom} lautet

$$(3.8): \quad x_{hom} = A \cos\omega t + B \sin\omega t,$$

mit den freien Konstanten A und B.

Mit einem Lösungsansatz für die partikuläre Lösung

$$(3.9): \quad x_{part} = C \sin\Omega t + E \cos\Omega t + x_{stat,G},$$

wird die Lösung der partikulären Gleichung x_{part} erstellt. Hier wird der Funktionstyp der Erregerfunktion als Ansatzfunktion gewählt. Die Konstanten C, E und $x_{stat,\,G}$ müssen dafür noch bestimmt werden.

Der Term m g auf der rechten Seite der Differentialgleichung (3.4) liefert die Verschiebung der statischen Auslenkung

$$(3.10): \quad x_{stat,G} = \frac{g}{\omega^2}$$

infolge des Gewichts G. Diese Verschiebung kann hier vernachlässigt werden. Hier interessiert nur die dynamische Lösung des Problems.

Mit einem weiteren Lösungsansatz, der diesen Term vernachlässigt,

$$(3.11): \quad x_{part} = C \sin\Omega t + E \cos\Omega t$$

schwingt die Masse um ihre statische Ruhelage.

Nach dem Einsetzen von (3.11) und deren 2. Ableitung nach der Zeit

$$(3.12): \quad \ddot{x}_{part} = -\Omega^2 (C \sin\Omega t + E \cos\Omega t)$$

in (3.4) ergeben sich durch einen Koeffizientenvergleich

$$(3.13): \quad (\omega^2 - \Omega^2)\,E = F_0$$

$$(3.14): \quad (\omega^2 - \Omega^2)\,C = 0$$

die Konstanten C und E zu

$$(3.15): \quad E = \frac{F_0}{\omega^2 - \Omega^2}\,,$$

(3.16): $C = 0$

In (3.11) eingesetzt lautet die partikuläre Lösung

(3.17): $x_{part} = \dfrac{F_0}{\omega^2 - \Omega^2}\cos\Omega t\,.$

Sie ist vom Typ der Erregerfunktion und hängt von der Lastamplitude F_0 und von der Differenz der Eigenkreisfrequenz ω und der Erregerfrequenz Ω ab, die jeweils quadratisch eingehen.

Damit lautet die Gesamtverschiebung des ungedämpften Einmassenschwingers

(3.18): $x_{ges} = A\cos\omega t + B\sin\omega t + \dfrac{F_0}{\omega^2 - \Omega^2}\cos\Omega t\,.$

Hierin ist die statische Auslenkung der Punktmasse infolge der Kraft F_0

(3.19): $x_{stat,F} = \dfrac{F_0}{\omega^2} = \dfrac{\overline{F}_0}{m\omega^2}$

unter der Last $\underset{\lim\Omega \to \omega}{x_{part}}$ enthalten. Man erhält sie, indem man in (3.18) die Erregerfrequenz Ω zu Null setzt.

Die Konstanten A und B werden mit Hilfe der Anfangsbedingungen in der Gesamtlösung bestimmt. Die Anfangsbedingungen sind die Verschiebung x_0 und die Geschwindigkeit v_0 der Punktmasse zum Zeitpunkt $t = 0$

(3.20): $x(t = 0) = x_0$

(3.21): $\dot{x}(t = 0) = v_0\,.$

Offensichtlich können auch ohne äußere Belastung zeitlich veränderliche Verschiebungen x nur durch die Anfangsverschiebung x_0 und die Anfangsgeschwindigkeit v_0 entstehen.

Durch sie kann die Gesamtlösung, die Verschiebung in x der Punktmasse unter einer harmonischen Lasterregung dargestellt werden

$$(3.22): \quad x_{ges} = (x_0 - \frac{\Omega}{\omega} \frac{F_0}{\omega^2 - \Omega^2}) \cos\omega t + \frac{v_0}{\omega} \sin\omega t + \frac{F_0}{\omega^2 - \Omega^2} \cos\Omega t.$$

Diese Lösung gilt für alle Verschiebungen x(t) für alle Werte Ω , außer $\omega = \Omega$.

Im Fall $\omega = \Omega$ wird der Nenner zweier Summanden von (3.22) zu Null. Man nennt diesen Fall Resonanz. Die Erregerfrequenz Ω stimmt mit der Eigenkreisfrequenz ω überein.

Durch einen speziellen Lösungsansatz, den Resonanzansatz,

$$(3.23): \quad x_{part} = A\, t \sin\omega t$$

erhält man für diesen Fall

$$(3.24): \quad x_{part} = \frac{F_0}{2\omega} t \sin\omega t.$$

Die Verschiebung wächst linear mit der Zeit t an. Die Auslenkung würde stetig bis zu einem unendlichen Wert anwachsen, wenn diese Belastung lange genug wirken würde.

Dieselbe Lösung kann man auch durch Grenzwertbildung nach der Regel von l´HÔPITAL erhalten. Die Lösung (3.17) wird für den Grenzwert $\omega \rightarrow \Omega$ untersucht. Da der Nenner zu Null

$$(3.25): \quad x_{part} = \frac{F_0 \cos \omega t}{\omega^2 - \omega^2}$$

$$\lim \Omega \to \omega$$

würde, wird der Zähler und Nenner jeweils nach Ω abgeleitet und abermals der Grenzwert $\Omega \to \omega$ gebildet:

$$(3.26): \quad x_{part} = \frac{F_0 \cos \Omega t}{\omega^2 - \Omega^2} = \frac{F_0 t \sin \Omega t}{0 - 2\Omega^2} = -\frac{F_0}{2\omega^2} t \sin \omega t.$$

$$\lim \Omega \to \omega$$

Beide Berechnungsmethoden liefern dasselbe Ergebnis.

In der Praxis gibt es keine völlig ungedämpften Systeme. Dennoch ist der Resonanzfall auch in der Praxis von großer Bedeutung, da dabei die Verschiebungen eines Systems unzulässig groß werden können.

Deshalb wird nun am Einmassenschwinger gezeigt, wie sich die Gesamtlösung durch die Hinzunahme einer sehr einfachen Dämpfung verändert.

Hier sei auch noch einmal darauf hingewiesen, dass die Grundlage all dieser Betrachtungen das lineare Elastizitätsgesetz ist, das nur für kleine Verformungen gilt.

3.1.2 Lösung des gedämpften, erregten Systems

Das System wird mit Hilfe einer sehr einfachen Dämpfungsannahme gedämpft, der Flüssigkeitsdämpfung. Es besteht wieder aus einer Punktmasse m, die diesmal sowohl durch eine Feder mit der Federkonstanten c, als auch durch einen Dämpfer mit der Dämpfung 2δ mit der Aufhängung verbunden ist. Es wird wieder mit der Einzelkraft $\overline{F}_0 \cos \Omega t$ belastet (Bild 3.2a). Das System befindet sich bei x = 0 in Ruhe.

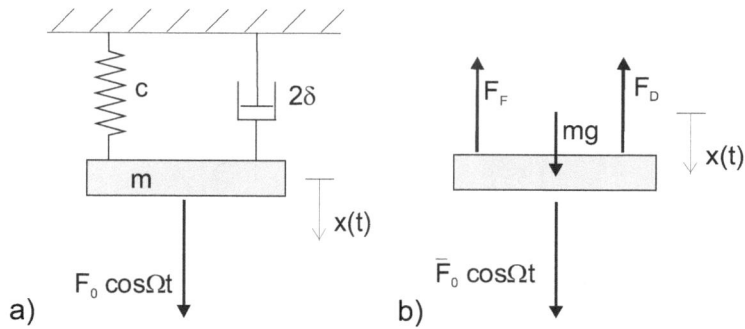

Bild 3.2 Gedämpfter Einmassenschwinger a) unter einer harmonischen Einzelkraft $\overline{F}_0 \cos \Omega t$; b) Schnittbild des gedämpften Einmassenschwingers am ausgelenkten System

Um die Bewegungsgleichungen aufstellen zu können, wird die Punktmasse wieder um den Weg x ausgelenkt. Dadurch entsteht in der Feder eine Federkraft F_F und eine Dämpferkraft F_D (Bild 3.2b)

$$(3.27): \quad F_D = 2\delta\dot{x}.$$

Aus der Gleichgewichtsbedingung in x-Richtung erhält man wieder eine inhomogene Differentialgleichung für das System

$$(3.28): \quad m\ddot{x} + 2\delta m\dot{x} + cx = mg + \overline{F}_0 \cos \Omega t,$$

durch Division durch die Masse m lösbar wird

$$(3.29): \quad \ddot{x} + 2\delta\dot{x} + \omega^2 x = g + F_0 \cos \Omega t.$$

Der Term g liefert wieder die statische Auslenkung infolge des Eigengewichts (3.10) und wird im Folgenden wieder vernachlässigt.

Die Eigenkreisfrequenz ω_d des gedämpften Systems lautet nun

$$(3.30): \quad \omega_d = \sqrt{\omega^2 - \delta^2}.$$

Sie wird also durch die Dämpfung kleiner als im ungedämpften System. Da die meisten technischen Probleme einen sehr kleinen Dämpfungsfaktor δ, haben

$(3.31):$ $\delta \ll \omega$,

kann diese Differenz vernachlässigt werden. Es gilt daher für technische Probleme im Allgemeinen

$(3.32):$ $\omega_d \approx \omega$,

Weiter wird ein kritischer Dämpfungsfaktor durch das Verhältnis

$(3.33):$ $D = \dfrac{\delta}{\omega}$

definiert.

Die Gesamtlösung, die Verschiebung x, setzt sich wieder aus der Lösung der homogenen Gleichung x_{hom} und der Lösung der partikulären oder inhomogenen Gleichung x_{part} zusammen (3.7).

Die Lösung des homogenen Systems lautet

$(3.34):$ $x_{hom} = e^{-\delta t}(A \cos\omega t + B \sin\omega t)$

mit den freien Konstanten A und B.

Der Lösungsansatz (3.11) für die partikuläre Lösung liefert wieder durch den Koeffizientenvergleich

$(3.35):$ $(\omega^2 - \Omega^2)E - 2\delta\Omega C = F_0$

$(3.36):$ $2\delta\Omega E + (\omega^2 - \Omega^2)C = 0$

die Koeffizienten C und E

$$(3.37): \quad C = \frac{-2\,\delta\,\Omega\,F_0}{(\omega^2 - \Omega^2)^2 + (2\,\delta\,\Omega)^2},$$

$$(3.38): \quad E = \frac{(\omega^2 - \Omega^2)\,F_0}{(\omega^2 - \Omega^2)^2 + (2\,\delta\,\Omega)^2}.$$

In (3.11) eingesetzt lautet die partikuläre Lösung

$$(3.39): \quad x_{part} = \frac{-2\,\delta\,\Omega\,F_0}{(\omega^2 - \Omega^2)^2 + (2\,\delta\,\Omega)^2}\,\sin\Omega t +$$

$$+ \frac{(\omega^2 - \Omega^2)\,F_0}{(\omega^2 - \Omega^2)^2 + (2\,\delta\,\Omega)^2}\,\cos\Omega t.$$

Sie ist wieder vom Typ der Erregerfunktion und hängt von der Lastamplitude F_0 ab. Diesmal erscheinen beide Funktionstypen, die Sinus- und die Cosinusfunktion. Die Terme im Nenner, die wieder die Eigenkreisfrequenz ω und die Erregerfrequenz Ω enthalten, können für keine Erregerfrequenz zu Null werden. Es kann also keine Resonanz auftreten.

Damit lautet die Gesamtlösung des gedämpften Einmassenschwingers

$$(3.40): \quad x_{ges} = e^{-\delta t}(A\,\cos\omega t + B\,\sin\omega t)$$

$$+ \frac{-2\,\delta\,\Omega\,F_0}{(\omega^2 - \Omega^2)^2 + (2\,\delta\,\Omega)^2}\,\sin\Omega t$$

$$+ \frac{(\omega^2 - \Omega^2)\,F_0}{(\omega^2 - \Omega^2)^2 + (2\,\delta\,\Omega)^2}\,\cos\Omega t.$$

Die Konstanten A und B werden wieder mit Hilfe der Anfangsbedingungen (3.20) und (3.21) in der Gesamtlösung wie oben durchgeführt bestimmt.

3.1.3 Erregertypen

Im vorigen Kapitel liegt eine harmonische Kraftanregung (3.5) vor. Die Erregerkräfte lassen sich im Allgemeinen in drei Erregertypen unterteilen.

Erregung über eine Feder

Ein gedämpfter Einmassenschwinger wird über den Endpunkt der Feder harmonisch mit

$$(3.41): \quad x_F(t) = x_0 \cos \Omega t$$

bewegt (Bild 3.3a). Dann ist die Verlängerung der Feder durch $x_F - x$ gegeben. Aus dem Gleichgewicht in x – Richtung erhält man

$$(3.42): \quad m\ddot{x} = -2\delta m\dot{x} + c(x_F - x)$$

oder

$$(3.43): \quad m\ddot{x} + 2\delta m\dot{x} + cx = cx_F = x_0 \cos \Omega t$$

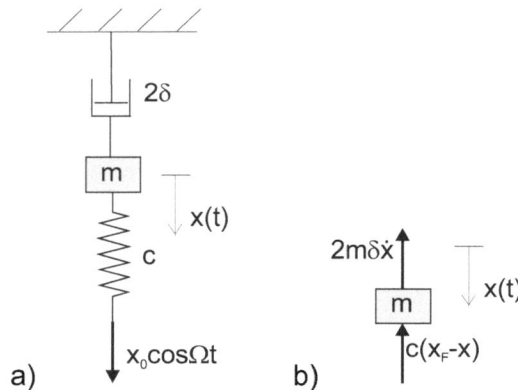

Bild 3.3 a) Erregung über eine Feder; b) Schnittbild der Punktmasse

Um die Differentialgleichung zu lösen, wird wieder durch die Punktmasse m dividiert. Man erhält

$$(3.44): \quad \ddot{x} + 2\delta\dot{x} + \omega^2 x = \omega^2 x_0 \cos\Omega t$$

Damit ergibt sich die Erregerkraft zu

$$(3.45): \quad F_F(t) = = \omega^2 x_0 \cos\Omega t$$

Krafterregung

Wird ein gedämpfter Einmassenschwinger durch eine Kraft

$$(3.46): \quad F(t) = = \overline{F}_0 \cos\Omega t$$

harmonisch angeregt (Bild 3.2a), erhält man dieselbe Gleichung wie für die Erregung über eine Feder, wenn man (3.25) durch m teilt und

$$(3.47): \quad x_0 = \frac{\overline{F}_0}{c} = \frac{F_0\, m}{c} = \frac{F_0}{\omega^2}$$

einsetzt.

Die Bewegung der Punktmasse führt bei der Krafterregung und der Erregung über eine Feder auf die gleiche Differentialgleichung, ist also von demselben Erregertyp.

Erregung über einen Dämpfer

Ein gedämpfter Einmassenschwinger wird über den Endpunkt des Dämpfers harmonisch mit

$$(3.48): \quad x_D(t) = = x_0 \cos\Omega t$$

bewegt (Bild 3.4a). Dann ist die Bewegung des Dämpfers mit $x_D - x$ gegeben. Aus dem Gleichgewicht in x – Richtung erhält man

$(3.49): \quad m\ddot{x} = 2\delta m(\dot{x}_D - \dot{x}) - cx$

oder

$(3.50): \quad m\ddot{x} + 2\delta m\dot{x} + cx = 2\delta m\dot{x}_D = 2\delta m x_0 \cos\Omega t$

Um die Differentialgleichung zu lösen, wird wieder durch die Punktmasse m dividiert. Man erhält

$(3.51): \quad \ddot{x} + 2\delta\dot{x} + \omega^2 x = 2\delta x_0 \cos\Omega t,$

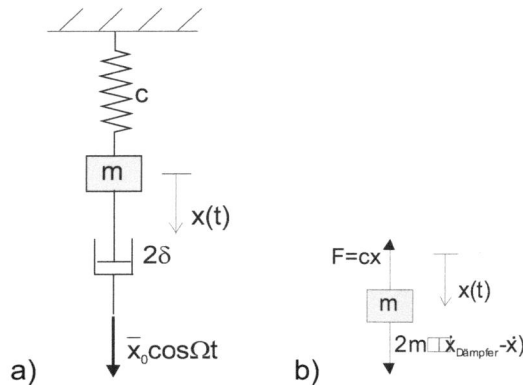

Bild 3.4 a) Erregung über einen Dämpfer; b) Schnittbild der Punktmasse

Damit ergibt sich die Erregerkraft zu

$(3.52): \quad F_D(t) = 2\delta x_0 \Omega \sin\Omega t = 2\,D\,x_0 \eta \omega^2 \cos\Omega t$

mit dem Verhältnis η der Erregerfrequenz zur Eigenkreisfrequenz

$(3.53): \quad \eta = \dfrac{\Omega}{\omega}$

und dem kritischen Dämpfungsfaktor D (3.33).

Erregung durch eine rotierende Unwucht

Eine weitere, wichtige Anregungsform ist die Erregung durch eine rotierende, massebehaftete Unwucht (Bild 3.sa). Ein Schwinger der Masse M wird durch eine mit der Erregerfrequenz Ω rotierende Unwucht m zu Schwingungen angeregt. Durch das Freimachen der Stabkraft S erhält man im Schnittbild (Bild 3.5b) zwei Systeme, an denen das Gleichgewicht in x_M- und x_m-Richtung aufgestellt wird.

(3.54): $\quad M\ddot{x}_M = -2\delta m\dot{x}_M - cx_M + S\cos\Omega t$

(3.55): $\quad m\ddot{x}_m = -S\cos\Omega t$

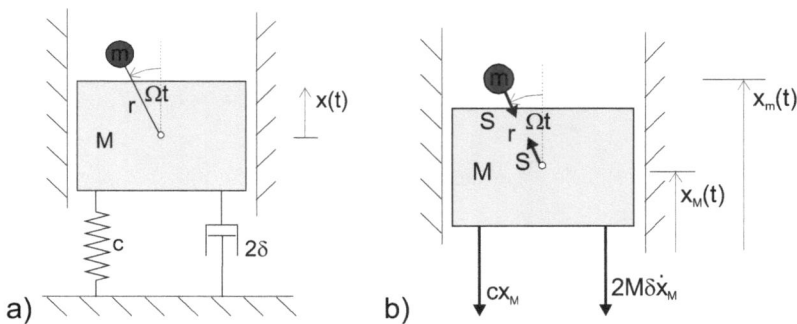

Bild 3.5 a) Schwinger der Masse M mit der rotierenden Unwucht m; b) Schnittbild der Systeme

Die Beziehung zwischen diesen beiden Koordinaten ist geometrisch festgelegt

(3.56): $\quad x_m = x_M + r\cos\Omega t,$

mit dem Abstand r zwischen den beiden Punktmassen.

Aus Gleichung (3.54) und (3.55) ergibt sich nach der Elimination von S

$(3.57):\quad M\ddot{x}_M + m\ddot{x}_m = -2\delta m\dot{x}_M - cx_M$

und durch das Einsetzen von (3.56) und deren zeitlichen Ableitung

$(3.58):\quad \ddot{x}_m = \ddot{x}_M - \Omega^2\, r\cos\Omega t,$

ergibt sich die Bewegungsgleichung für die Punktmasse M

$(3.59):\quad (M+m)\ddot{x}_M + 2\delta m\dot{x}_M + cx_M = m\Omega^2\, r\cos\Omega t,$

mit der Gesamtmasse $\overline{m}$

$(3.60):\quad \overline{m} = M + m$

und dem Verhältnis

$(3.61):\quad x_0 = \dfrac{m}{\overline{m}}r$

Teilt man (3.59) durch die Gesamtmasse $\overline{m}$ erhält man mit (3.61) die Gleichung

$(3.62):\quad \ddot{x}_M + 2\delta\dfrac{x_0}{r}\dot{x}_M + \omega^2 x_M = \omega^2\, x_0\eta^2\cos\Omega t,$

Die drei Erregertypen führen also zu Differentialgleichungen für die Verschiebungen, die sich nur durch einen Faktor E_{dyn} unterscheiden. Alle drei Differentialgleichungen lauten somit

$(3.63):\quad \ddot{x} + 2\delta\dot{x} + \omega^2 x = E_{dyn}\, x_0\cos\Omega t,$

wobei der Faktor

○ $E_{dyn} = 1$ für die Erregung über eine Feder oder eine Krafterregung,

- $E_{dyn} = 2D\eta$ für die Erregung über einen Dämpfer,

- $E_{dyn} = \eta^2$ für die Erregung durch eine rotierende Unwucht steht.

Die Gesamtlösung für die Verschiebung x setzt sich aus der Lösung der homogenen Gleichung x_{hom} und der Lösung der partikulären oder inhomogenen Gleichung x_{part} zusammen (3.7).

3.1.4 Definition der Punktmasse und des Kontinuums

Bei dem Einmassenschwinger in Kapitel 3.1 wird eine Punktmasse durch eine Feder mit seiner Aufhängung verbunden. Die so definierten Systemteile sind natürlich nur durch einige vereinfachende Annahmen möglich.

In der Wirklichkeit gibt es keine Punktmassen. Jede wirkliche Masse hat eine Ausdehnung und kann nicht auf einen Punkt reduziert werden.

Die Punktmasse ist eine Näherung. Für viele Bewegungsabläufe reicht sie völlig aus, zum Beispiel bei der Untersuchung der Bahn einer Mondrakete. Das gilt immer, wenn der Weg im Verhältnis zur bewegten Masse wesentlich größer als deren Abmessungen ist.

Soll aber zum Beispiel das Landemanöver der Rakete in Bezug auf die Erde simuliert werden, ist eine solche Näherung nicht mehr zulässig. Dann muss die Rakete als ausgedehntes System, als Kontinuum betrachtet werden. Dann treten neben den translatorischen auch noch rotatorische Trägheitskräfte der Masse auf.

3.1.5 Federkoeffizienten einiger elastischer Systeme

Auch die oben angenommene Feder stellt in den meisten Systemen ein Ersatzsystem dar. Durch eine Feder mit einem linearen Federgesetz kann zum Beispiel eine stabartige Struktur dargestellt werden (Bild 3.8).

Für diese stabartige Struktur kann eine Ersatzfedersteifigkeit c_D definiert werden, die einem masselosen Stab der Länge l und der Dehnsteifigkeit E A entspricht

$$(3.64): \quad c_D = \frac{E\,A}{l}.$$

Eine weitere, häufig benötigte Struktur ist die Biegefeder mit der Federsteifigkeit c_B, die balkenartige Strukturen ersetzen kann (Bild 3.6).

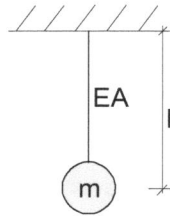

Bild 3.6 Masseloser Stab der Länge l und der Dehnsteifigkeit E A

Für diese balkenartige Struktur kann eine Ersatzfedersteifigkeit c_B definiert werden, die einem masselosen Biegebalken der Länge l und der Biegesteifigkeit E I entspricht

$$(3.65): \quad c_B = \frac{3EI}{l^3}.$$

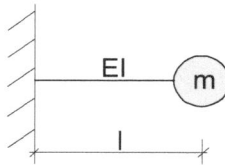

Bild 3.7 Masseloser Balken der Länge l und der Biegesteifigkeit E I

Schließlich gibt es die stabartige Struktur, die auf Torsion belastet wird. Daraus wird eine Torsionsfeder mit der Federsteifigkeit c_T, die diese Strukturen ersetzt (Bild 3.8).

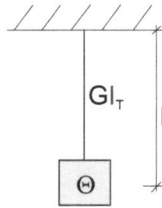

Bild 3.8 Masseloser Torsionsstab der Länge l und der Torsionssteifigkeit G I_T mit dem Massenträgheitsmoment Θ

Die Ersatzfedersteifigkeit c_T eines masselosen Torsionsstabes der Länge l und der Torsionssteifigkeit G I_T ist

$$(3.66): \quad c_T = \frac{GI_T}{l}.$$

Auch komplexere Strukturen lassen sich durch Ersatzsysteme mit Ersatzfedersteifigkeiten abbilden. Um die jeweiligen Steifigkeiten zu berechnen, wird eine Last 1 N auf das System in der gewünschten Richtung aufgebracht. Die Verschiebung unter dieser Last entspricht dann dem reziproken Wert der Federsteifigkeit. Wenn man ein Systemteil durch eine äquivalente Feder ersetzt, muss immer geprüft werden, ob die dynamische Wirkung des Systems erhalten bleibt.

BEISPIEL

Die Federsteifigkeit eines einfachen, masselosen Stabes wird berechnet. Dazu wird das System mit der Kraft 1 belastet (Bild 3.9).

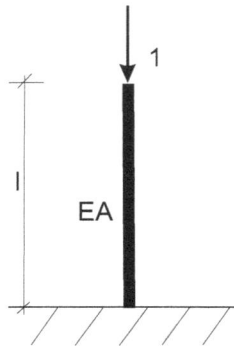

Bild 3.9 Masseloser Stab der Länge l und der Dehnsteifigkeit E A, mit der Kraft 1 belastet

Aus der Technischen Mechanik ist das Ergebnis bekannt

$$(3.67): \quad \Delta l = \frac{l}{E\,A} = \frac{1}{c_D}.$$

Das entspricht genau dem reziproken Wert der Federsteifigkeit für den masselosen Dehnstab (3.64).

BEISPIEL

Dieselbe Methode lässt sich auch auf komplexe Systeme mit Hilfe des Arbeitssatzes in der Elastostatik anwenden.

Um die horizontale Steifigkeit des Fachwerksystems (Bild 3.10) zu bestimmen, wird eine horizontale Last 1 aufgebracht.

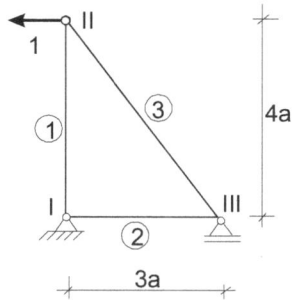

Bild 3.10 Statisch bestimmtes Fachwerksystem mit der äußeren Belastung F = 1

Die Stabkräfte des Systems ergeben sich zu

(3.68): $\quad S_1 = -1.33$,

(3.69): $\quad S_2 = -1$,

(3.70): $\quad S_3 = 1.66$.

Die Verformungen an den einzelnen Systemen infolge ihrer Belastung lassen sich über

(3.71): $\quad \delta_{ij} = \sum_{k,l} \dfrac{S_k^i \, \overline{S}_l^j}{EA} l_k$

berechnen. Eine Kraft $\overline{1}$ wird am Ort und in Richtung der gewünschten Verformung angebracht. Das entspricht für diese Untersuchung der Last $F = 1 = \overline{1}$ (Bild 3.11).

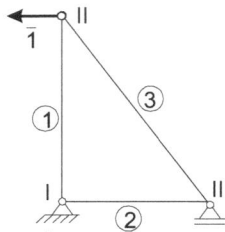

Bild 3.11 Anbringen der $\overline{1}$-Kraft zur Berechnung der Horizontalverschiebung am Knoten II

Mit diesen so berechneten Stabkräften

(3.72): $\quad \overline{S}_1 = -1.33\ \overline{1}$,

(3.73): $\quad \overline{S}_2 = -\overline{1}$,

(3.74): $\quad \overline{S}_3 = 1.66\ \overline{1}$

wird die Horizontalverschiebung am Knoten II mit Hilfe des Arbeitssatzes berechnet

(3.75): $\quad \overline{1}\, f_H = \sum_{k,l} \dfrac{S_k \overline{S}_l}{EA} I_k = 23.85 \dfrac{a}{EA}$

Mit dem reziproken Wert

(3.76): $\quad c_H = \dfrac{1}{f_H} = \dfrac{EA}{23.85\,a}$

erhält man die Ersatzfedersteifigkeit c_H in horizontaler Richtung für das Fachwerksystem.

3.1.6 Überhöhungsfunktionen

Bei einem System mit dem kritischen Dämpfungsfaktor D > 0 (3.33)

ergibt sich die Differentialgleichung zu

$$(3.77): \quad \ddot{x} + 2\delta\dot{x} + \omega^2 x = F_0 \cos\Omega t.$$

Im Folgenden wird gezeigt, dass der homogene Anteil der Lösung mit der Zeit abklingt. Die Gesamtlösung des Schwingungsvorgangs wird durch (3.40) beschrieben. Die Lösung der homogenen Differentialgleichung (3.34) klingt durch die Exponentialfunktion sehr schnell ab. Der Zeitraum, in dem diese Lösung abklingt, nennt man Einschwingvorgang.

Nach Beendigung dieses Einschwingvorgangs befindet sich der Schwinger im eingeschwungenen Zustand. Der Einmassenschwinger schwingt harmonisch mit der Erregerfrequenz Ω. Die Schwingung ist dann stationär. Deshalb wird in den meisten technischen Anwendungen mit harmonischen Erregern nur der Partikulärteil der Gesamtlösung betrachtet.

Der Schwinger schwingt harmonisch mit der Erregerfrequenz Ω. Die größte Auslenkung, die Amplitude Q, und das Maß zwischen Erregung und Antwort, die Phase oder Phasenverschiebung ε, sind vom Verhältnis η (3.53) der Erregerfrequenz Ω zur Eigenkreisfrequenz ω und vom kritischen Dämpfungsmaß D (3.33) abhängig.

Um ein dimensionsloses Maß für die Ausschläge eines solchen Einmassenschwingers zu erhalten, bezieht man dies auf einen Vergleichswert, zum Beispiel die maximale statische Verschiebung der Masse

$$(3.78): \quad x_{stat,F} = \frac{F_0 m}{c} = \frac{F_0}{\omega^2}.$$

Damit wird eine Vergrößerungsfunktion V_1

$$(3.79): \quad V_1 = \frac{Q}{x_{stat}}$$

definiert. Sie beschreibt die Vergrößerung des Maximalwertes der Amplitude eines dynamischen gegenüber dem eines statischen Systems. Der Faktor gibt die Vergrößerung der Antwort des Systems an.

Dazu wird die partikuläre Lösung (3.39) umgeformt

$$(3.80): \quad x = Q \cos(\Omega t - \gamma).$$

Die neue Amplitude Q erhält man aus der vektoriellen Summe der Einzelamplituden

$$(3.81): \quad Q = \sqrt{\left(\frac{-2\,\delta\,\Omega\,F_0}{(\omega^2 - \Omega^2)^2 + (2\,\delta\,\Omega)^2}\right)^2 + \left(\frac{(\omega^2 - \Omega^2)\,F_0}{(\omega^2 - \Omega^2)^2 + (2\,\delta\,\Omega)^2}\right)^2}$$

$$= \frac{F_0}{\sqrt{(\omega^2 - \Omega^2)^2 + (2\,\delta\,\Omega)^2}}.$$

Der Winkel γ zwischen den Komponenten wird zu

$$(3.82): \quad \tan\gamma = \frac{\dfrac{(\omega^2 - \Omega^2)\,F_0}{(\omega^2 - \Omega^2)^2 + (2\,\delta\,\Omega)^2}}{\dfrac{-2\,\delta\,\Omega\,F_0}{(\omega^2 - \Omega^2)^2 + (2\,\delta\,\Omega)^2}} = \frac{(\omega^2 - \Omega^2)}{-2\delta\Omega} = \frac{(1 - \eta^2)}{-2\dfrac{\delta}{\omega}\eta} = \frac{(1 - \eta^2)}{-2D\eta}.$$

Damit erhält man das Maß für die Phasenverschiebung   in Abhängigkeit des Dämpfungsfaktors D und des Verhältnisses η

$$(3.83): \quad \tan\varepsilon = \frac{1}{\tan\gamma} = \frac{-2D\eta}{(1 - \eta^2)}.$$

Mit (3.53) folgt für die Vergrößerungsfunktion V_1

$$(3.84): \quad V_1(\eta) = \frac{\omega^2}{F_0} \frac{F_0}{\sqrt{(\omega^2 - \Omega^2)^2 + (2\,\delta\,\Omega)^2}}$$

$$= \frac{1}{\sqrt{(1-\eta^2)^2 + (2\frac{\delta}{\omega}\eta)^2}} = \frac{1}{\sqrt{(1-\eta^2)^2 + (2D\eta)^2}}.$$

In Bild 3.12 wird die Funktion $V_1(\eta)$ über dem Verhältnis η in Abhängigkeit des Dämpfungsfaktors D aufgetragen.

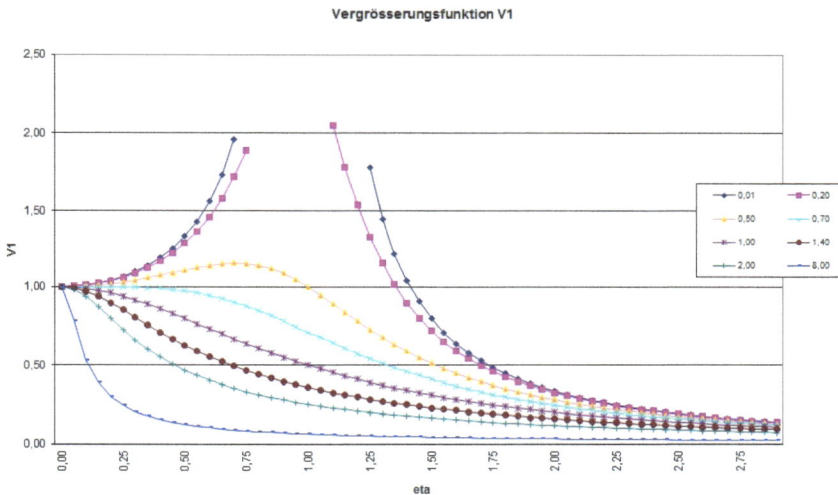

Bild 3.12 Die Vergrößerungsfunktion $V_1(\eta)$ (V1(eta)) in Abhängigkeit des Dämpfungsfaktors D

In Bild 3.13 wird die Phasenverschiebung $\varepsilon(\eta)$ über dem Verhältnis η in Abhängigkeit des Dämpfungsfaktors D dargestellt.

Die Vergrößerungsfunktion $V_1(\eta)$ und die Phasenverschiebung $\varepsilon(\eta)$ lassen sich in drei Bereiche unterteilen.

Unterkritischer Bereich

Im unterkritischen Bereich liegt die Erregerfrequenz unter der kritischen, der Resonanzfrequenz.

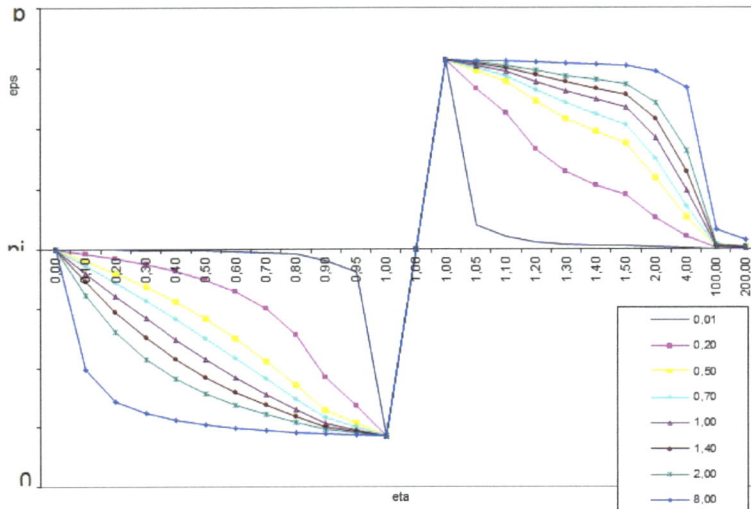

Bild 3.13 Die Phasenverschiebung $\varepsilon(\eta)$ (eps(eta)) in Abhängigkeit des Dämpfungs-faktors D

Wenn die Erregerfrequenz Ω wesentlich kleiner als die Eigenkreisfrequenz ω ist

$$(3.85): \quad \Omega << \omega, \text{bzw.} \, \eta << 1,$$

nennt man die Erregung unterkritisch. Dann ist die Vergrößerungsfunktion $V_1(\eta)$ nahezu eins

$$(3.86): \quad V_1(\eta) \approx 1.$$

Das bedeutet, dass die Amplitude Q gleich der statischen Auslenkung x_{stat} ist

$$(3.87): \quad Q \approx x_{stat},$$

die Phasenverschiebung ist nahezu Null

$$(3.88): \quad \varepsilon(\eta) \approx 0.$$

Das heißt, die Verschiebung x(t) schwingt in Phase mit der Belastung F(t).

Resonanzbereich

Im Resonanzbereich ist die Erregerfrequenz gleich der Eigenkreisfrequenz

(3.89): $\quad \Omega \approx \omega, \text{bzw.}\, \eta \approx 1.$

Dann erreicht die Vergrößerungsfunktion $V_1(\eta)$ ein Maximum

(3.90): $\quad V_1(\eta)_{max} = \dfrac{1}{2D\sqrt{1\text{-}D^2}} \approx \dfrac{1}{2D} \text{ für } D \ll 1 \text{ bei } \eta = \sqrt{1\text{-}2D^2}.$

Für kleine Dämpfungsfaktoren D << 1 ist der Ort des Maximums näherungsweise bei

(3.91): $\quad \Omega = \omega, \text{bzw.}\, \eta = 1,$

Für große Dämpfungswerte

(3.92): $\quad D \approx \dfrac{\sqrt{2}}{2}$

rückt der Ort des Maximums gegen $\eta = 0$. Das Maximum tritt dann also nicht bei der Eigenkreisfrequenz

(3.93): $\quad \omega_d = \omega\sqrt{1\text{-}D^2}$

des Schwingers auf.

Für die Dämpfung Null wird die Vergrößerungsfunktion im Resonanzfall, $\Omega = \omega$ unendlich.

Die Phasenverschiebung ε springt in diesem Fall von 0 auf π.

Überkritischer Bereich

Im überkritischen Bereich liegt die Erregerfrequenz über der kritischen, der Resonanzfrequenz.

Wenn die Erregerfrequenz Ω wesentlich größer als die Eigenkreisfrequenz ω ist

$$(3.94): \quad \Omega \gg \omega, \text{bzw.} \, \eta \gg 1,$$

nennt man die Erregung überkritisch. Dann ist die Vergrößerungsfunktion $V_1(\eta) \approx 0$. Das bedeutet, dass die Amplitude Q gegen Null geht.

$$(3.95): \quad Q \to 0,$$

die Phasenverschiebung erreicht den Wert π

$$(3.96): \quad \varepsilon(\eta) \approx \pi.$$

Das heißt, die Verschiebung x(t) schwingt in Gegenphase mit der Belastung F(t).

In der Schwingungslehre sind weitere Vergrößerungsfunktionen definiert, die auf andere Bezugswerte normiert werden. Hier wird nur das Prinzip dieser Vergrößerungsfunktionen dargestellt.

Zur Vollständigkeit dieses Kapitels wird die Analogie zwischen mechanischem Schwinger und elektrischem Schwingkreis in Tabelle 3.1 erläutert. Diese Analogie wird häufig bei Versuchen eingesetzt. Damit lassen sich Messergebnisse sofort als mechanische Ergebnissen angeben.

Tabelle 3.1 Analogie zwischen mechanischem Schwinger und elektrischem Schwingkreis

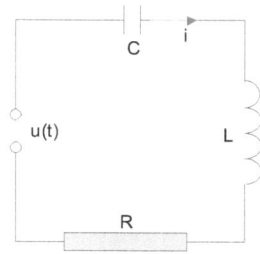

Mechanischer Schwinger	Elektrischer Schwingkreis
Verschiebung x	Ladung Q
Geschwindigkeit v = $\dot{x}$	Stromstärke i = $\dot{Q}$
Masse m	Induktivität L einer Spirale
Dämpfungskonstante $2\delta m$	Widerstand R
Federkonstante c	1/ Kapazität eines Kondensators $\dfrac{1}{C}$
Kraft F	Spannung U

3.2 Mehrmassensystem oder Kontinuum

Die Differentialgleichung für den einfachen BERNOULLI-EULER-Balken (Bild 3.14) $(h/l \ll 1/10, h \cong b)$, der in Kapitel 2.1 für die Statik hergeleitet wurde, lautet in der Dynamik

$$(3.96): \quad EI_y \frac{\partial^4 w}{\partial x^4} + \nu \frac{\partial w}{\partial t} + \rho A \frac{\partial^2 w}{\partial t^2} = f(x,t),$$

mit der geschwindigkeitsproportionalen Dämpfung ν, der Dichte ρ und der Querschnittsfläche A. Die Verschiebung w(x, t) = w hängt von der Stelle x und der Zeit t ab. Die Biegesteifigkeit E I_y ist konstant über die Länge l.

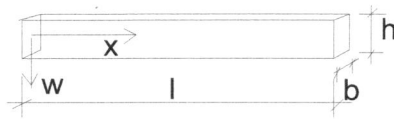

Bild 3.14 Koordinaten und Abmessungen eines Balkens

3.2.1 Modale Superposition

Diese Differentialgleichung wird mit einem Produktansatz nach der Methode der Trennung der Variablen

$$(3.97): \quad w(x, t) = w^*(x)\, g(t),$$

gelöst. Dabei erfüllt die Eigenfunktion $w^*(x)$ die Randbedingungen des Balkens, die dann als Reihenlösung geschrieben werden kann.

BEISPIEL

An einem einfachen, statisch bestimmten Balken wird diese Methode für dynamische Belastungen gezeigt. In Bild 3.15 ist der bekannte Fall dargestellt. Zunächst ist das System unbelastet, um die Eigenkreisfrequenzen des Systems zu bestimmen.

Bild 3.15 Einfacher, statisch bestimmter Balken ohne Belastung

Die Randbedingungen lauten wie in der Statik

$$(3.98): \quad w(0, t) = 0,$$

$$(3.99): \quad w(l, t) = 0,$$

$$(3.100): \quad M(0,t) = -EI_y \frac{\partial^2 w(0,t)}{\partial x^2} = 0,$$

$$(3.101): \quad M(l,t) = -EI_y \frac{\partial^2 w(l,t)}{\partial x^2} = 0.$$

Als Lösungsansatz wird eine Kombination von Sinus-, Cosinus-, Sinushyperbolikus- und Cosinushyperbolikus-Funktionen gewählt

$$(3.102): \quad w^*(x) = A^* \sin ax + B^* \cos ax + C^* \sinh ax + D^* \cosh ax.$$

Der Lösungsansatz und dessen 2. Ableitung nach dem Ort x

$$(3.103): \quad w^{*II}(x) = -a^2 (A^* \sin ax + B^* \cos ax - C^* \sinh ax - D^* \cosh ax)$$

in (3.98), (3.99), (3.100) und (3.101) eingesetzt, ergibt ein Gleichungssystem für die noch unbekannten Konstanten A^*, B^*, C^*, D^*

$$(3.104): \quad \begin{bmatrix} 0 & 1 & 0 & 1 \\ \sin al & \cos al & \sinh al & \cosh al \\ 0 & 1 & 0 & -1 \\ \sin al & \cos al & -\sinh al & -\cosh al \end{bmatrix} \begin{bmatrix} A^* \\ B^* \\ C^* \\ D^* \end{bmatrix} = 0.$$

Die Lösung dieses Eigenwertproblems ist

$$(3.105): \quad 4 \sin al \sinh al = 0,$$

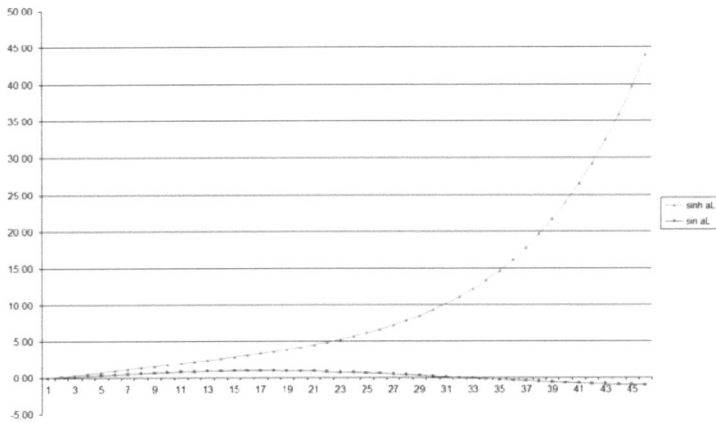

Bild 3.16 sinal sinhal =0

mit der geometrischen Konstanten

$$(3.106): \quad a = \frac{n\pi}{l}.$$

Dies führt auf die Eigenfunktion

$$(3.107): \quad w^*(x) = \sum_{n=1}^{\infty} \sin n\pi \frac{x}{l}.$$

Damit erhält man als Lösung (3.97) für die Verschiebung als Reihenansatz

$$(3.108): \quad w(x,t) = \sum_{n=1}^{\infty} \left(\sin n\pi \frac{x}{l} \cdot g_n(t) \right)$$

$$= \sin \pi \frac{x}{l} \cdot g_1(t) + \sin 2\pi \frac{x}{l} \cdot g_2(t)$$

$$+ \sin 3\pi \frac{x}{l} \cdot g_3(t) + ... + \sin n\pi \frac{x}{l} \cdot g_n(t).$$

Es gibt somit n Eigenfunktionen oder Eigenformen für den Balken auf zwei Stützen, die alle sinusförmige Verläufe haben. Für die ersten drei Werte werden diese

Eigenformen $w^*(x)$ mit einer noch freien Variablen (hier auf 1 normiert) für die Amplituden in Bild 3.17 dargestellt.

Eigenformen

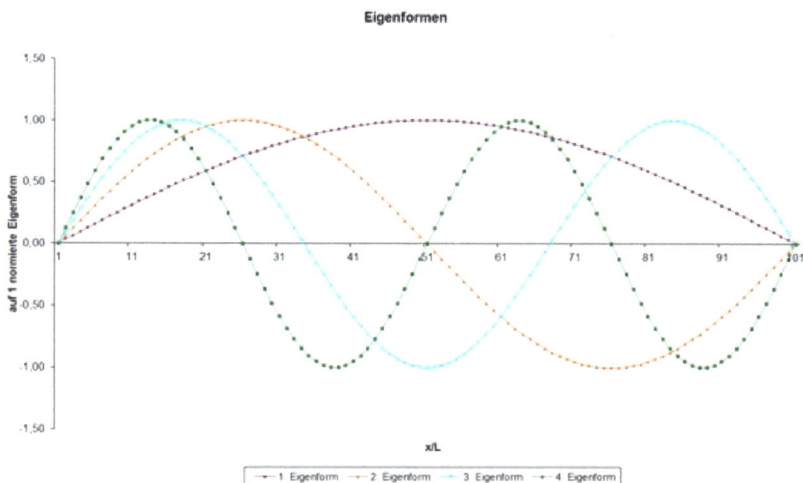

Bild 3.17 Eigenformen des elastischen Balkens auf 2 Stützen

Diese freie Variable wird im Zusammenhang mit der Gesamtlösung bestimmt. Für die Eigenformen wird sie im Allgemeinen zu 1 gesetzt.

Die Reihenlösung (3.108) wird nun in die Differentialgleichung (3.96) eingesetzt

$$(3.109): \quad \sum_{n=1}^{\infty} \sin n\pi \frac{x}{l} \left(\rho A \cdot \ddot{g}_n(t) + v \dot{g}_n(t) + EI_y \left(\frac{n\pi}{l} \right)^4 g_n(t) \right) = f(x,t).$$

In der eckigen Klammer steht nun eine Differentialgleichung, die nach Division durch ρA von demselben Typ wie die des Einmassenschwingers (3.28) ist. Ihre Gesamtlösung $g_n(t)_{ges}$ ist wieder die Summe der homogenen $g_n(t)_{hom}$ und der partikulären Lösungen $g_n(t)_{part}$

$$(3.110): \quad g_n(t) = g_n(t)_{hom} + g_n(t)_{part}.$$

Die n Lösungen der homogenen Gleichung werden analog zu (3.34) gefunden

(3.111): $g_n(t)_{hom} = e^{-\delta t}(C_{1n} \cos\omega_{dn}t + C_{2n} \sin\omega_{dn}t)$

mit den freien Konstanten C_{1n}, C_{2n} und den Abkürzungen für den Dämpfungsterm

(3.112): $\delta = \dfrac{\nu}{2\rho A}$

die n ungedämpften Eigenkreisfrequenzen

(3.113): $\omega_n = \left(\dfrac{n\pi}{l}\right)^2 \sqrt{\dfrac{E I_y}{\rho A}}$

und die n gedämpften Eigenkreisfrequenzen

(3.114): $\omega_{dn} = \sqrt{\omega_n{}^2 - \left(\dfrac{\nu}{2\rho A}\right)^2}$

Die n partikulären Lösungen $g_n(t)_{part}$ hängen von der rechten Seite ab. Dazu wird diese für den vorliegenden Fall formuliert. Der Balken wird durch eine harmonische Einzellast $F = F_0 \sin\Omega t$ im Abstand b vom linken Auflager belastet (Bild 3.18).

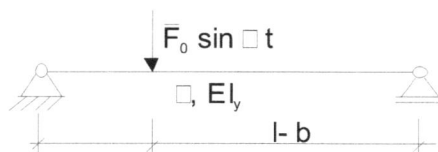

Bild 3.18 Einzellast $\overline{F}_0 \sin\Omega t$ im Abstand b vom linken Auflager auf einem Balken

(3.115): $\dfrac{f(t)}{\rho A} = F_0 \sin\Omega t\, \delta(x - b),$

mit der DIRAC-Funktion $\delta(x - b)$, einer Filterfunktion. Sie sagt aus, dass alle Werte zu Null werden, außer für die Stelle $x = b$.

Damit wird der Term auf der rechten Seite der Differentialgleichung mit dem Ansatz (3.107) multipliziert und über die Balkenlänge L integriert

$$(3.116): \quad \int_0^l \frac{f(t)}{\rho A} \sin n\pi \frac{x}{l} dx = F_0 \int_0^l \sin\Omega t \, \delta(x - b) \sin n\pi \frac{x}{l} dx,$$

mit der Einzellast

$$(3.117): \quad F_0 = \frac{\overline{F}_0}{\rho A}.$$

Die Integration ergibt genau den Funktionswert an der Stelle b

$$(3.118): \quad \int_0^l \frac{f(t)}{\rho A} \sin n\pi \frac{x}{l} dx = F_0 \sin\Omega t \sin n\pi \frac{b}{l},$$

Jetzt ist (3.96) in eine einfache Differentialgleichung überführt, die nur noch von der Zeit t abhängt:

$$(3.119): \quad \sum_{n=1}^{\infty} \sin n\pi \frac{x}{l} \left(\ddot{g}_n(t) + 2\delta \dot{g}_n(t) + \omega_n^2 g_n(t) \right) = F_0 \sin\Omega t \sin n\pi \frac{b}{l}.$$

Durch den Lösungsansatz vom Erregertyp werden die n partikulären Lösungen bestimmt

$$(3.120): \quad g_n(t)_{part} = D_{1n} \sin\Omega t + D_{2n} \cos\Omega t.$$

Die Konstanten D_{1n} und D_{2n} müssen durch einen Koeffizientenvergleich bestimmt werden. Dazu wird (3.120) nach der Zeit abgeleitet

$(3.121):\quad \dot{g}_n(t)_{part} = \Omega(D_{1n}\sin\Omega t + D_{2n}\cos\Omega t),$

$(3.122):\quad \ddot{g}_n(t)_{part} = -\Omega^2(D_{1n}\sin\Omega t + D_{2n}\cos\Omega t),$

und in (3.119) eingesetzt. Der Koeffizientenvergleich ergibt dann

$$(3.123):\quad D_{1n} = -\frac{\omega^2 - \Omega^2}{2\,\delta\,\Omega}D_{2n}\,,$$

$$(3.124):\quad D_{2n} = -F_0\,\sin n\pi\frac{b}{l}\frac{2\,\delta\,\Omega}{\left(\omega^2 - \Omega^2\right)^2 + \left(2\,\delta\,\Omega\right)^2}\,,$$

und daraus

$$(3.125):\quad D_{1n} = -F_0\,\sin n\pi\frac{b}{l}\frac{\left(\omega^2 - \Omega^2\right)}{\left(\omega^2 - \Omega^2\right)^2 + \left(2\,\delta\,\Omega\right)^2}\,,$$

Die Gesamtlösung der Verschiebung w(x, t) des gedämpften Balkens lautet nun

$$(3.126):\quad w(x,t) = \sum_{n=1}^{\infty}\sin n\pi\frac{x}{l}\sin n\pi\frac{b}{l}\left(g_n(t)_{hom} + g_n(t)_{part}\right)$$

$$= \sum_{n=1}^{\infty}\sin n\pi\frac{x}{l}\sin n\pi\frac{b}{l}(e^{-\delta t}(C_{1n}\cos\omega_{dn}t + C_{2n}\sin\omega_{dn}t) +$$

$$+ \frac{F_0\,(\omega^2 - \Omega^2)\sin\Omega t}{\left(\omega^2 - \Omega^2\right)^2 + \left(2\,\delta\,\Omega\right)^2} - \frac{F_0\,2\,\delta\,\Omega\cos\Omega t}{\left(\omega^2 - \Omega^2\right)^2 + \left(2\,\delta\,\Omega\right)^2}).$$

Aus dieser Gesamtlösung kann man sofort die Gesamtlösung des ungedämpften Balkens für $\nu = 0$, bzw. $\delta = 0$ gewinnen:

$(3.127):$ $w(x,t) =$

$$= \sum_{n=1}^{\infty} \sin n\pi \frac{x}{l} \sin n\pi \frac{b}{l} \left(C_{1n} \cos \omega_n t + C_{2n} \sin \omega_n t + \frac{F_0 \sin \Omega t}{(\omega^2 - \Omega^2)} \right).$$

Wenn die Erregerfrequenz Ω gleich einer Eigenkreisfrequenz ω_n ist, entsteht Resonanz,

$$(3.128): \quad \Omega = \left(\frac{n\pi}{L} \right)^2 \sqrt{\frac{E I_y}{\rho A}} = \omega_n .$$

deren Lösung entsprechend (3.23), bzw. (3.25) entwickelt werden kann.

Es kann für alle n Eigenkreisfrequenzen jeweils eine Resonanzstelle auftreten, die zum Aufschwingen der Struktur führen kann. Das ist dann besonders gefährlich, wenn in einer Struktur mehrere Eigenkreisfrequenzen nahe beieinander liegen.

Die verbleibenden Konstanten C_{1n}, C_{2n} werden für den gedämpften und den ungedämpften Fall über die Anfangsbedingungen

$$(3.129): \quad w(x,0) = \sum_{n=1}^{\infty} \sin n\pi \frac{x}{l} \sin n\pi \frac{b}{l} (w_0),$$

$$(3.130): \quad \dot{w}(x,0) = \sum_{n=1}^{\infty} \sin n\pi \frac{x}{l} \sin n\pi \frac{b}{l} (\dot{w}_0)$$

bestimmt.

Für den gedämpften Fall lautet die 1. zeitliche Ableitung

(3.131):

$$\dot{w}(x,t) = \sum_{n=1}^{\infty} \sin n\pi \frac{x}{l} \sin n\pi \frac{b}{l} (-\delta e^{-\delta t}(C_{1n} \cos\omega_{dn}t + C_{2n} \sin \omega_{dn}t) +$$

$$+ \omega_{dn} e^{-\delta t}(C_{1n} \sin\omega_{dn}t + C_{2n} \cos \omega_{dn}t) +$$

$$+ \frac{\Omega F_0 (\omega^2 - \Omega^2) \cos \Omega t}{(\omega^2 - \Omega^2)^2 + (2\delta\Omega)^2} + \frac{F_0 2\delta\Omega^2 \sin\Omega t}{(\omega^2 - \Omega^2)^2 + (2\delta\Omega)^2}).$$

für den ungedämpften Fall lautet sie

(3.132): $\dot{w}(x,t) =$

$$= \sum_{n=1}^{\infty} \sin n\pi \frac{x}{l} \sin n\pi \frac{b}{l} \left(\omega_n(-C_{1n} \sin\omega_n t + C_{2n} \cos \omega_n t) + \frac{\Omega F_0}{(\omega^2 - \Omega^2)} \frac{\sin\Omega t}{} \right).$$

In (3.129) und (3.130) eingesetzt

(3.133): $$C_{1n} - \frac{F_0 2\delta\Omega}{(\omega^2 - \Omega^2)^2 + (2\delta\Omega)^2} = w_0,$$

(3.134): $$-\delta C_{1n} + \omega_{dn} C_{2n} + \frac{\Omega F_0 (\omega^2 - \Omega^2)}{(\omega^2 - \Omega^2)^2 + (2\delta\Omega)^2} = \dot{w}_0,$$

lauten die Konstanten für den gedämpften Balken

(3.135): $$C_{1n} = \frac{F_0 2\delta\Omega}{(\omega^2 - \Omega^2)^2 + (2\delta\Omega)^2} + w_0,$$

(3.136): $$C_{2n} = \frac{1}{\omega_{dn}} (\dot{w}_0 - \frac{\Omega F_0 (\omega^2 - \Omega^2)}{(\omega^2 - \Omega^2)^2 + (2\delta\Omega)^2} + \delta C_{1n}),$$

und für den ungedämpften Balken

(3.137): $\quad C_{1n} = w_0$,

(3.138): $\quad C_{2n} = \dfrac{1}{\omega_{dn}}(\dot{w}_0 - \dfrac{\Omega F_0}{(\omega^2 - \Omega^2)})$.

Die Querkraft Q und das Biegemoment M eines Balkens ergeben sich aus der Verschiebung durch die Ableitungen nach x, wie in der Statik. Die Querkraft Q ergibt sich zu (Bild 3.19)

(3.139): $\quad Q(x,t) = -EI_y \dfrac{\partial^3 w(x,t)}{\partial x^3}$.

An der Unstetigkeitsstelle am Lastangriffspunkt durch die Einzellast erhält man in der Numerik keine exakte Sprungfunktion, die sich durch die Genauigkeit der Balkenapproximation verbessern lässt.

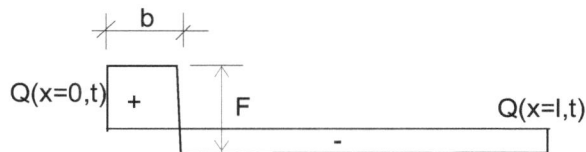

Bild 3.19 Querkraftverlauf Q des Balkens

Das Biegemoment M ergibt sich zu (Bild 3.20)

(3.140): $\quad M(x,t) = -EI_y \dfrac{\partial^2 w(x,t)}{\partial x^2}$.

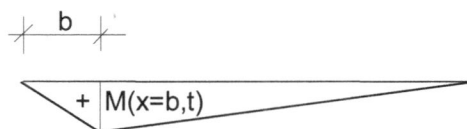

Bild 3.20 Biegemomentenverlauf M

3.2.2 Andere Lösungsmethoden

Die Modale Superposition ist eines der wichtigsten Lösungsverfahren in der Dynamik. Viele Finite-Elemente-Programme basieren auf dieser Methode. Es gibt aber noch andere Methoden, die hier der Vollständigkeit halber angesprochen werden sollen. In Kapitel 3.4 werden weitere Verfahren erläutert, zum Beispiel die Direktintegrationsmethode (Kapitel 3.4.1) und die Zentrale Differenzenmethode (Kapitel 3.4.2). Dort wird die Modale Superposition noch einmal allgemein in Matrizenschreibweise aufbereitet, wie sie in den Programmen benutzt wird.

Ein weiteres Verfahren zur Untersuchung von Bauteilen ist die Response Spektren Methode.

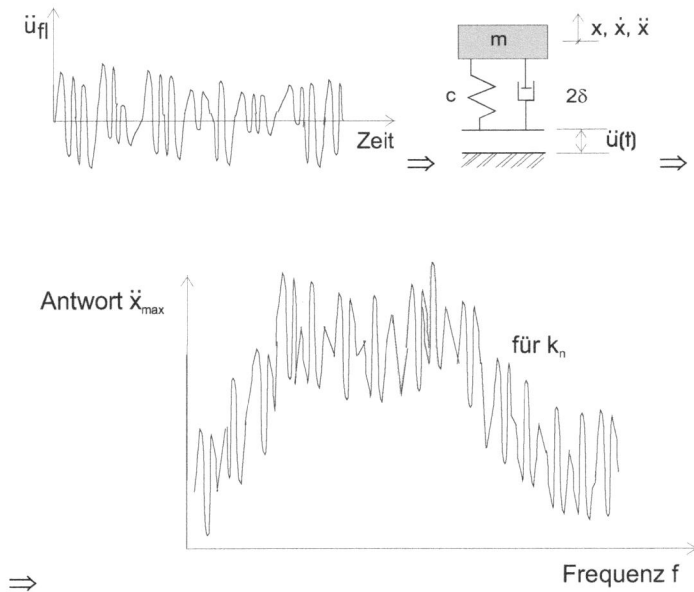

Bild 3.21 Erzeugung eines Response Spektrums ($f \approx \sqrt{\dfrac{c}{m}}$)

Aus einem gemessenen Beschleunigungs-Zeit-Verlauf wird ein Response Spektrum erstellt, indem der Fußpunkt eines Einmassenschwingers mit diesem Verlauf angeregt wird (Bild 3.21). Die daraus resultierenden Maximalwerte der Antworten aus Verschiebungen, Geschwindigkeiten und Beschleunigungen werden über verschiedene Frequenzen des Einmassenschwingers aufgetragen.

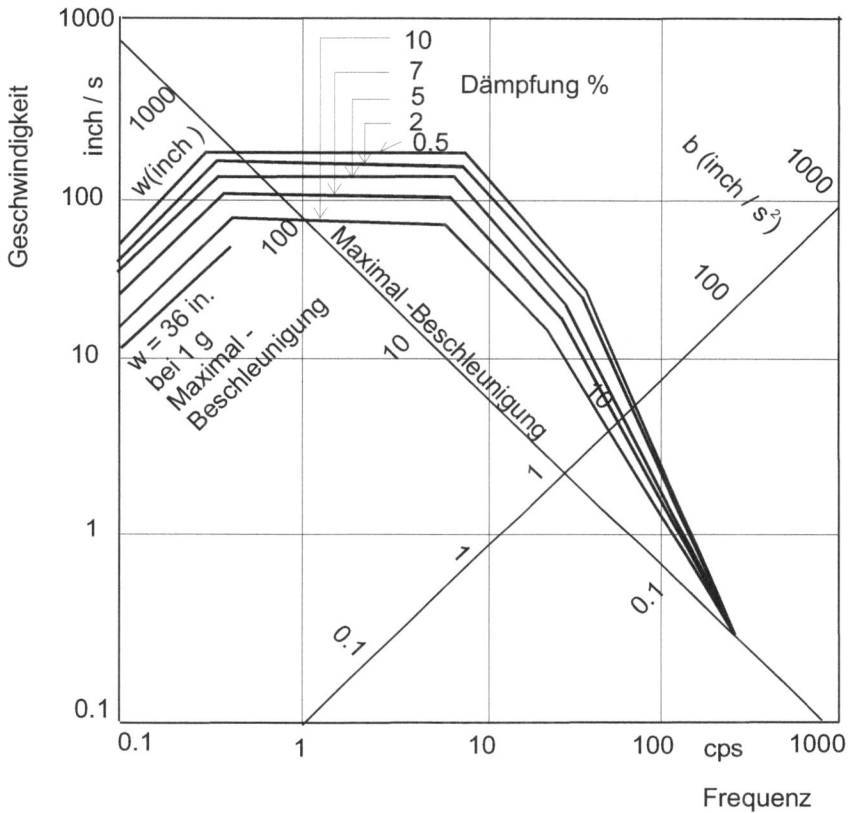

Bild 3.22 Design Response Spektrum

Durch die Überlagerung verschiedener solcher Response Spektren, das Bilden einer Umhüllenden (Enveloping) und dem Verbreitern (Broadening) der Bereiche erhält man schließlich ein Design Response Spektrum, das zur Dimensionierung von Strukturen dient (Bild 3.22).

Im Design Response Spektrum werden die Maximalwerte der Verschiebungen (um ca. 45^0 geneigte Achse), der Geschwindigkeiten (vertikale Achse) und der Beschleunigungen (um ca.-45^0 geneigte Achse) logarithmisch über der Frequenz dargestellt. In diesem Design Response Spektrum können für eine ausgezeichnete Frequenz der Struktur die Maximalwerte dieser Größen abgelesen werden.

Eine ausgezeichnete Frequenz ist diejenige Frequenz, die das Bauteil dynamisch charakterisiert. Diese Methode funktioniert sehr gut für Bauwerke bei niederfrequenten Belastungen, wie zum Beispiel eine Erdbebenbelastung. Für hochfrequente Belastungen, bei der viele Frequenzen an der Antwort beteiligt sind, ist diese Methode nicht geeignet.

3.3 Berechnung der Eigenkreisfrequenzen

3.3.1 Berechnung der Eigenkreisfrequenzen eines massebehafteten Balkens

Für den skizzierten, eingespannten Balken wird eine Finite-Elemente-Berechnung zur Frequenzanalyse durchgeführt (Bild 3.23). Zu den Abmessungen und dem Elastizitätsmodul E_{Stahl} muss jetzt auch noch die Dichte ρ des Werkstoffs angegeben werden.

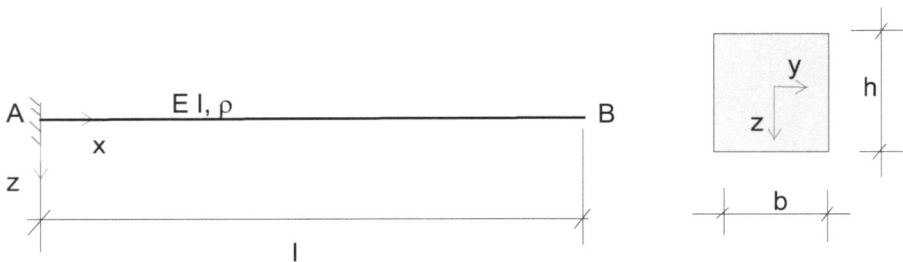

Bild 3.23 Einseitig eingespannter, massebehafteter Balken; l = 3 m; h = 100 mm; b = 100 mm; $E_{Stahl} = 2,1 \ 10^5 \ \dfrac{N}{mm^2}$; $\rho = 7,8 \ 10^{-6} \ \dfrac{kg}{mm^3}$

Gesucht sind die Eigenfrequenzen und -formen des Balkens. Die numerische Lösung ist mit einer analytischen Methode zu überprüfen.

Der Balken wird mit 20 Balkenelementen mit dem quadratischen Querschnitt abgebildet (Bild 3.24).

In Bild 3.25 sieht man die ausgelenkte Eigenform für die erste Eigenfrequenz f_1 = 9.22 Hz. Diese entspricht der Form nach der Biegelinie des Kragarms. In Bild 3.26 ist die Eigenformen der zweite Eigenfrequenz f_2 = 57.49 Hz, die einen Schwingungsknoten hat, bzw. in Bild 3.27 die Eigenformen der 3. Eigenfrequenz f_3= 159.67 Hz dargestellt, die zwei Knoten hat.

Ein Schwingungsknoten ist ein Ort des Systems, der bei der Schwingung in Ruhe bleibt. Dort ist die Geschwindigkeit Null.

Die 4. Eigenform für die 4. Eigenfrequenz f_4 = 245.31 Hz zeigt nur numerisch sehr kleine Auslenkungen (Bild 3.28), die um den Faktor 10^{-7} kleiner als im vorigen Bild sind. Diese Frequenz ist eine Torsionsfrequenz, deren Auslenkungen eine Verdrehung des Querschnitts ist.

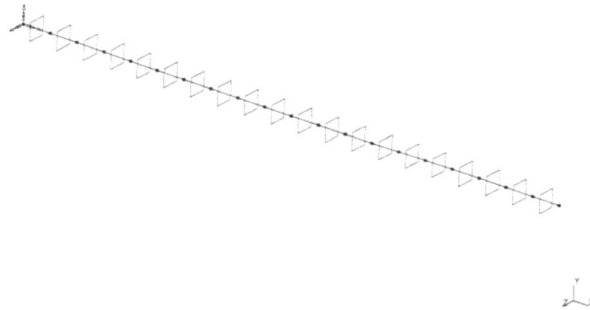

Bild 3.24 Approximation des eingespannten Balkens

In Bild 3.29 wird die 5. Eigenform für die Eigenfrequenz f_5 = 309.32 Hz dargestellt. Der Verformungsverlauf zeigt einen weiteren Schwingungsknoten.

Bild 3.25 1. Eigenform des eingespannten Balkens mit der Frequenz f_1 = 9.22 Hz

Bild 3.26 2. Eigenform des eingespannten Balkens mit der Frequenz f$_2$ = 57.49 Hz

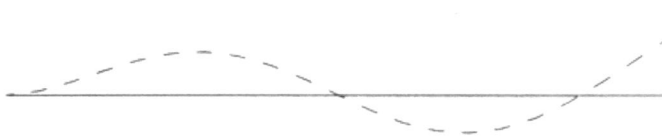

Bild 3.27 3. Eigenform des eingespannten Balkens mit der Frequenz f$_3$ = 159.67 Hz

Bild 3.28 4. Eigenform des eingespannten Balkens mit der Frequenz f$_4$ = 245.31 Hz

In Bild 3.30 wird der Verformungsverlauf der sechste Eigenform für die Frequenz f$_6$ = 428.65 Hz dargestellt. Es ist eine Longitudinalschwingung in der Balkenachse.

Bild 3.29 5. Eigenform des eingespannten Balkens mit der Frequenz f$_5$ = 309.32 Hz

3.3.2 Berechnung der Eigenkreisfrequenzen eines masselosen Balkens mit Endmasse

Eine einfache analytische Berechnung eines Balkens (Bild 3.23) ist die Modellie-rung des Balkens als masselose Biegefeder mit einer konzentrierten Einzelmasse am Kragarmende (Bild 3.31).

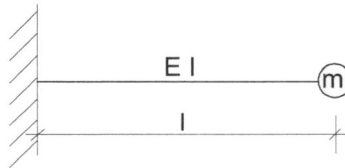

Bild 3.31 Masseloser Balken als Biegefeder modelliert mit konzentrierter Balken-masse am Kragarmende

Die Approximation des Systems mit der Einzelmasse 234.6 kg am Kragarmende ist in Bild (3.32) dargestellt.

Bild 3.32 Einseitig eingespannter, masseloser Balken mit einer Einzelmasse m = 234.6 kg am Kragarmende

Bild 3.33 zeigt die Eigenform der erste Eigenfrequenz f_1 = 4.55 Hz. Sie entspricht wieder der Biegelinie des Systems.

Die Eigenkreisfrequenz

$$(3.141): \qquad \omega = \sqrt{\frac{3EI}{l^3 m}}$$

des Balkens lautet mit der konzentrierten Einzelmasse am Kragarmende. Sie ergibt sich aus der Gleichung für die Eigenkreisfrequenz ω des ungedämpften Einmassenschwingers (3.6) mit der Steifigkeit der Biegefeder (3.65).

Bild 3.33 Erste Eigenform des eingespannten Balkens für die erste Eigenfrequenz f_1 = 4.55 Hz

Mit den in Bild 3.23 gegebenen Größen ergibt sich das Flächenträgheitsmoment I_y des Querschnitts um die y-Achse zu

$$(3.142): \qquad I_y = \frac{bh^3}{12} = \frac{100^4}{12}\,mm^4 = 8.33\,10^6\,mm^4.$$

Die konzentrierte Einzelmasse ist

$$(3.143): \qquad m = \rho\,b\,h = 7.8\,10^{-6}\,\frac{kg}{mm^3}\,3000\ 100\ 100\ \ mm^3 = 234\,kg.$$

Daraus ergibt sich die Eigenkreisfrequenz ω als Zahlenwert

$$(3.144): \qquad \omega = \sqrt{\frac{3*2,1*8,33*10^{11}}{3000^3*234}\frac{1}{s^2}} = \sqrt{8,3062*10^2\,\frac{1}{s^2}} = 28.83\,\frac{1}{s}$$

und damit die Frequenz

$$(3.145): \quad f = \frac{\omega}{2\pi} = 4.59 \, \text{Hz}$$

Diese Frequenz bestätigt die numerische Berechnung mit der konzentrierten Einzelmasse am Kragarmende (Bild 3.31). Für den massebehafteten Balken in Bild 3.23 ist die Einzelmasse am Kragarmende aber nicht die richtige Näherung. Die konzentrierte Masse liegt zwischen der Balkenmitte und dem Balkenende.

In einer zweiten Rechnung wird die Einzelmasse in Balkenmitte angenommen (Bild 3.34).

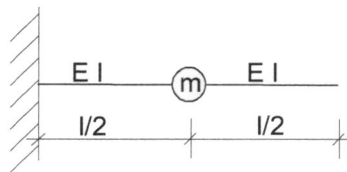

Bild 3.34 Die Balkenmasse wird in der Mitte des Balkens konzentriert, der Balken selbst ist masselos und hat die Biegefedersteifigkeit EI

Die Eigenkreisfrequenz des Balkens mit der konzentrierten Einzelmasse in Kragarmmitte ist

$$(3.146): \quad \omega = \sqrt{\frac{3 \, E \, I}{\left(\frac{I}{2}\right)^3 m}}.$$

Daraus ergibt sich die Eigenkreisfrequenz ω als Zahlenwert

$$(3.147): \quad \omega = \sqrt{\frac{3*2,1*8,33*10^{12}}{1500^3*234} \frac{1}{s^2}} = \sqrt{66,4501*10^2 \frac{1}{s^2}} = 81.51 \frac{1}{s}$$

und damit die Frequenz

$$(3.148): \quad f = \frac{\omega}{2\pi} = 12.97\,\text{Hz}.$$

Diese Frequenz ist etwas zu groß. Das heißt, die obige Annahme, dass die konzentrierte Masse weder am Kragarmende noch in Kragarmmitte liegt, ist richtig. Als Kontrolle für die erste Eigenfrequenz reicht diese Rechnung aus.

3.3.3 Berechnung der Eigenkreisfrequenzen eines Beschleunigungssensors

In der Mikromechanik werden die Mikrosensoren ebenfalls mit Hilfe der Finite-Elemente-Methode untersucht. Für einen Beschleunigungssensor (Bild 3.35) müssen die Eigenkreisfrequenzen berechnet werden, damit man sie gezielt zur Erkennung von Beschleunigungssignalen einsetzen kann.

Dieser Beschleunigungssensor wird aus einem Wafer herausgeätzt. Das ist eine kreisförmige Scheibe aus Silizium. Dazu werden dieselben phototechnischen Prozesse eingesetzt, wie sie zur Herstellung von Integrierten Schaltungen (IC) bekannt sind.

Im Grunde würde eine paddelartige Struktur mit einer Biegefeder ausreichen, wie sie in Bild 2.93 idealisiert dargestellt wird, um die Beschleunigungen zu messen. Um aber die Querschwingungen auszuschalten, benötigt man zwei oder mehr Biegefedern, auf denen piezoresistive Widerstände aufgebracht werden. Diese Widerstandswerte werden mit Hilfe der Elektronik gemessen und der mechanischen Spannung gegenübergestellt.

Durch die großen Steifigkeitsunterschiede, aber auch durch die unterschiedlichen Materialien wird der Sensor in verschiedene Netze unterteilt. Die Biegefedern haben die Dicke 2 μm (rosa). Im Bereich der piezoresistiven Widerstände wird sehr genau elementiert, um genaue Spannungsaussagen zu erhalten. Der Bereich der paddelförmigen Masse stellt die Einzelmasse dar. Der Übergangsbereich (dunkelrot) ist für die Ergebnisse nicht relevant und dient nur zur Übertragung der Steifigkeit des Bereichs. Die Masse hat die Waferdicke 20 μm (dunkelblau), die noch zusätzlich mit Gold belegt wird (hellblau), um die Gesamtmasse zu erhöhen.

Bild 3.36 bis Bild 3.44 zeigen die Eigenformen der verschiedenen Frequenzen des Systems. In Bild 3.36 ist die erste Eigenform dargestellt, die der statischen Auslenkung des Systems entspricht.

Auch in Bild 3.37 spiegelt sich das Ergebnis für den Kragträger im vorigen Kapitel wieder. Die Biegefedern verformen sich analog der zweiten Eigenform des Kragarms. Die Masse erfährt im Wesentlichen Starrkörperverformungen (Bild 3.38).

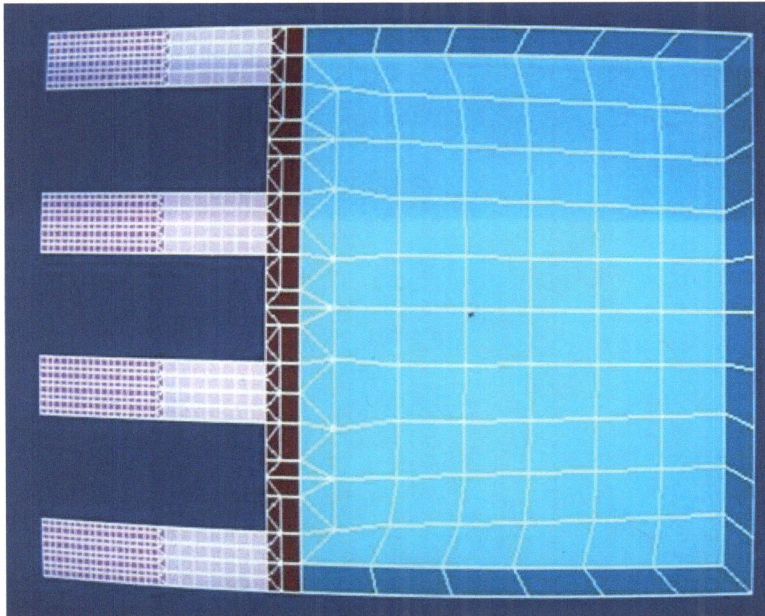

Bild 3.35 Vernetzung des Beschleunigungssensors; die unterschiedlichen Netze sind farbig angelegt

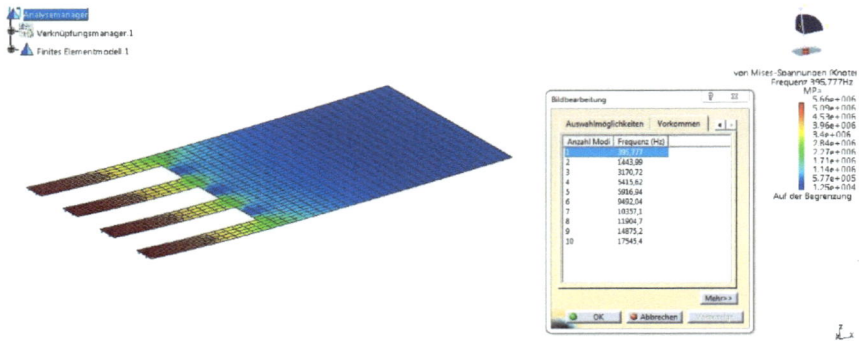

Bild 3.36 Erste Eigenform des Sensors für die erste Eigenfrequenz

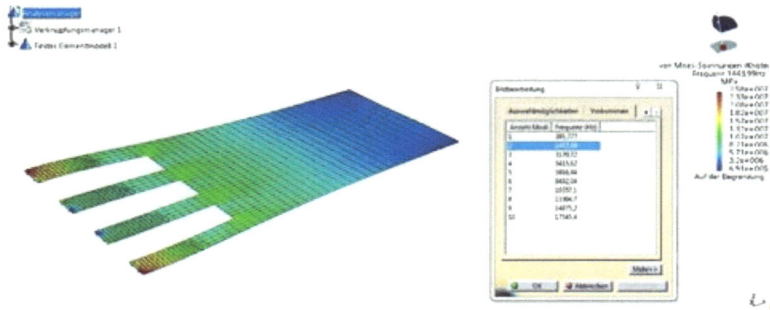

Bild 3.37 Zweite Eigenform des Sensors für die zweite Eigenfrequenz

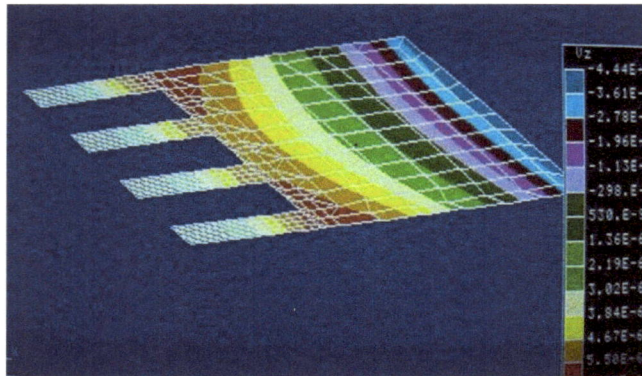

Bild 3.38 Verschiebung u_z des Sensors für die zweite Eigenfrequenz

In Bild 3.39 ist die dritte Eigenform dargestellt. Hier schwingt die Masse und verformt sich ebenfalls. Dasselbe gilt für die vierte und fünfte Eigenform (Bild 3.41 bis

Bild 3.44). Es handelt sich um symmetrische Schwingungsformen, die im Bereich der Biegefedern auch gegenläufige Schwingungen erzeugen.

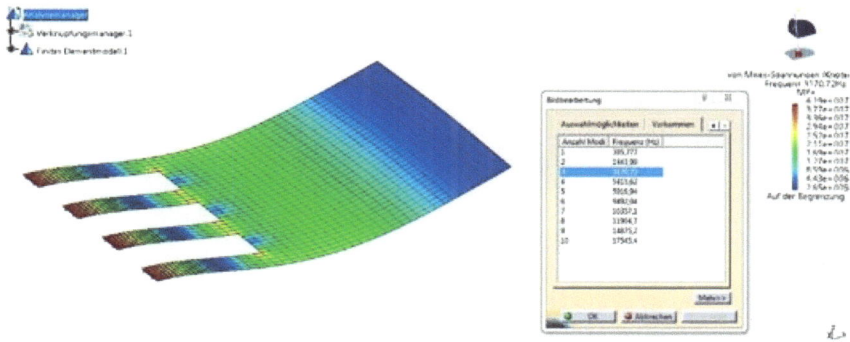

Bild 3.39 Dritte Eigenform des Sensors für die dritte Eigenfrequenz

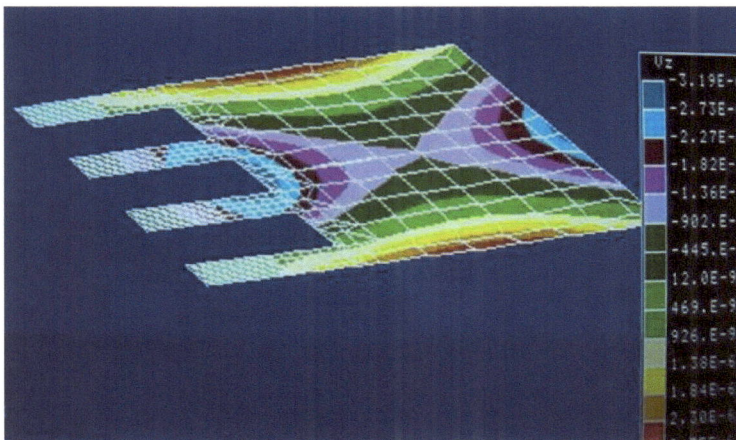

Bild 3.40 Verschiebung u_z des Sensors für die dritte Eigenfrequenz

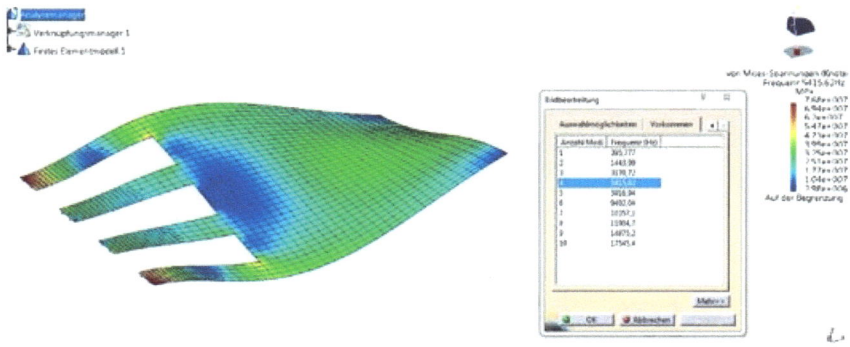

Bild 3.41 Vierte Eigenform des Sensors für die vierte Eigenfrequenz

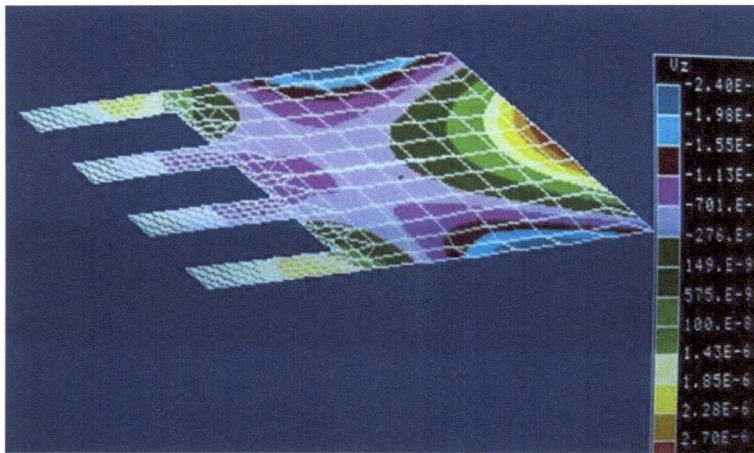

Bild 3.42 Verschiebung u_z des Sensors für die vierte Eigenfrequenz

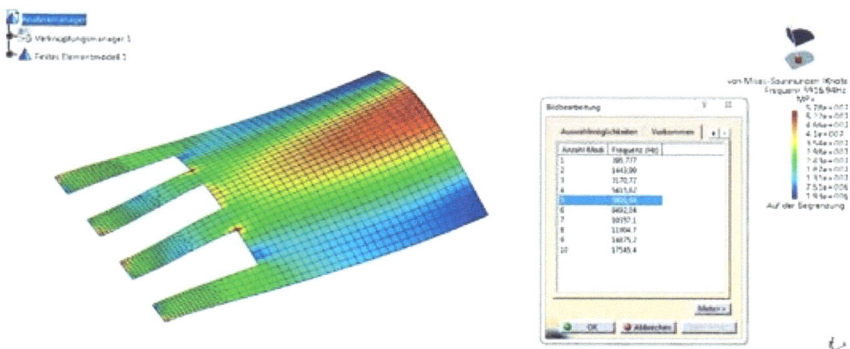

Bild 3.43 Fünfte Eigenform des Sensors für die fünfte Eigenfrequenz

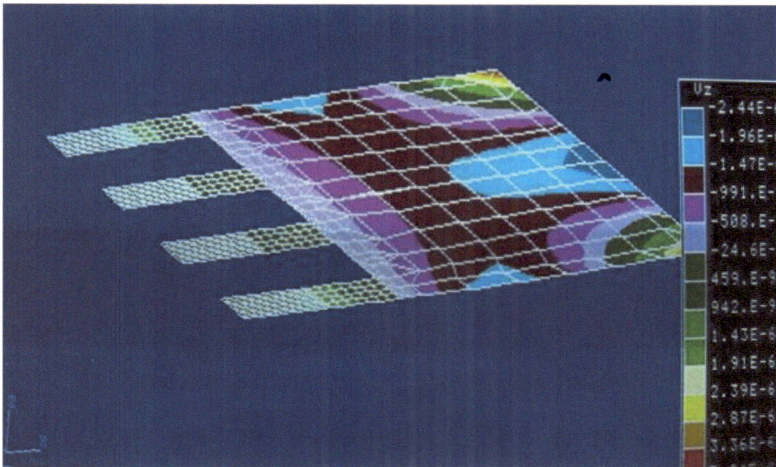

Bild 3.44 Verschiebung u_z des Sensors für die fünfte Eigenfrequenz

3.4 Numerische Lösung der NEWTON-EULER-Gleichung

Die Differentialgleichung (3.96), die NEWTON-EULER-Gleichung wird nun als Matrix geschrieben

$$(3.149): \quad \mathbf{M\ddot{U}} + \mathbf{C\dot{U}} + \mathbf{KU} = \mathbf{F}.$$

mit der Massenmatrix **M**, der Dämpfungsmatrix **C**, der Steifigkeitsmatrix **K**, dem Vektor der äußeren Lasten **F,** den Verschiebungs-, Geschwindigkeits- und Beschleunigungsvektoren **U**, **u̇**, **ü**.

Diese Gleichung lässt sich auch als Gleichgewichtsbedingung schreiben

$$(3.150): \quad -\mathbf{F}_T(t) - \mathbf{F}_D(t) - \mathbf{F}_E(t) + \mathbf{F}(t) = 0.$$

Darin sind die Trägheitskräfte

$$(3.151): \quad \mathbf{F}_T(t) = \mathbf{M\ddot{U}},$$

die Dämpferkräfte

(3.152): $\mathbf{F}_D(t) = \mathbf{C}\dot{\mathbf{U}}$,

und die elastischen Kräfte

(3.153): $\mathbf{F}_E(t) = \mathbf{K}\mathbf{U}$,

jeweils zum Zeitpunkt t abgeleitet.

Wenn die Trägheits- und Dämpferkräfte vernachlässigt werden, erhält man aus diesen Gleichungen die statischen Gleichgewichtsbedingungen.

Deshalb kann man die Bewegungsgleichungen jeweils für einen Zeitpunkt t als quasistatische Gleichung auffassen und in vielen Zeitschritten wie ein statisches Problem lösen. Allerdings ist dieses Verfahren zur Lösung der kinematischen Probleme sehr aufwendig und nicht immer durchführbar.

Deshalb werden Lösungsmethoden entwickelt, mit denen sich diese Gleichungs-systeme stabil und wirtschaftlich lösen lassen. Die Verfahren werden in zwei Me-thoden unterteilt, in die der Direktintegration und der Modale Superposition.

3.4.1 Direktintegrationsmethode

Bei der direkten Integration werden die Gleichungen direkt mit Hilfe eines numeri-schen Schritt-für-Schritt -Verfahrens integriert. Dazu müssen die Gleichungen nicht vorab in eine andere Form transformiert werden.

Das System wird näherungsweise in diskreten, finiten Zeitintervallen Δt erfüllt, also nicht für jeden Zeitpunkt. Der Effekt der Trägheits- und Dämpferkräfte wird aber mitberücksichtigt. Das führt dann wieder auf Lösungsverfahren, die aus der Statik bekannt sind.

Um die Ergebnisse in diesen Zeitintervallen zu verbessern, wird bei der Direktin-tegration eine zweite und wesentliche Annahme getroffen. Die Verschiebungen, Geschwindigkeiten und Beschleunigungen werden in diesem finiten Zeitintervall variiert. Diese Variation bestimmt dann auch die Genauigkeit, Stabilität und die Wirtschaftlichkeit dieses Verfahrens.

Einige der üblicherweise verwendeten, effektiven direkten Integrationsmethoden ist die Zentrale Differenzenmethode, die hier ausführlicher beschrieben wird.

3.4.2 Zentrale Differenzenmethode

Mit Hilfe eines geeigneten Finite-Differenzen-Ansatzes durch Näherungsausdrücke können in (3.149) die Verschiebungen, Geschwindigkeiten und Beschleunigungen ausgedrückt werden. Ein effektiver Ansatz ist aus der Vielzahl der Ansatzmöglichkeiten die Verschiebung

$$(3.154): \quad {}^{t}\mathbf{U},$$

die Geschwindigkeit

$$(3.155): \quad {}^{t}\dot{\mathbf{U}} = \frac{-\,{}^{t-\Delta t}\mathbf{U} +\, {}^{t+\Delta t}\mathbf{U}}{2\Delta t},$$

und die Beschleunigung

$$(3.156): \quad {}^{t}\ddot{\mathbf{U}} = \frac{{}^{t-\Delta t}\mathbf{U} + 2\,{}^{t}\mathbf{U} +\, {}^{t+\Delta t}\mathbf{U}}{\Delta t^{2}},$$

die zur Zeit t = 0 mit dem Zeitschritt Δt beginnt.

In (3.149) eingesetzt, erhält man

$$(3.157): \quad \mathbf{M}\,{}^{t}\ddot{\mathbf{U}} + \mathbf{C}\,{}^{t}\dot{\mathbf{U}} + \mathbf{K}\,{}^{t}\mathbf{U} = {}^{t}\mathbf{F}.$$

die mit den Ansatzfunktionen (3.154), (3.155) und (3.156), nach Zeitschritten aufgelöst

$$(3.158): \quad \left(\frac{\mathbf{M}}{\Delta t^{2}} + \frac{\mathbf{C}}{2\Delta t}\right){}^{t+\Delta t}\mathbf{U} = {}^{t}\mathbf{F} - \left(\mathbf{K} - 2\frac{\mathbf{M}}{\Delta t^{2}}\right){}^{t}\mathbf{U} - \left(\frac{\mathbf{M}}{\Delta t^{2}} - \frac{\mathbf{C}}{2\Delta t}\right){}^{t-\Delta t}\mathbf{U}$$

liefert. Es handelt sich hierbei um eine explizite Differenzenmethode, da bei der Lösung der Bewegungsgleichung immer vom Anfangszeitpunkt ausgegangen werden muss.

Dagegen gibt es implizite Verfahren, die für jeden beliebigen Anfangszeitpunkt stabile Lösungen liefern. Sie sollen hier nur namentlich genannt werden, zum Beispiel die HOUBOLTsche Methode, die WILSONsche Θ – Methode oder die NEWMARKsche Methode./5/.

3.4.3 Modale Superposition

Bei der direkten Integration ist die Anzahl der für die Integration erforderlichen Rechenoperationen mit der Anzahl der in der Berechnung verwendeten Zeitschritte proportional. Daher ist die Direktintegration nur dann effektiv, wenn eine kurze Zeitspanne, bzw. wenige Zeitschritte benötigt werden.

Wenn die Integration jedoch für viele Zeitschritte ausgeführt werden muss, wird es effektiver, die Bewegungsgleichung in eine transformierte Form zu bringen, die sich dann einfacher lösen lässt.

In Kapitel 2.1 wird gesagt, dass die Bandbreite der Gesamtsteifigkeitsmatrix von der Knotennummerierung abhängt. Die Topologie des Finite-Elemente-Netzes bestimmt also die Ordnung und die Bandbreite der Systemmatrizen. Um die Bandbreite und damit die Rechenzeit zu minimieren, muss die Knotennummerierung des Systems entsprechend optimiert werden.

Die Methode der Modalen Superposition ist ein Lösungsverfahren, das die Größe der Bandbreite der Gesamtsteifigkeitsmatrix automatisch durch die Wahl der Ansatzfunktionen minimiert.

3.4.3.1 Modale generalisierte Verschiebungen als neue Basis

Dafür werden die Bewegungsgleichungen in eine für die Direktintegration effektivere Form transformiert. Diese wird auf die Knotenverschiebungen angewandt

$$(3.159): \quad \mathbf{U}(t) = \mathbf{P}\,\mathbf{X}(t).$$

Dazu wird eine Transformationsmatrix $\mathbf{P}$, eine quadratische Matrix, und ein zeitabhängiger Vektor $\mathbf{X}(t)$ der Ordnung n definiert, dessen Komponenten generalisierten Verschiebungen sind.

Damit ergibt sich aus (3.149) mit den zeitlichen Ableitungen von (3.159) für die generalisierten Geschwindigkeiten, bzw. Beschleunigungen

(3.160): $\quad \dot{\mathbf{U}}(t) = \mathbf{P}\,\dot{\mathbf{X}}(t),$

(3.161): $\quad \ddot{\mathbf{U}}(t) = \mathbf{P}\,\ddot{\mathbf{X}}(t),$

(3.162): $\quad \mathbf{M}^{*}\,\ddot{\mathbf{X}}(t) + \mathbf{C}^{*}\,\dot{\mathbf{X}}(t) + \mathbf{K}^{*}\,\mathbf{X}(t) = \mathbf{F}^{*}(t).$

Ziel dieser Transformation sind neue Steifigkeits-, Massen- und Dämpfungsmatrizen $\mathbf{K}^{*}$, $\mathbf{M}^{*}$, $\mathbf{C}^{*}$ des Systems

(3.163): $\quad \mathbf{M}^{*} = \mathbf{P}^{\mathsf{T}}\mathbf{M}\,\mathbf{P},$

(3.164): $\quad \mathbf{C}^{*} = \mathbf{P}^{\mathsf{T}}\mathbf{C}\,\mathbf{P},$

(3.165): $\quad \mathbf{K}^{*} = \mathbf{P}^{\mathsf{T}}\mathbf{K}\,\mathbf{P},$

(3.166): $\quad \mathbf{F}^{*} = \mathbf{P}^{\mathsf{T}}\mathbf{F}\,\mathbf{P},$

deren Bandbreite kleiner als die des ursprünglichen Systems ist.

Theoretisch sind die verschiedensten Transformationsmatrizen $\mathbf{P}$ möglich. Praktisch effektiv ist eine Transformation mit den Verschiebungslösungen der Bewegungsgleichungen für die freie ungedämpfte Schwingung in Matrizenschreibweise

(3.167): $\quad \mathbf{M}\ddot{\mathbf{U}} + \mathbf{K}\mathbf{U} = 0.$

Diese Verschiebungslösungen lauten nun

$$(3.168): \quad \mathbf{U} = \mathbf{\Phi} \sin\omega(t - t_0),$$

mit dem Vektor $\mathbf{\Phi}$ der Ordnung n, der Zeitvariablen t und einer Zeitkonstante t_0. Deren zeitliche Ableitung lautet

$$(3.169): \quad \ddot{\mathbf{U}} = \omega^2 \mathbf{\Phi} \sin\omega(t - t_0),$$

So werden die Systemmatrizen zu Matrizen mit minimaler Bandbreite optimiert.

Die Lösung der Gleichung (3.167) liefert für das Eigenwertproblem n aufsteigende Eigenlösungen $(\omega_1^2 \mathbf{\Phi}_1), (\omega_2^2 \mathbf{\Phi}_2), ..., (\omega_n^2 \mathbf{\Phi}_n)$ mit den Eigenkreisfrequenzen $0 = \omega_1^2 \leq \omega_2^2 \leq ... \leq \omega_n^2$. Diese Eigenlösungen sind **M**-orthogonal.

Die Multiplikation der Massenmatrix **M** dem Formvektor $\mathbf{\Phi}_{i\,i}$ der Eigenform (Mode) i liefert

$$(3.170): \quad \mathbf{\Phi}_i^T \, \mathbf{M} \, \mathbf{\Phi}_i \quad \begin{cases} = 1 & \text{für} \quad i = j \\ = 0 & \text{für} \quad i \neq j \end{cases}$$

Sie werden zu 1 für gleichgerichtete Eigenformen (i = j) und verschwinden für alle senkrecht aufeinander stehenden (i ≠ j).

Jede der n Verschiebungslösungen (3.168) für i = 1, 2, ..., n ist erfüllt. Mit dem Formvektor $\mathbf{\Phi}_i$, der Eigenform

$$(3.171): \quad \mathbf{\Phi}_i = [\Phi_1, \Phi_2, ..., \Phi_n]$$

und der Matrix Ω^2 der Eigenkreisfrequenzen

$$(3.172): \quad \Omega^2 = \begin{bmatrix} \omega_1^2 & & & \\ & \omega_2^2 & & \\ & & ... & \\ & & & \omega_n^2 \end{bmatrix}$$

ergibt sich aus (3.167)

$$(3.173): \quad \mathbf{K} \, \Phi = \omega^2 \mathbf{M} \, \Phi.$$

Mit den **M**-orthogonalen Eigenvektoren ergibt sich

$$(3.174): \quad \Phi^T \, \mathbf{K} \, \Phi = \Omega^2$$

und

$$(3.175): \quad \Phi^T \, \mathbf{M} \, \Phi = 1.$$

Mit einem Verschiebungsansatz

$$(3.176): \quad \mathbf{U}(t) = \Phi \, \mathbf{X}(t)$$

erhält man die Bewegungsgleichungen, die den modalen, generalisierten Ver-schiebungen entsprechen

$$(3.177): \quad \ddot{\mathbf{X}}(t) + \Phi^T \mathbf{C} \, \Phi \, \dot{\mathbf{X}}(t) + \Omega^2 \, \mathbf{X}(t) = \Phi^T \mathbf{F}(t).$$

Die Anfangsbedingungen für $\mathbf{X}(t)$ ergeben sich zu

$$(3.178): \quad {}^0\mathbf{X} = \Phi^T \, \mathbf{M} \, {}^0\mathbf{U}$$

$$(3.179): \quad {}^0\dot{\mathbf{X}} = \Phi^T \, \mathbf{M} \, {}^0\dot{\mathbf{U}}.$$

Die Bewegungsgleichungen ohne Berücksichtigung der Dämpfungsmatrix sind entkoppelt, wenn die Transformationsmatrix **P** die Formen der freien Eigenformen (3.170) des Systems haben. Mit diesem

Ansatz lassen sich auch die Bewegungsgleichungen unter einer dynamischen Belastung lösen.

Eine ähnliche Ableitung kann in vielen Fällen für die Bewegungsgleichungen mit Dämpfungsmatrix nicht durchgeführt werden. Daher müssen die Dämpfungseffekte näherungsweise erfasst werden. Es ist sinnvoll eine Dämpfungsmatrix zu verwenden, die alle erforderlichen Effekte der Dämpfung berücksichtigt und gleichzeitig eine effektive Lösung der Bewegungsgleichungen erlaubt.

Am einfachsten werden die Lösungen der Bewegungsgleichungen, wenn der Dämpfungseffekt ganz vernachlässigt werden kann.

3.4.3.2 Berechnung ohne Berücksichtigung der Dämpfung

Ohne die geschwindigkeitsabhängigen Dämpfungseffekte erhält man die Bewegungsgleichungen aus (3.177)

$$(3.180): \quad \ddot{\mathbf{X}}(t) + \Omega^2\, \mathbf{X}(t) = \mathbf{\Phi}^\mathsf{T}\mathbf{F}(t).$$

oder n einzelne Gleichungen der Form

$$(3.181): \quad \ddot{x}_i(t) + \omega_i^2\, x_i(t) = f_i(t) \quad \text{für } i = 1, 2, \dots, n$$

mit dem Lastvektor

$$(3.182): \quad f_i(t) = \mathbf{\Phi}^\mathsf{T}\mathbf{F}(t) \quad \text{für } i = 1, 2, \dots, n$$

Diese Gleichung i entspricht der Bewegungsgleichung eines Einmassenschwingers (3.4), also einem System mit einem einzigen Freiheitsgrad und einer auf 1 normierten Masse und der normierten Steifigkeit ω_i^2.

Die Anfangsbedingungen ergeben sich zu

$$(3.183): \quad x_i|_t = \Phi^T \, M \, {}^0U = 0,$$

$$(3.184): \quad \dot{x}_i|_t = \Phi^T \, M \, {}^0\dot{U} = 0.$$

Die Gleichung (3.181) ist aus Kapitel 3.1 bekannt.

Um eine vollständige Lösung, die Systemantwort, zu erhalten, müssen die Lösungen aller n Gleichungen für i = 1, 2, ..., n ermittelt werden. Die endgültigen Knotenverschiebungen erhält man dann durch das Überlagern, die sogenannte Superposition, der einzelnen Antworten jeder Mode zu

$$(3.185): \quad U(t) = \sum_{i=1}^{n} \Phi_i \, x_i(t).$$

Die Berechnung der Lösungen durch die Modale Superposition erfordert also zunächst die Bestimmung der Eigenkreisfrequenzen und der Eigenformen, dann werden die n entkoppelten Bewegungsgleichungen gelöst und schließlich die n Systemantworten superponiert. Es muss nur noch entschieden werden, wie viele Eigenkreisfrequenzen benötigt werden, um eine genügend genaue Systemantwort zu erhalten.

3.4.3.3 Berücksichtigung der Dämpfung

Die Dämpfungseffekte dürfen in der Praxis nicht immer vernachlässigt werden. Diese Effekte verringern den dynamischen Lastfaktor, der sich durch die Vergrößerungsfunktion V_1 (Bild 3.15) beschreiben lässt, und schließen die Resonanz aus.

Die Systemantworten für Moden mit einem großen Verhältnis η der Erregerfrequenz zur Eigenkreisfrequenz sind vernachlässigbar klein. Die Lasten ändern sich so schnell, dass das System nicht mehr antworten kann. Andererseits stellt sich die statische Antwort ein, wenn η nahe Null ist. Die Lasten ändern sich dann so langsam, dass ihnen das System statisch folgt.

Deshalb wird eine Systemantwort mit mehreren hohen Eigenfrequenzen immer quasistatisch sein, wenn diese weit über der höchsten Erregerfrequenz liegen.

Die Bewegungsgleichungen sind entkoppelt, wenn die Dämpfung vernachlässigt wird. Um diesen Effekt auch bei der Mitnahme des Dämpfungsterms zu erzielen, wird die Dämpfungsmatrix nicht als Matrix aus den Elementdämpfungen erstellt, wie es bei der Massen- und die Steifigkeitsmatrix üblich ist: Sie wird näherungsweise bestimmt, indem der gesamte Energieverlust in der Antwort berücksichtigt wird.

Für die Berechnung mit der Modalen Superposition ist es besonders effektiv, wenn die Dämpfung proportional der Eigenkreisfrequenz angenommen wird

$$(3.186): \quad \boldsymbol{\Phi}_i^{\mathsf{T}} \mathbf{C} \, \boldsymbol{\Phi}_i = 2 \, \omega_i \, \delta_i \, k_{ij}$$

mit dem modalen Dämpfungsmaß δ_i und dem KRONECKERsymbol k_{ij}.

Unter der Annahme, dass die Eigenvektoren $\boldsymbol{\Phi}_i$ für $i = 1, 2, \ldots n$, , ebenfalls $\mathbf{C}$-orthogonal sind, reduziert sich die Differentialgleichung wieder auf ein System von n Gleichungen

$$(3.187): \quad \ddot{x}_i(t) + 2\omega_i\delta_i\dot{x}_i(t) + \omega_i^2 x_i(t) = f_i(t).$$

Dies ist wieder die Differentialgleichung für die Bewegung eines Einmassenschwingers (3.29), deren Lösungen aus Kapitel 3.1 entwickelt wird.

Diese proportionale Dämpfungsannahme besagt, dass die gesamte Strukturdämpfung die Summe aller Einzeldämpfungen jeder Eigenform ist. Durch Messungen der Dämpfung in einer einzelnen Eigenform kann das Dämpfungsverhalten einer Gesamtstruktur näherungsweise erfasst und so einen experimentellen Vergleichswert zur dynamischen Berechnung ergeben.

3.5 Berechnungsbeispiele aus der Dynamik

3.5.1 Berechnung eines Balkens mit dynamischer Belastung

Für den skizzierten, eingespannten Balken wird eine Finite-Elemente-Berechnung zur dynamischen Analyse durchgeführt (Bild 3.45). Zu den Abmessungen und dem Elastizitätsmodul E_{Stahl} muss jetzt auch noch die Dichte ρ des Werkstoffs angegeben werden.

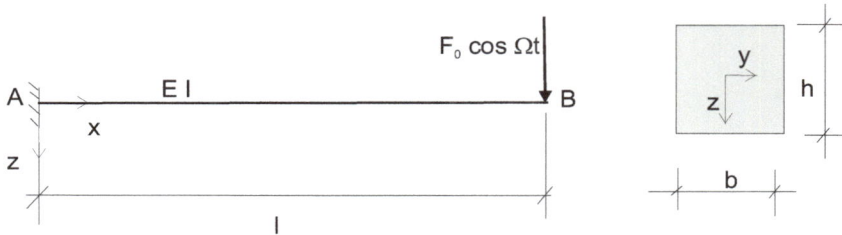

Bild 3.45 Einseitig eingespannter, massebehafteter Balken; l = 3 m; h = b = 100 mm; E_{Stahl}= 2, 1·10^6 N/mm^2; ρ = 7, 8·10^6 kg/mm^3; Kraft F_0 als Cosinusfunktion mit der Erregerfrequenz Ω = 5 Hz; Amplitude 1 N

Gesucht ist die dynamische Antwort des Balkens unter dieser Belastung.

Die Eigenformen und Eigenkreisfrequenzen aus Kapitel 3.3 werden für die Berechnung mit Hilfe der Modalen Superposition benutzt. In Bild 3.46 wird die Auslenkung des Kragarms zur Zeit t = 2 s dargestellt. Es ist deutlich sichtbar, dass die 1. Eigenform die Verformung im Wesentlichen bestimmt.

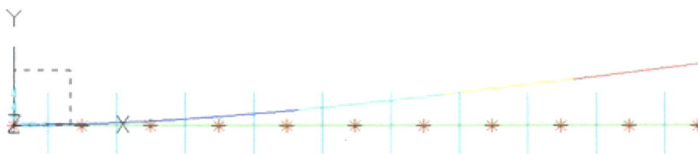

Bild 3.46 Auslenkung des Kragarms zur Zeit t = 2 s

Bild 3.47 zeigt die stark vereinfachte Belastungsfunktion über die Zeit.

In Bild 3.48 wird die Antwort des Lastangriffspunktes auf die cosinusförmige Anregung dargestellt. Der Lastangriffspunkt läuft der Bewegung der Last hinterher, die cosinusförmige Anregung ist deutlich zu erkennen.

Entsprechend könnte für jeden Elementknoten des Balkens ein Verschiebungs-Zeit-Verlauf angegeben werden.

In den meisten praktischen Berechnungen ist man an den Maximalausschlägen und den dazugehörigen Schnittkräften bzw. Spannungen interessiert.

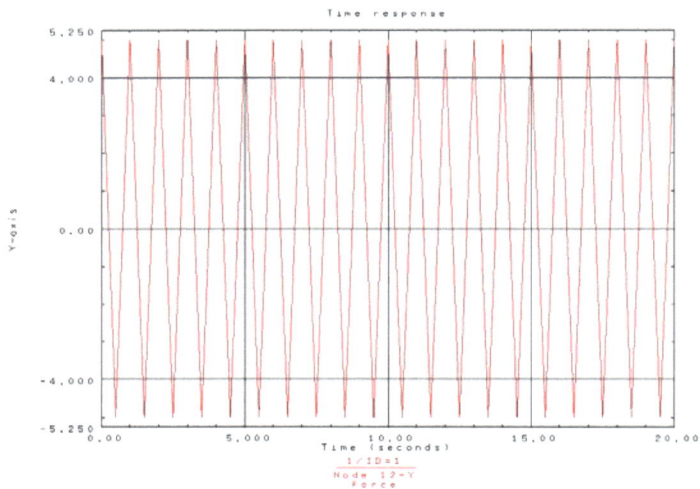

Bild 3.47 Stark vereinfacht modellierte Last-Zeit-Funktion

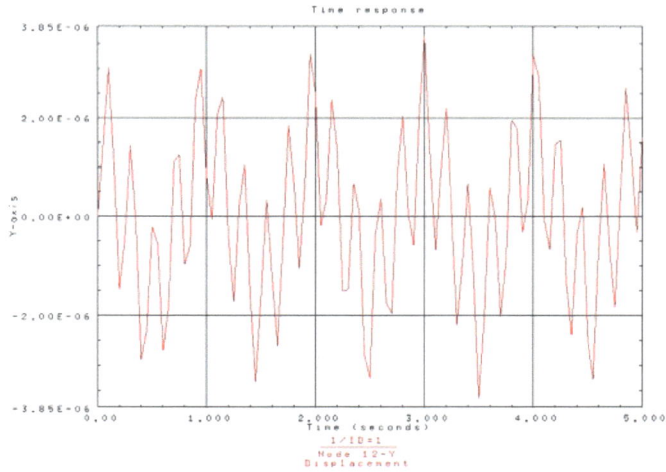

Bild 3.48 Antwort des Lastangriffspunktes auf die cosinusförmige Lasterregung

3.5.2 Berechnung eines Einmassenschwingers mit dynamischer Belastung

In Bild 3.49 ist Einmassenschwinger mit einer idealisierten Dehnfeder dargestellt. Die Ruhelage ist durch die sternförmigen Knoten definiert. Die maximale Auslenkung nach rechts ist durch die Verschiebung der Masse dargestellt.

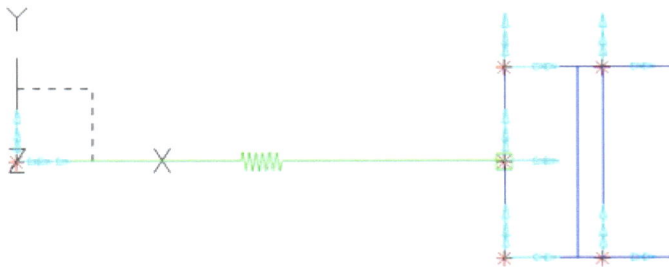

Bild 3.49 Einmassenschwinger mit einer idealisierten Dehnfeder

In Bild 3.50 wird die konstante Kraft als dynamische Belastung über die Zeit angegeben. Die Antwort des Systems ist in Bild 3.51 gezeigt. Der Knick in der Funktion, bzw. die Winkeländerung der Frequenz wird durch die Richtungsänderung der Bewegung bewirkt.

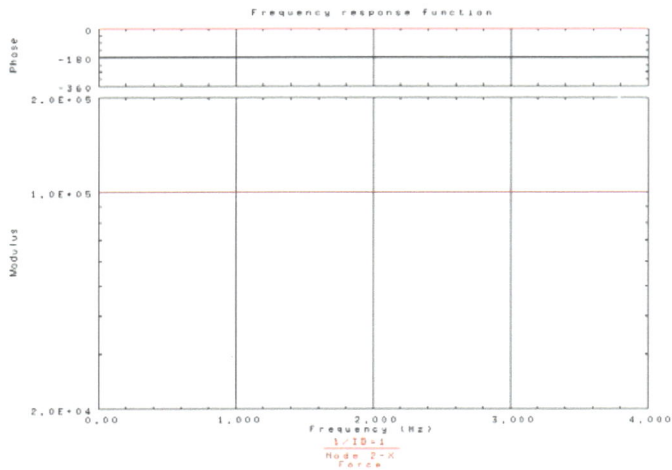

Bild 3.50 Darstellung der konstanten Kraft als dynamische Belastung

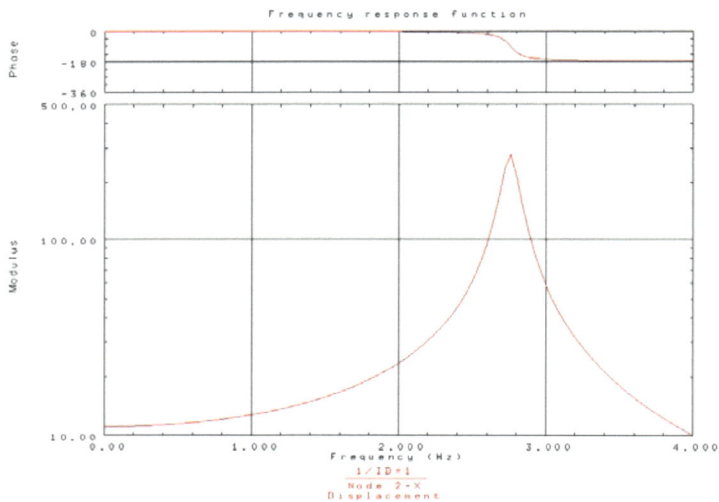

Bild 3.51 Antwort des Lastangriffspunktes über die Zeit

3.6 Ergebnisbeurteilung bei dynamischen Berechnungen

Bei dynamischen Berechnungen können sogenannte dynamische Effekte entstehen. Diese Berechnungen verhalten sich völlig anders als statische Berechnungen. Analytische Näherungslösungen liegen wegen der Komplexität der Probleme ebenfalls selten vor. Deshalb müssen hier noch konsequenter als in der Statik sorgfältige Kontrollen durchgeführt werden.

Numerische Grenzbetrachtungen

Mit numerischen Grenzbetrachtungen kann man die Ergebnisse überprüfen. Zwischen den jeweiligen Grenzen muss die tatsächliche Lösung liegen. Maßgebliche Werte, wie zum Beispiel Steifigkeiten, Kräfte, Temperaturen werden numerisch sehr klein oder sehr groß gegenüber dem Berechnungswert gesetzt und die Änderung der Ergebnisse analysiert. Dabei muss beachtet werden, dass die Werte, die bei einer analytischen Grenzbetrachtung gegen unendlich oder Null gehen, in der Numerik unbrauchbar sind, weil sie zu numerischen Instabilitäten führen. In der Numerik bedeutet sehr klein oder sehr groß wieder der Faktor 100 oder 1000.

Zum Beispiel kann man durch relativ große Dämpfungsfaktoren das Schwingverhalten auf eine statische Auslenkung reduzieren.

Gleichgewichtskontrolle

Die Gleichgewichtskontrolle muss für jede Berechnung erfolgen. Zum Beispiel müssen die Kräfte in Ersatzsystemen, die eingeführt werden, um das numerische Gleichgewicht zu halten, sehr klein gegenüber den sonstigen Kräften sein, sonst stimmt die Approximation des Systems nicht. Falls das Programm automatisch zusätzliche Randbedingungen eingeführt hat, müssen die Werte dort ebenfalls gegen Null gehen. Besser ist es allerdings, das System nach einem Probelauf korrekt zu fixieren, damit dieser Fall gar nicht auftritt.

Plausibilitätsbetrachtungen

Die Frage: "Ist das Ergebnis sinnvoll, ist es überhaupt möglich?" muss grundsätzlich bei jeder Berechnung gestellt werden. Erst die jahrelange Erfahrung ermöglicht fehlerfreie numerische Ergebnisse.

Analytische Lösungen

Immer wenn analytische Lösungen, auch Näherungslösungen mit wesentlich einfacheren Modellen (siehe Kapitel 3.3) möglich sind, sollten diese zur Kontrolle herangezogen werden.

Vergleich von Spannungen an ungestörten Stellen

Um den Vergleich an ungestörten Stellen zu ermöglichen, kann fast jedes System durch ein ganz grobes, globales Ersatzsystem für eine solche Untersuchung dargestellt werden. Wenn nötig, kann dieses System auch numerisch berechnet werden. Der Vergleich mit solchen Werten liefert manchmal wichtige Anhaltswerte, die die Diskussion der Ergebnisse komplexer Systeme verständlicher machen.

Vergleich mit Versuchsergebnissen

Wenn Versuchsergebnisse vorliegen, sollten diese unbedingt mit in die Kontrolle einbezogen werden. Fotos, Diagramme etc. liefern dazu gutes Anschauungsmaterial, was in der Realität wirklich passiert.

Durch die Analyse der Bruchstelle kann man aber häufig erkennen, welche Beanspruchung wesentlich zum Bruch beigetragen hat.

Hier können Sie eine kostenlose Strategie-Session buchen oder schreiben Sie mir, wenn Ihnen dieses Buch gefällt und Sie Anregungen oder Fragen haben.

Hier kommen Sie zum kostenlosen Bonusmaterial zum Buch.

Besuchen Sie auch meinen Blog „Selbstführung & Produktivität". Ich helfe Ihnen, bessere Ergebnisse zu erzielen.

4 GRUNDLAGEN DER NICHTLINEAREN BERECHNUNG

Die Finite-Elemente-Methode ermöglicht durch die Genauigkeit, die durch die Approximation der Struktur möglich ist, dass auch sehr komplizierte Bauteile sehr genau untersucht werden können.

Es zeigt sich aber, dass gerade bei hoch belasteten Strukturen Abweichung vom HOOKEschen Gesetz, also Nichtlinearitäten, eine wesentliche Rolle spielen. Deshalb müssen solche Ergebnisse, wenn sie nach der linearen Elastizitätstheorie gewonnen werden, hinsichtlich ihrer nichtlinearen Eigenschaften genauer untersucht werden.

Bei der linearen Finite-Elemente-Formulierung wird angenommen, dass die Verzerrungen infinitesimal klein sind, dass der Werkstoff linear elastisch ist und dass sich die Art und Richtung der Randbedingungen im Belastungsverlauf nicht verändert.

4.1 Definition der Nichtlinearitäten

Wie in der linearen Strukturberechnung gilt

$$(2.51): \quad \mathbf{f} = \mathbf{K}\,\mathbf{v},$$

dass die lineare Verschiebungsantwort $\mathbf{v}$ eine lineare Funktion des Lastvektors $\mathbf{f}$ ist.

Dies ist zum Beispiel für den Dehnstab (Bild 4.1a) der Fall. Durch die Belastung F erfährt der Stab nur kleine Verdrehungen und damit kleine Verschiebungen. Die Verzerrungen werden in diesem eindimensionalen Bauteil vernachlässigt. Wäre dies nicht der Fall, wären sie ebenfalls klein.

Die Spannungs-Dehnungsbeziehung folgt einem linearen Werkstoffgesetz (Bild 4.1b).

Wird der Lastvektor mit einem Faktor α multipliziert, werden die Verschiebungen α $\mathbf{v}$ hervorgerufen. Ist dies nicht der Fall, spricht man von einem nichtlinearen Verhalten.

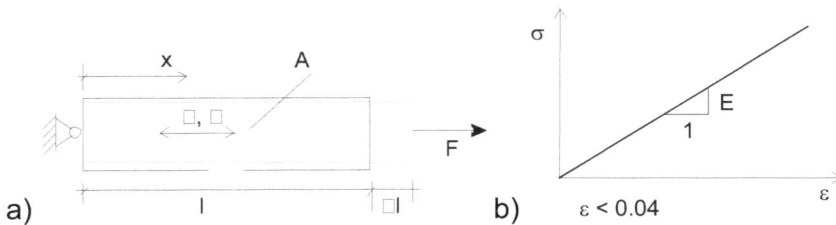

Bild 4.1 Dehnstab a) unter einer Einzellast F mit b) linearem Werkstoffgesetz

$$\sigma = \frac{F}{A}, \; \varepsilon = \frac{\sigma}{E}, \; \Delta l = \varepsilon l$$

Wenn **K** zum Beispiel von der Verschiebung abhängig ist

(4.1): $\quad \mathbf{f} = \mathbf{K}(v)\,\mathbf{v},$

liegt dieses nichtlineare Verhalten vor, das durch ein iteratives Verfahren gelöst werden kann.

Dabei geht man von einem Ausgangszustand $\mathbf{K_0}$ aus und bestimmt damit eine Lösung $\mathbf{v_i}$. Mit dieser Lösung $\mathbf{v_i}$ wird eine angepasste Matrix $\mathbf{K_i}$ bestimmt und mit dieser die Lösung $\mathbf{v_{i+1}}$ erzeugt. Diese Iteration wird so lange fortgesetzt, bis sich zwischen zwei Iterationsschritten keine oder eine hinreichend kleine Änderung ergibt.

Auch Kontaktprobleme sind nichtlineare Probleme. Sie können solange als linear angenommen werden, bis sich eine neue Randbedingung einstellt.

In Bild 4.2 ist die Änderung der Randbedingung beim Erreichen des Verschiebungswertes Δb sprunghaft. Das System wechselt von einem statisch bestimmten System beim Wert Δb in ein statisch unbestimmtes System, das sich in den mathematischen Randbedingungen völlig unterscheidet. Im statisch bestimmten System liegt je eine statische und geometrische Randbedingung vor, im statisch unbestimmten System sind es zwei geometrische Randbedingungen.

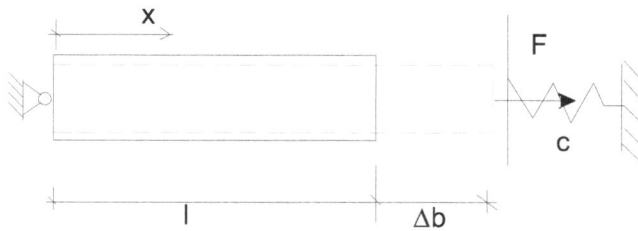

Bild 4.2 Kontaktproblem

Für nichtlineare Probleme gelten folgende Klassifizierungen. Man unterscheidet Nichtlinearität im Werkstoffgesetz und geometrische Nichtlinearitäten. Zum einen liegt ein nichtlineares Werkstoffgesetz mit einer geometrischen Linearität, zum anderen große Verschiebungen und Verdrehungen mit kleinen Winkeländerungen und schließlich mit großen Winkeländerungen vor.

4.1.1 Nichtlineares Werkstoffgesetz mit geometrischer Linearität

Der Dehnstab (Bild 4.3) erfährt durch die Einzellast F nur kleine Dehnungen und damit kleine Verschiebungen. Die Verzerrungen werden in diesem eindimensionalen Bauteil wieder vernachlässigt.

Die Spannungs-Dehnungsbeziehung folgt einem nichtlinearen Werkstoffgesetz. Hier wachsen die Spannungen nicht proportional zu den Dehnungen. In Bild 4.4 wird ein unterschiedliches, bereichsweise lineares Verhalten in zwei Bereichen angenommen, das einer Idealisierung des elasto-plastischen Verhaltens von Stahl entspricht.

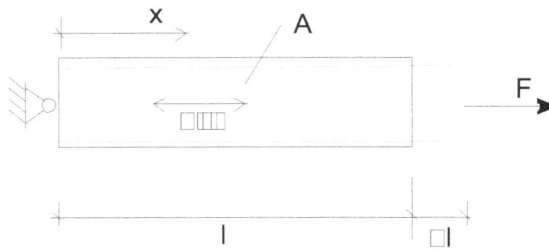

Bild 4.3 Dehnstab unter einer Einzellast F mit nichtlinearem Werkstoffgesetz

$$\sigma = \frac{F}{A}, \, \varepsilon = \frac{\sigma}{E} + \frac{(\sigma - \sigma_y)}{E_T}, \, \Delta l = \varepsilon l$$

4.1.2 Große Verschiebungen und Verdrehungen mit kleinen Winkeländerungen

Im Element (Bild 4.5) treten große Verschiebungen und Verdrehungen, aber nur kleine Winkeländerungen γ bei einem linearen oder nichtlinearen Werkstoffgesetz auf.

Die Verformungen sind so groß, dass **K** und **f** nicht mehr am unverformten System bestimmt werden können, sondern am verformten System bestimmt werden müssen (Bild 4.6).

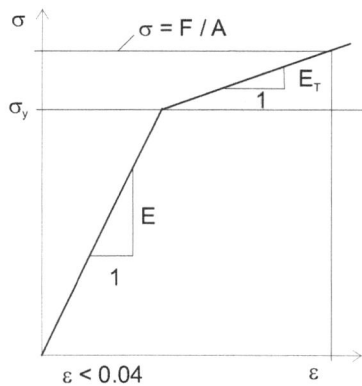

Bild 4.4 Nichtlineares Werkstoffgesetz

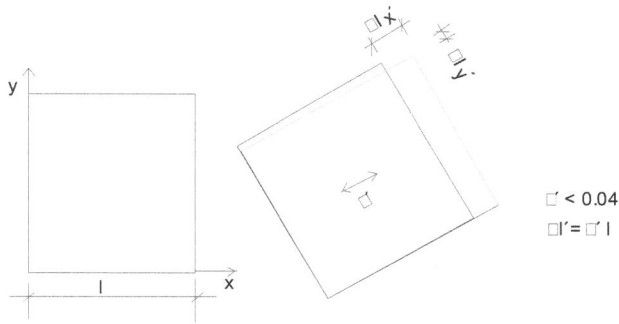

Bild 4.5 Große Verschiebungen und Verdrehungen mit kleinen Winkeländerungen γ

Dadurch werden die Normalkrafteinflüsse nun mitberücksichtigt. Diese Verformungsannahmen sind die Grundlage für die linearen Beulberechnungen.

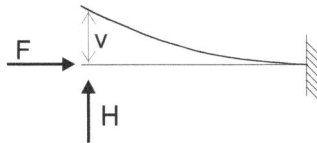

Bild 4.6 Kragarm mit vertikaler und horizontaler Belastung mit großen Verformungen v

4.1.3 Große Verschiebungen und Verdrehungen mit großen Winkeländerungen

Dies ist der allgemeinste Fall. Im Element (Bild 4.7) treten große Verschiebungen und Verdrehungen, aber auch große Winkeländerungen γ bei einem linearen oder nichtlinearen Werkstoffgesetz auf.

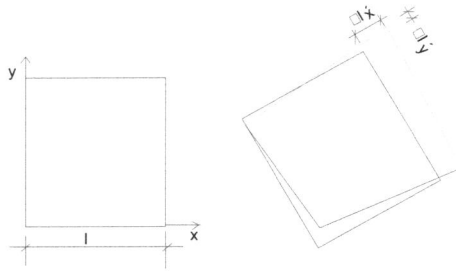

Bild 4.7 Große Verschiebungen und Verdrehungen mit großen Winkeländerungen γ

Hier können sich während der Belastung die Randbedingungen oder die Lastrichtungen verändern (Bild 4.8).

> ! Vor jeder Berechnung muss entschieden werden, zu welcher Kategorie das jeweilige Problem gehört. Daraus ergibt sich die Formulierung der notwendigen physikalischen Formulierung

Damit wird also eine physikalische Situation vorgegeben. Die Verwendung der allgemeinsten Formulierung für große Verzerrungen ist sicher immer richtig führt, allerdings auch immer zu einer sehr aufwendigen Untersuchung, die durch eine einfachere Formulierung rechnerisch effektiver sein könnte und sichere zum Ziel führt.

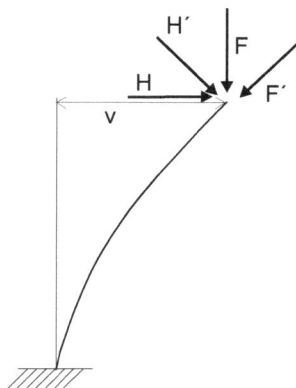

Bild 4.8 Kragarm mit vertikaler und horizontale Belastung bei großen Verformungen

Die vertikale und horizontale Belastung H, F kann sowohl ihre Richtung beibehalten, sie aber auch verändern H´, F´.

BEISPIEL

Ein Stab, der in zwei Bereiche der Länge l_1 und l_2 unterteilt ist, wirkt die Längskraft ^tF. Er ist an beiden Seiten unverschieblich gelagert. Beide Stabstücke haben den gleichen Querschnitt A (Bild 4.9).

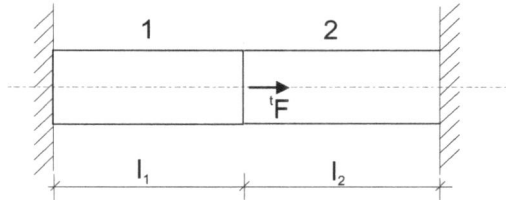

Bild 4.9 Beidseitig unverschieblich gelagerter Stab unter der Längskraft ^tF, $l_1 = 10$ cm; $l_2 = 5$ cm; $A = 1$ cm^2 /5/

Die Spannungs-Dehnungsbeziehung eines elasto-plastischen Werkstoffs ist in (Bild 4.10) mit der Fließdehnung ε_y und der Fließspannung σ_y gegeben.

Den Verlauf der Längskraft ^tF über die Zeit t liefert Bild 4.11. Sie steigt bei t= 2 s bis zu einem Maximalwert $F = 4 \cdot 10^4$ N an, sinkt dann bei t = 2.5 s auf $F = 2 \cdot 10^4$ N ab und bleibt konstant.

Der Index t steht für den jeweiligen Zeitpunkt t.

Gesucht ist unter der Annahme kleiner Verschiebungen und Verdrehungen, also geometrischer Linearität, sowie einer langsamen Belastung die axiale Verschiebung ^tu des Lastangriffspunktes.

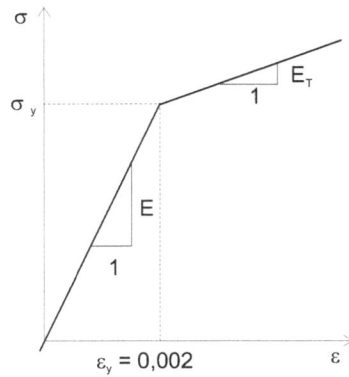

Bild 4.10 Spannungs-Dehnungsbeziehung eines elasto-plastischen Werkstoffs; E = 10^7 N/cm^2; $E_T = 10^5$ N/cm^2

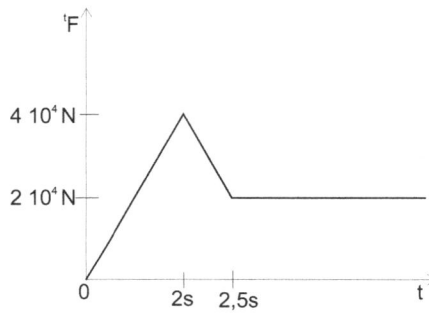

Bild 4.11 Verlauf der Längskraft ^tF über der Zeit t

Da die Last langsam aufgebracht wird und die Verschiebungen und Verzerrungen klein sind, kann die Antwort als statisch und alleine unter Berücksichtigung physikalischer Nichtlinearität berechnet werden. Im Bereich 1 und 2 lauten die Dehnungen $^t\varepsilon_1$ und $^t\varepsilon_2$

$$(4.2): \qquad ^t\varepsilon_1 = \frac{^tu}{l_1},$$

$$(4.3): \qquad ^t\varepsilon_2 = \frac{^tu}{l_2}.$$

Die Gleichgewichtsbedingung an der Übergangsstelle lautet

$$(4.4): \quad {}^t F + {}^t \sigma_2\, A = {}^t \sigma_1\, A.$$

Das Elastizitätsgesetz lautet im elastischen Bereich

$$(4.5): \quad {}^t \varepsilon = \frac{{}^t \sigma}{E},$$

im plastischen Bereich

$$(4.6): \quad {}^t \varepsilon = \varepsilon_y\, \frac{{}^t \sigma - \sigma_y}{E_T},$$

mit $\Delta\varepsilon$ bei Entlastung

$$(4.7): \quad \Delta\varepsilon = \frac{\Delta\sigma}{E}.$$

Bereich 1 und 2 sind elastisch

Zu Beginn der Belastung verhalten sich beide Bereiche elastisch. Damit erhält man aus (4.4) mit (4.5)

$$(4.8): \quad {}^t F = E\, A\, {}^t u\, \left(\frac{1}{l_1} + \frac{1}{l_2} \right).$$

Damit ergeben sich die Zahlenwerte für die axiale Verschiebung ${}^t u$

$$(4.9): \quad {}^t u = \frac{{}^t F}{3 * 10^6}$$

und die Spannungen beider Bereiche ${}^t \sigma_1$ und ${}^t \sigma_2$

$$(4.10): \quad {}^t \sigma_1 = \frac{{}^t F}{3A},$$

$$(4.11): \quad {}^t\sigma_2 = \frac{2\,{}^tF}{3A}.$$

Das Ergebnis entspricht dem der linearen Statik in Kapitel 2.

Bereich 1 ist elastisch, Bereich 2 ist plastisch

Ab einem bestimmten Zeitpunkt t^* wird im zweiten Bereich die Grenze zum nichtlinearen Bereich, der plastischen Verformung überschritten. Ab diesem Zeitpunkt gilt für Bereich 2 nach (4.10) und (4.11)

$$(4.12): \quad {}^tF = \frac{3}{2}\sigma_2\,A..$$

In Bild 4.12 werden die Spannungs-Dehnungsbeziehungen des Druckstabes im Beispiel dargestellt.

So wird die Spannung im Bereich 1 und 2

$$(4.13): \quad {}^t\sigma_1 = \frac{{}^tu}{l_1},$$

$$(4.14): \quad {}^t\sigma_2 = -E_T(\frac{{}^tu}{l_2} - \varepsilon_y) - \sigma_Y,$$

mit (4.13) und (4.14) ergibt sich für $t \geq t^*$ die Last ${}^tF$

$$(4.15): \quad {}^tF = E\,A\,\frac{{}^tu}{l_1} + E_T A(\frac{{}^tu}{l_2} - \varepsilon_y) - \sigma_Y A$$

und nach ${}^tu$ aufgelöst

$$(4.16): \quad {}^t u = \frac{\frac{{}^t F}{A} + E_T\, \varepsilon_y - \sigma_y}{\frac{E}{I_1} + \frac{E_T}{I_2}} = \frac{{}^t F}{1.02 * 10^6} - 1.9412\, 10^{-2}$$

Der Bereich 1 würde sich für ${}^t \sigma_1 = \sigma_y$ oder ${}^t F = 4{,}02\ 10^4$ N ebenfalls plastisch verformen. Die Last soll den Wert $4\ 10^4$ N jedoch nicht erreichen. Daher bleiben die Verschiebungen im Bereich 1 immer elastisch.

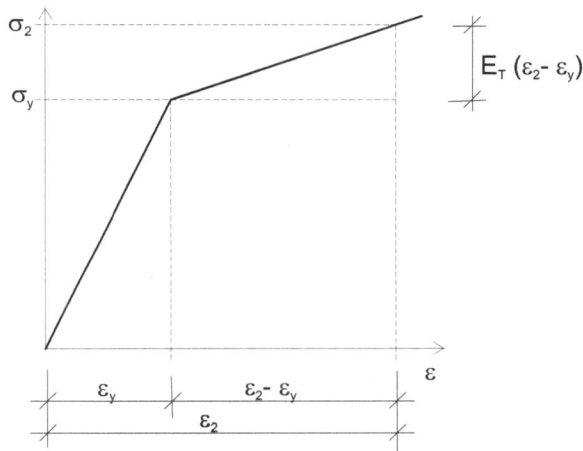

Bild 4.12 Spannungs-Dehnungsbeziehungen des Druckstabes

Bei der Entlastung reagieren beide Bereiche elastisch. Es ergibt sich eine elastische Verformung

$$(4.17): \quad \Delta u = \frac{\Delta F}{EA\left(\frac{1}{I_1} + \frac{1}{I_2}\right)} \cdot$$

Der Entlastungsverlauf der Kraft F(t) über der axialen Verschiebung u des Stabes ist in Bild 4.13 dargestellt.

BEISPIEL

Ein vorgespanntes Kabel nimmt in der Mitte zwischen seinen beiden Auflagern eine Einzelkraft ^tF auf. Unter dem Lastangriffspunkt befindet sich im Abstand w_{gap} eine Feder mit der Federsteifigkeit c (Bild 4.14).

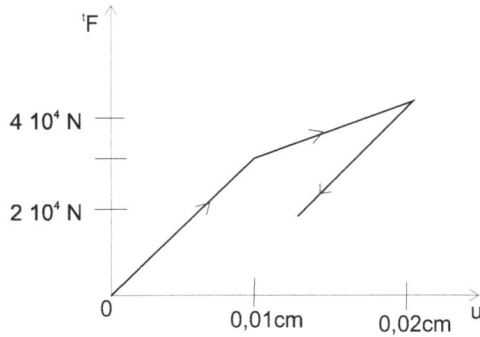

Bild 4.13 Der Entlastungsverlauf F(t) über der axialen Verschiebung u des Stabes

Es wird angenommen, dass die Verschiebungen so klein sind, dass die Seilkraft konstant bleibt.

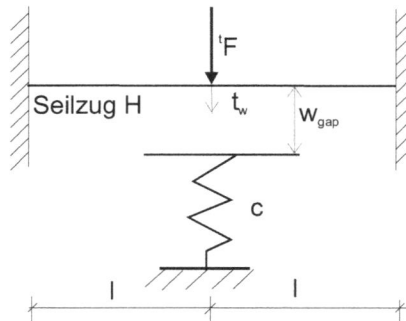

Bild 4.14 Vorgespanntes Kabel mit der Einzelkraft ^tF; l = 100 cm; H = 100 N; w_{gap} = 1 cm; c = 2 N/cm /5/

Die Last ^tF wird langsam aufgebracht und steigt linear an. Der zeitabhängige Lastverlauf ist in Bild 4.15 dargestellt.

Gesucht ist unter der Annahme kleiner Verschiebungen und Verdrehungen sowie einer langsamen Belastung die Verschiebung ^tw des Lastangriffspunktes als Funktion der Lastgröße.

Da die Last langsam aufgebracht wird und die Verschiebungen und Verzerrungen klein sind, kann die Antwort als statisch und alleine unter Berücksichtigung der physikalischen Nichtlinearität berechnet werden. Solange die Verschiebung ^tw unter der Last $^t\mathbf{F}$ kleiner bleibt als der Verschiebungswert w_{gap}, gilt in vertikaler Richtung für kleine ^tw die Gleichgewichtsbedingung

$$(4.18): \quad ^t\mathbf{F} = 2H\frac{^tw}{l}.$$

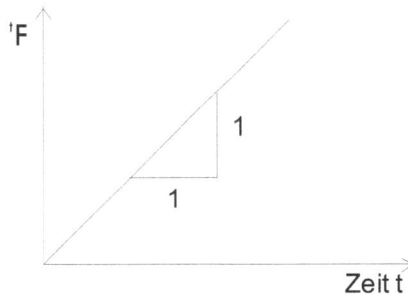

Bild 4.15 Zeitabhängiger Lastverlauf

Wenn die aktuelle Verschiebung den Wert w_{gap} erreicht und überschreitet, gilt folgende Gleichgewichtsbedingung

$$(4.19): \quad ^t\mathbf{F} = 2H\frac{^tw}{l} + c(^fw - w_{gap}),$$

die in Bild 4.17 dargestellt wird.

Bei der Berechnung der Verschiebung werden nur die Gleichgewichtsbedingungen (4.18) und (4.19) verwendet. Die Elastizität des Kabels wird vernachlässigt. Die Nichtlinearität ist daher nur eine Folge der Kontaktbedingung für $^tw \geq w_{gap}$.

In Bild 4.16 wird die so berechnete Verschiebung ^{t}w des Lastangriffspunktes als Funktion der Lastgröße dargestellt.

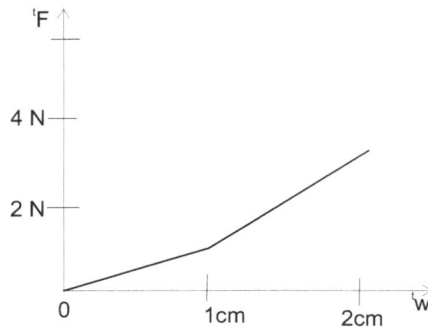

Bild 4.16 Berechnete Verschiebung ^{t}w des Lastangriffspunktes als Funktion der Lastgröße

Das Lösungsverfahren der beiden einfachen Beispiele zeigt einige wichtige allgemeingültige Gesichtspunkte. Das Grundproblem einer jeden nichtlinearen Berechnung ist die Ermittlung des Gleichgewichtszustandes eines Körpers, der den auf ihm wirkenden Lasten entspricht. Wenn die äußeren Lasten ^{t}F als Funktion der Zeit t gegeben sind, können die Gleichgewichtsbedingungen eines Systems von finiten Elementen in Matrizenschreibweise dargestellt werden

$$(4.20): \quad ^t\mathbf{F} - {}^t\mathbf{F}_i = 0.$$

Dabei ist der Vektor ^{t}F, der die äußeren Knotenkräfte zur Zeit t, und der Vektor ^{t}F$_i$, der die inneren Knotenkräfte zur Zeit t definiert, die den Elementspannungen des Systems entsprechen.

Die äußeren Lasten ^{t}F können auch als Addition verschiedener Kräfte aufgefasst werden, die sich allgemeingültig durch die Formulierung auf die Elemente ergeben,

$$(4.21): \quad ^t\mathbf{F}_i = {}^t\mathbf{F}_B + {}^t\mathbf{F}_S + {}^t\mathbf{F}_C$$

mit den auf die Elemente wirkenden Volumenkräfte $^t\mathbf{F}_B$, den auf die Elemente wirkenden Oberflächenkräfte $^t\mathbf{F}_S$ und den auf die Elemente wirkenden Einzelkräfte $^t\mathbf{F}_C$.

Damit ergeben sich die Anfangsspannungen zu

$$(4.22): \quad {}^t\mathbf{F}_i = \sum_m \int_{{}^tV^{(m)}} {}^t\mathbf{B}^{(m)T} \, {}^t\underline{\tau}^{(m)} \, {}^t dV^{(m)}.$$

Die Beziehung (4.20) muss das Gleichgewicht des Systems in der augenblicklichen, deformierten Geometrie ausdrücken, wobei alle Nichtlinearitäten berücksichtigt werden können. Der Vektor $^t\mathbf{F}$ erhält bei kinetischen Berechnungen auch Trägheits- und Dämpfungskräfte.

Die Gleichgewichtsbedingung (4.20), die die Lösung der nichtlinearen Antwort liefert, muss während der ganzen "Belastungsgeschichte" erfüllt sein. Die Zeitvariable t kann somit jeden Wert zwischen Null und der maximal interessierenden Zeit annehmen.

In statischen Berechnungen ohne weitere Zeiteffekte als die zeitlich veränderliche Definition der Lasthöhe, zum Beispiel ohne Kriecheffekte, ist die Zeit nur eine Variable, die verschiedene Lastwerte und die dazugehörigen Zustände kennzeichnet.

In kinetischen Berechnungen mit Zeiteffekten seitens des Werkstoffs ist die Zeitvariable eine wirkliche Variable, die in die Modellierung der aktuellen physikalischen Situationen mit einbezogen werden muss.

Ausgehend von diesen Betrachtungen erkennt man, dass die Verwendung der Zeitvariablen zur Beschreibung der Belastung und der Lösungsgeschichte ein sehr allgemeines Verfahren darstellt. Es entspricht die kinematische Berechnung wieder der statischen mit der Berücksichtigung von Trägheitskräften.

In vielen Untersuchungen werden nur die Spannungen und Verschiebungen für bestimmte Lastwerte oder zu bestimmten Zeitpunkten benötigt. In einigen nichtlinearen, statischen Berechnungen können diese speziellen Gleichgewichtszustände ermittelt werden, ohne dass weitere Gleichgewichtszustände untersucht werden müssen.

Wenn allerdings in der Berechnung pfadabhängige, geometrische oder physikalische Nichtlinearitäten oder zeitabhängige Phänomene eine Rolle spielen, müssen die Gleichgewichtsbedingungen (4.20) für den gesamten, interessierenden Bereich gelöst werden.

Die Antwort wird zweckmäßigerweise Schritt für Schritt mit einem Inkrementalverfahren ermittelt.

Das Inkrementalverfahren kann sich auf einen einzigen Schritt reduzieren, wenn in einer statischen, zeitunabhängigen Lösung die gesamte Last auf einmal aufgebracht und nur der Zustand berechnet wird, der dieser Last entspricht. Jedoch erfordert sogar die Berechnung eines solchen Falles aus rechentechnischen Gründen gewöhnlich eine schrittweise Lösung, bei der die gesamt wirkende Last nicht auf einmal, sondern erst mit einer Anzahl von Lastschritten erreicht wird.

Die Inkrementallösung geht von der Annahme aus, dass für einen bestimmten Zeitpunkt t die Lösung bekannt ist und für den Zeitpunkt $t + \Delta t$ gesucht wird. Wobei das Inkrement Δt ein passend gewählt kleiner Zuwachs der Zeit t ist. Gleichung (4.20) lautet zur Zeit $t + \Delta t$

$$(4.23): \quad {}^{t+\Delta t}\mathbf{F}_i - {}^{t+\Delta t}\mathbf{F}_i = 0.$$

Der Zuwachs der Knotenpunktkräfte $\mathbf{F}$ entspricht dem Zuwachs der Elementverschiebungen und -Spannungen vom Zeitpunkt t bis zum Zeitpunkt $t + \Delta t$. Dann kann man schreiben

$$(4.24): \quad {}^{t+\Delta t}\mathbf{F}_i = {}^t\mathbf{F}_i + \mathbf{F}.$$

Dieser Zuwachs $\mathbf{F}$ kann unter der Verwendung der Steifigkeitsmatrix ${}^t\mathbf{K}$ angenähert werden, die den geometrischen und materiellen Bedingungen zur Zeit t entspricht

$$(4.25): \quad \mathbf{F} = {}^t\mathbf{K}\,\mathbf{U},$$

mit dem der Vektor der inkrementellen Knotenpunktverschiebungen **U**.

Gleichung (4.25) in (4.23) und (4.24) eingesetzt, ergibt

$$(4.26): \quad {}^{t}\mathbf{K}\,\mathbf{U} = {}^{t+\Delta t}\mathbf{F}_{i} - {}^{t}\mathbf{F}_{i}.$$

Wenn man diese Gleichung nach **U** auflöst, können die Verschiebungen ${}^{t+\Delta t}\mathbf{U}$ zum Zeitpunkt $t + \Delta t$ näherungsweise berechnet werden

$$(4.27): \quad {}^{t+\Delta t}\mathbf{U} = {}^{t}\mathbf{U} + \mathbf{U}_{i}.$$

Die exakten Verschiebungen zum Zeitpunkt $t + \Delta t$ sind die Verschiebungen, die den gerade wirkenden Lasten ${}^{t+\Delta t}\mathbf{F}$ entsprechen. Mit der Gleichung (4.27) kann aber immer nur eine Näherung berechnet werden, weil (4.25) verwendet wurde.

Sobald die Verschiebungen für den Zeitpunkt $t + \Delta t$ vorliegen, können auch die Spannungen für den Zeitpunkt $t + \Delta t$ berechnet werden. Dann kann man mit dem nächsten Zeitzuwachs fortfahren.

Wegen der Näherung (4.25) kann aber eine solche Lösung signifikant falsch und je nach den verwendeten Zeit-oder Lastschritten auch instabil sein.

In der Praxis ist es deshalb häufig notwendig, so lange zu iterieren, bis man eine hinreichend genaue Lösung mit (4.23) gefunden hat.

4.2 Berechnungsbeispiele zur Nichtlinearität

BEISPIEL

Der Stab des 1. Beispiels in Kapitel 4.1 wird mit Hilfe der Finite-Elemente-Methode berechnet (Bild 4.9). Der Spannungs-Dehnungsbeziehung gilt entsprechend (Bild 4.10, bzw. Bild 4.12) und der Verlauf der Kraft über der Zeit ist in (Bild 4.11) gegeben.

Gesucht ist unter der Annahme kleiner Verschiebungen und Verdrehungen sowie einer langsamen Lastaufbringung die axiale Verschiebung ${}^{t}u$ des Lastangriffspunktes.

Festlegung der Belastungen und Berechnung der Systemantwort

Für $^t\sigma_1$ wird die Fließspannung $\sigma_y = 200\,\mathrm{N/cm^2}$ angesetzt. Damit ergibt sich die Belastung

$$(4.28): \quad {}^tF = \frac{3}{2}\,200\,\frac{\mathrm{N}}{\mathrm{mm^2}}\,100\,\mathrm{mm^2} = 30000\,\mathrm{N}.$$

Die Maximalspannung soll 5% unter der Fließgrenze bleiben, damit wird

$$(4.29): \quad {}^tF = \frac{3}{2}\,190\,\frac{\mathrm{N}}{\mathrm{mm^2}}\,100\,\mathrm{mm^2} = 28500\,\mathrm{N}.$$

Die Spannungen im Bereich 1 betragen

$$(4.30): \quad {}^t\sigma_{1,\,100\,\%} = \frac{30000}{3*100}\,\frac{\mathrm{N}}{\mathrm{mm^2}} = 100\,\frac{\mathrm{N}}{\mathrm{mm^2}},$$

$$(4.31): \quad {}^t\sigma_{1,\,95\,\%} = \frac{28500}{3*100}\,\frac{\mathrm{N}}{\mathrm{mm^2}} = 95\,\frac{\mathrm{N}}{\mathrm{mm^2}}.$$

Nach (4.9) ergeben sich aus diesen Belastungen die elastischen Verformungen

$$(4.32): \quad {}^tu_{100\,\%} = \frac{30000}{3*10^6}\,\mathrm{cm} = 0.01\,\mathrm{cm},$$

$$(4.33): \quad {}^tu_{95\,\%} = \frac{28500}{3*10^6}\,\mathrm{cm} = 0.0095\,\mathrm{cm}.$$

Nach dem Lastwechsel im elastischen Bereich wird die Kraft $^tF=40\,000\,\text{N/cm}^2$ gesteigert. Nach der Gleichung (4.16) mit $\varepsilon_y = 0.002$ und $\sigma_y = 200\,\text{N/cm}^2$ ergibt sich eine Verformung mit einem elastischen und plastischen Anteil

$$(4.34):\quad {}^tu = \frac{\dfrac{40000}{100} + 1000\cdot 0.002 - 200}{\dfrac{100000}{100} + \dfrac{1000}{50}}\,\text{mm} \approx 0.19804\,\text{mm}.$$

Die Spannung im Bereich 2 beträgt mit (4.14)

$$(4.35):\quad \sigma_2 = -1000(\frac{0.19804}{50} - 0.002)\frac{\text{N}}{\text{mm}^2} - 200\frac{\text{N}}{\text{mm}^2}$$
$$= 201.96\,\frac{\text{N}}{\text{mm}^2}.$$

Die Entlastung erfolgt vollelastisch nach (4.17)

$$(4.36):\quad {}^tu = \frac{40000}{100000\cdot 100\cdot\left(\dfrac{1}{100} + \dfrac{1}{50}\right)}\,\text{mm} \approx 0.13\,\text{mm}.$$

Der elastische Anteil der Gesamtverschiebung ist 0,19804 mm. Die Restverschiebung aus der plastischen Dehnung ist

$$(4.37):\quad 0.19804\,\text{mm} - 0.13\,\text{mm} = 0.0647\,\text{mm}.$$

Das System wird mit einem zeitabhängigen Lastwechsel beaufschlagt, der in Bild 4.17 dargestellt wird. Die Systemantwort zeigt Bild 4.18.

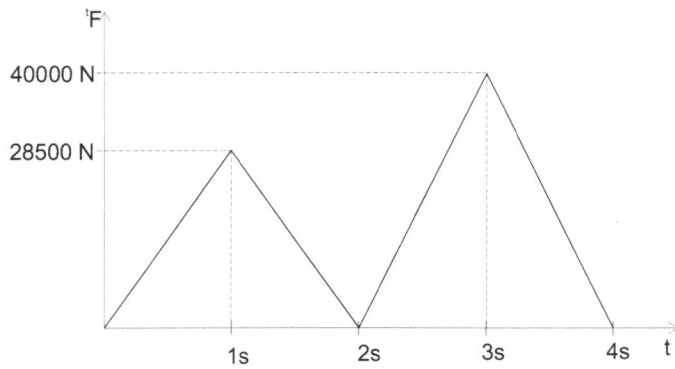

Bild 4.17 Zeitabhängiger Lastwechsel des Systems

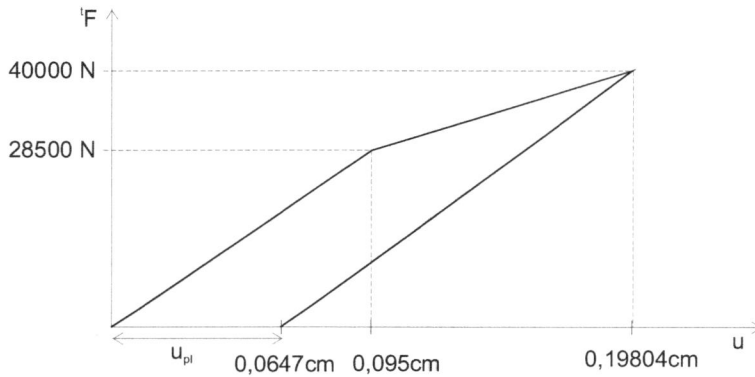

Bild 4.18 Systemantwort

Numerische Ergebnisse mit dem Programm I-DEAS

Zuerst wird der Stab mit der Last $^t F$ = 30 000 N belastet. Das Ergebnis ist in Bild 4.19 dargestellt.

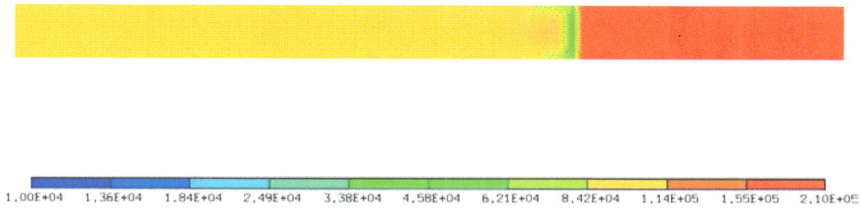

Bild 4.19 Vergleichsspannungsverlauf (VON MISES) unter der Belastung $^t F = 30\,000$ N; $\sigma_V = 4.64\,10^4 \div 2.03\,10^5$ mN/mm^2; Verschiebung $^t u = 1,\,01 \cdot 10^{-1}$ mm

Da bei dieser Belastung bereits die Fließspannung überschritten ist, wird dieser Lastfall nicht weiter betrachtet. Um im elastischen Bereich zu bleiben, wird die Last auf $^t F = 28\,500$ N herabgesetzt (Bild 4.20).

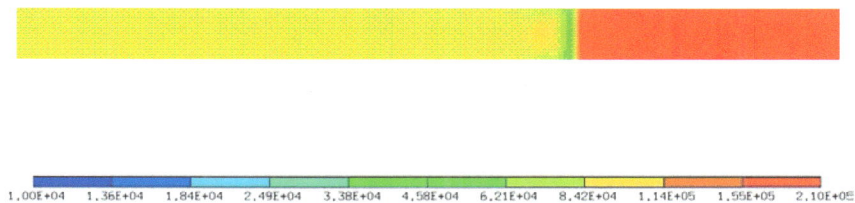

Bild 4.20 Vergleichsspannungsverlauf (VON MISES) unter der Belastung $^t F = 28\,500$ N; $\sigma_V = 4.78\,10^4 \div 1.097\,10^5$ mN/mm^2; Verschiebung $^t u = 9,\,51 \cdot 10^{-2}$ mm

BEISPIEL

An demselben Beispiel wie in Bild 4.9 werden zwei unterschiedliche, zeitlich abhängige Lastspiele betrachtet. Durch diese Untersuchung wird gezeigt, dass die Endzustände nach den beiden Lastspielen identisch sind.

1. Lastspiel: $^t F = 28500$ N/ 0 N/ $^t F = 40000$ N/ 0 N

Zuerst wird noch einmal die Zugbelastung $^t F = 28\,500$ N auf das System aufgebracht. Das Ergebnis ist in Bild 4.20 dargestellt.

Danach wird die Last auf null zurückgefahren. Das Ergebnis ist in Bild 4.21 dargestellt.

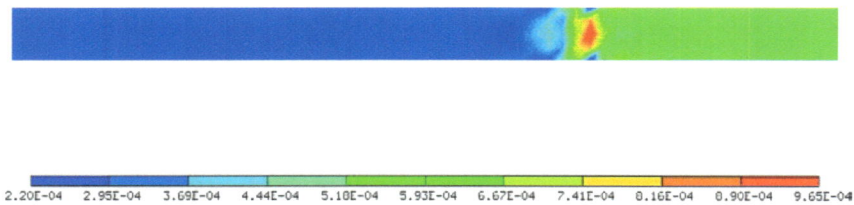

Bild 4.21 Vergleichsspannungsverlauf (VON MISES) nach der Entlastung von $^tF = 28$ 500 N; $\sigma_V = 2.2\,10^{-4} \div 9.65\,10^{-4}$ mN/mm^2; Verschiebung $^tu = 2, 98 \cdot 10^{-10}$ mm

Dann wird der Stab mit der Last $^tF = 40\ 000$ N belastet. Das Ergebnis ist in Bild 4.22 dargestellt.

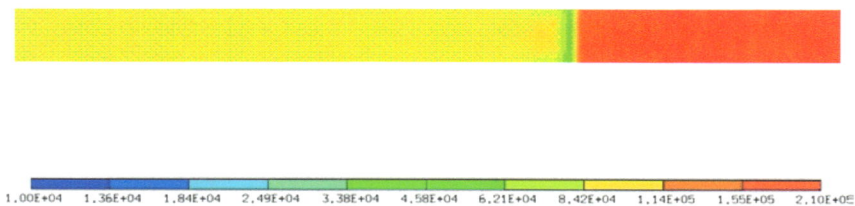

Bild 4.22 Vergleichsspannungsverlauf (VON MISES) unter der Belastung $^tF = 40\ 000$ N; $\sigma_V = 4.23\,10^4 \div 2.01\,10^5$ mN/mm^2; Verschiebung $^tu = 1, 88 \cdot 10^{-1}$ mm

Nach der Entlastung sind bleibende Spannungen und Verformungen zu erkennen (Bild 4.23).

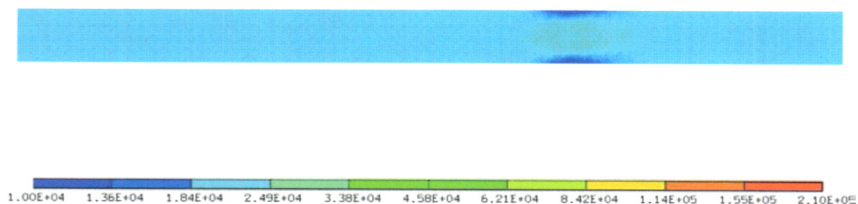

Bild 4.23 Vergleichsspannungsverlauf (VON MISES) nach der Entlastung von $^tF = 40$ 000 N; $\sigma_V = 1.09\,10^4 \div 2.41\,10^5$ mN/mm^2; Verschiebung $^tu = 2, 12 \cdot 10^{-2}$ mm

Die plastische Verformung, die durch die Belastung mit 40000 N eingetreten ist, besteht auch nach der Entlastung irreversibel (Bild 4.24).

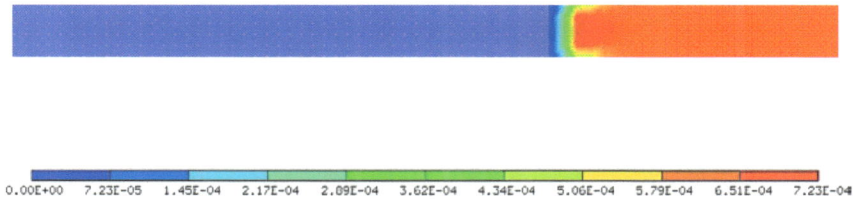

Bild 4.24 Plastische Verformung nach der Entlastung $^tu = 0 \div 7, 23 \cdot 10^{-4}$ mm

2. Lastspiel: $^tF = 40\ 000$ N/ 28 500 N/ 0 N

Die Belastung $^tF = 40\ 000$ N liefert denselben Vergleichsspannungsverlauf wie das Ergebnis in Bild 4.22. Eine weitere Belastungsminderung auf $^tF = 28\ 500$ N führt auf eine weitere Verringerung der Spannungen (Bild 4.25).

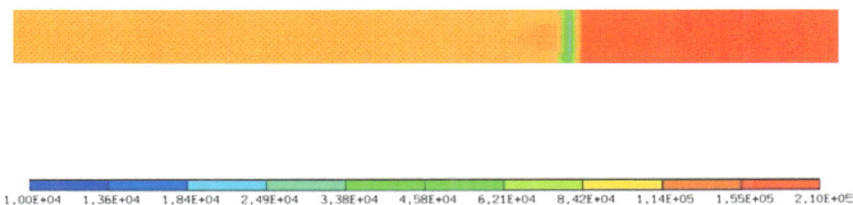

Bild 4.25 Vergleichsspannungsverlauf (VON MISES) unter der Belastungsminderung auf $^tF = 28\ 500$ N; $\sigma_V = 2.57\ 10^4 \div 1.74\ 10^5$ mN/mm^2; Verschiebung $^tu = 1, 66 \cdot 10^{-1}$ mm

Nach der Entlastung zeigt sich, dass das System wieder den gleichen Vergleichsspannungsverlauf wie in Bild 4.23 aufweist.

Die plastische Verformung, die hier bei der ersten Belastung auftritt, ist also identisch mit der des ersten Lastspiels.

Durch diese Untersuchung wird gezeigt, dass die Endzustände nach den beiden Lastspielen erwartungsgemäß identisch sind.

BEISPIEL

Ein Relaisschalter wird bezüglich seines Verhaltens aufgrund einer Einzelkraft untersucht. Es handelt sich um ein Kontaktproblem, das ein sprunghaftes nichtlineares Verhalten hat (Bild 4.26).

Unter Belastung wird sich zuerst die obere Relaiszunge durchbiegen und den Kontakt in Punkt A schließen. In diesem Moment ändern sich die Randbedingungen und die Steifigkeitsmatrix des Gesamtsystems, da nun auch noch die untere Kontaktzunge durchgebogen wird.

Schließlich wird in Punkt B der Kontakt eintreten. Wiederum tritt eine Änderung der Randbedingungen ein, da nun die untere Kontaktzunge in B aufliegt, also hier der Balken ein einwertiges Auflager besitzt.

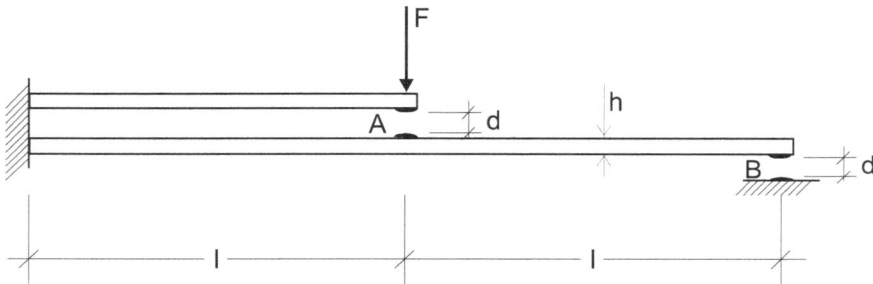

Bild 4.26 Relaisschalter unter einer Einzelkraft F; E = 200 000 mN/mm^2; l = 10 mm; h = 1 mm; d = 0,1 mm;

Zuerst wird eine analytische Berechnung durchgeführt, die zur Kontrolle der numerischen Berechnung dient.

Berechnung der Kraft F_A, die die obere Relaiszunge so verformt, dass in Punkt A gerade keine Berührung auftritt

Die Biegelinie der oberen Relaiszunge erhält man über die Integration der Gleichungen (2.106), (2.107), (2.128) und (2.131). Sie lautet

$$(4.38): \quad w_0(x) = \frac{1}{6}\frac{1}{EI_y}F_A(-x^3 + 3lx^2).$$

Die Kraft F_A, die notwendig ist, um die Auslenkung d in Punkt A zu erzeugen, wird durch die Bedingung

$$(4.39): \quad w_0(l) = d = \frac{1}{3} \frac{1}{EI_y} F_A l^3$$

beschrieben. Daraus ergibt F_A sich zu

$$(4.40): \quad F_A \leq \frac{6 E I d}{2 l^3} = \frac{0,1 \cdot 3 \cdot 200000}{12 \cdot 1000} N = 5 N.$$

Berechnung der Kraft F_B, die das Gesamtsystem so verformt, dass in Punkt B gerade keine Berührung auftritt

Der Kragbalken wird steifer, wenn in Punkt A Kontakt ist. Deshalb muss nun die Kraft F_B berechnet werden, die das Gesamtsystem so verformt, dass in Punkt B gerade keine Berührung auftritt.

Die Gesamtverschiebung am Punkt B ist die Verschiebung des Punktes A des Kragarms mit der Biegesteifigkeit 2 E I und eine Starrkörperverdrehung des zweiten Bereichs mal deren Länge. Die Kraft F_B wird nun unter der Bedingung bestimmt, dass das Kragarmende gerade keinen Kontakt hat

$$(4.41): \quad w_{ges}(2l) = d = \frac{F_B l^3}{3 \cdot 2 E I_y} + \frac{F_B l^2}{2 \cdot 2 E I_y} l.$$

Daraus ergibt F_B sich zu

$$(4.42): \quad F_B \leq \frac{12 E I d}{5 l^3} = \frac{0.1 \cdot 12 \cdot 200000}{12 \cdot 5 \, 10^3} N = 4 N.$$

Damit sind die beiden Belastungen berechnet, bei denen gerade noch kein Kontakt im Punkt A und B, bzw. Kontakt im Punkt A und kein Kontakt in Punkt B erfolgt. Das System wird nacheinander mit vier Lastfällen belastet, die unten aufgeführt sind.

Ergebnisse der numerischen Berechnung

Der Relaisschalter wird mit vier, bzw. acht Balkenelementen approximiert. In Punkt A wird ein Node to Node-Gap-Element und in Punkt B wird ein Node to Ground-Gap-Element angebracht, die jeweils den Abstand d = 0, 1 mm haben. In Bild 4.27 ist der unbelastete Relaisschalter dargestellt.

Vier Lastfälle des Relaisschalters

o Lastfall 1: F1 < 3 N; Systemverhalten: kein Kontakt in den Punkten A und B; Absenkung der oberen Relaiszunge

o Lastfall 2: F2 < 5 N = FA; Systemverhalten: Kontakt im Punkt A, kein Kontakt im Punkt B; Verformung der ober, jedoch keine Verformung der unteren Relaiszunge

o Lastfall 3: F3 ≤ 9 N = FB; Systemverhalten: Kontakt in den Punkten A und B; Verformung beider Relaiszungen

o Lastfall 4: F4 = 15 N; Systemverhalten: wie Lastfall 3, jedoch eine größere Durchbiegung der beiden Relaiszungen; dabei Begrenzung der Verformung des Kragarmendes der unteren Relaiszunge durch den Kontakt in Punkt B

Der Lastfall 1 mit F_1 < 3 N führt zu einer Verformung der oberen Relaiszunge. Es entsteht allerdings kein Kontakt in dem Gap-Element im Punkt A. Die Systemantwort ist für das vierte Balkenelement in Bild 4.28 gezeigt.

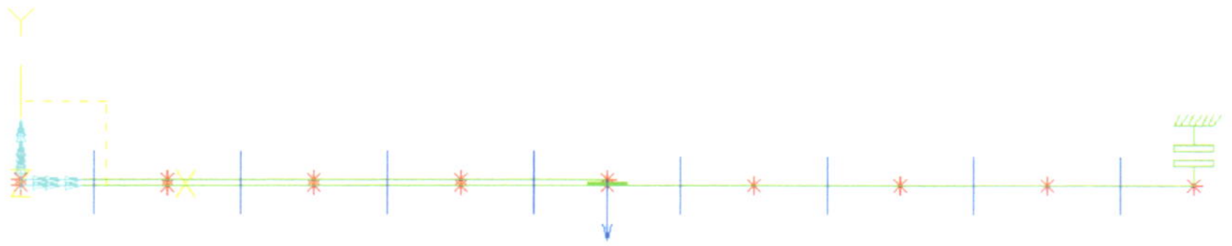

Bild 4.27 Unbelastetes Finite-Elemente-Modell mit den Gap-Elementen

Der Lastfall 2 mit $F_2 \leq 5\,\text{N}$ führt zu einer Verformung der oberen Relaiszunge. Es entsteht Kontakt im Gap-Element in Punkt A.

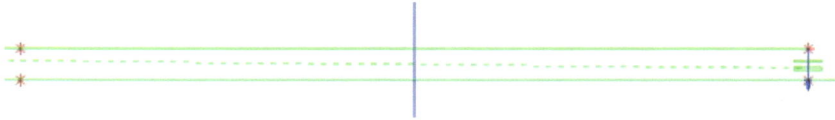

Bild 4.28 Systemantwort des Lastfalls 1 mit $F_1 < 3\,\text{N}$ für das vierte und achte Balkenelement

Der Lastfall 3 mit $F_3 \leq 9\,\text{N}$ führt zu einer Verformung beider Relaiszungen. Es entsteht Kontakt in den Gap-Elementen im Punkt A und im Punkt B. In Bild 4.29 ist der Relaisschalter in diesem Zustand gezeigt.

Der Lastfall 4 mit $F_4 = 15$ N führt zu einer Verformung beider Relaiszungen. Die Verschiebungen sind deutlich größer als bei der vorangegangenen Belastung.

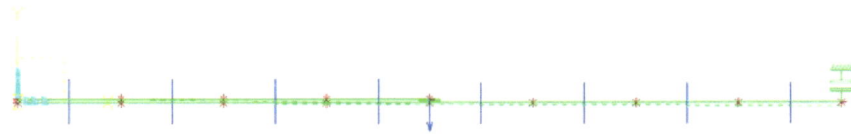

Bild 4.29 Systemantwort des Lastfalls 3 mit $F_3 \leq 9\,\text{N}$ für den Relaisschalter

BEISPIEL

Ein beidseitig eingespannter Balken wird mit der Gleichstreckenlast q_0 belastet (Bild 4.30). Der Balken besteht aus einem Werkstoff, der ein nichtlineares Verhalten aufweist. Die Spannungs-Dehnungsbeziehung ist in Bild 4.31 dargestellt.

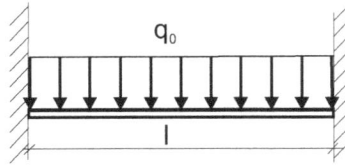

Bild 4.30 Beidseitig eingespannter Balken mit der Gleichstreckenlast q_0; $l = 1000$ mm; quadratischer Querschnitt mit h = b = 25 mm; $E_1 = 100\,000$ mN/mm^2; $\nu = 0$

Im linearen Bereich werden der Querkraftverlauf Q,

$$(4.43): \quad Q(x) = q_0(\frac{1}{2}l - x)$$

der Biegemomentenverlauf M

$$(4.44): \quad M(x) = \frac{1}{2}q_0 \, (-x^2 + x\,l - \frac{1}{6}l^2)$$

sowie die Biegelinie w

$$(4.45): \quad w(x) = \frac{1}{12}\frac{1}{EI_y}q_0 \, (\frac{1}{2}x^4 - x^3\,l + \frac{1}{2}x^2\,l^2)$$

mit Hilfe der Gleichungen (2.106), (2.107), (2.126) und (2.129) und den Randbedingungen $w(0) = w(l) = 0$ und $w^l(0) = w^l(l) = 0$ berechnet.

An den Einspannungen tritt das größte Biegemoment

$$(4.46): \quad M_{max} = \frac{1}{12}q_0\,l^2 = M_{pl}.$$

und damit die größte Spannung nach (2.135)) auf

$$(4.47): \quad \sigma_{max} = \frac{M}{I}e_{o,u} = \frac{q_0\,l^2}{b\,h^3}\frac{h}{2}.$$

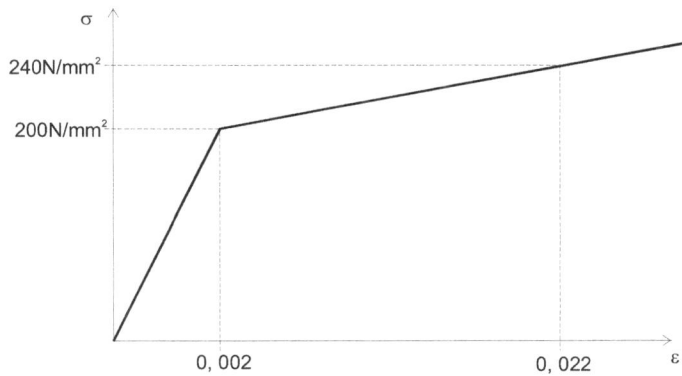

Bild 4.31 Spannungs-Dehnungsbeziehung des nichtlinearen Werkstoffs

Dort wird die Spannung des elastischen Bereiches zuerst erreicht und überschritten.

Aus (4.47) lässt sich die Gleichstreckenlast q_0 errechnen,

$$(4.48): \quad q_0 = \frac{\sigma\, b\, h^3\, 2}{l^2\, h} = \frac{200\ 25\ 25^3\ 2}{1000^2\ 25} = 6.25\,\frac{N}{mm},$$

für die gerade noch kein plastisches Moment in den beiden Einspannungen entsteht. Bei Überschreiten dieser Belastung bilden sich an beiden Stellen Fließgelenke, also plastische Gelenke aus. Das System verhält sich jetzt wie ein beidseitig gelenkig gelagerter Balken (Bild 4.32). Die plastischen Gelenke werden durch schwarze Punkte gekennzeichnet, damit sie sich von normalen Gelenken unterscheiden.

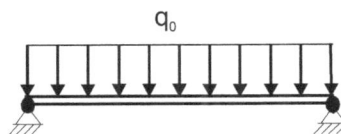

Bild 4.32 Beidseitig gelenkig gelagerter Balken nach Ausbildung der Fließgelenke an beiden Einspannungen

Eine weitere Laststeigerung Δq_0 würde schließlich zu einem weiteren plastischen Moment in Balkenmitte führen

$$(4.49): \quad M_{max} = \frac{1}{8} \Delta q_0 \, l^2 = M_{pl}.$$

Mit

$$(4.50): \quad q < q_0 + \Delta q_0 = 8.333 \, \frac{N}{mm}$$

wäre die Grenzlast des Systems erreicht. Sie darf aber nicht tatsächlich erreicht oder überschritten werden, da sich sonst in Balkenmitte ebenfalls ein plastisches Gelenk ausbilden würde, das das System zu einer kinematischen Kette machen würde. Es käme zum Versagen des Systems.

In der folgenden numerischen Berechnung wird dieser Balken mit drei Lastzyklen belastet. Der erste Lastzyklus erreicht eine Kraft $F_1 = 6000$ N, liegt also unterhalb der Maximalspannung an den Einspannungen (Bild 4.33 und Bild 4.34).

Der zweite Lastzyklus wird die Kraft auf $F_2 = 6250$ N erhöht. Die Fließspannungen werden in beiden Einspannungen erreicht (Bild 4.35 und Bild 4.36).

Durch eine weitere Laststeigerung auf $F_3 = 8000$ N wird in beiden Einspannungen ein Fließgelenk erzeugt, in Balkenmitte liegt die Spannung unterhalb der elastischen Fließgrenze (Bild 4.37 und Bild 4.38).

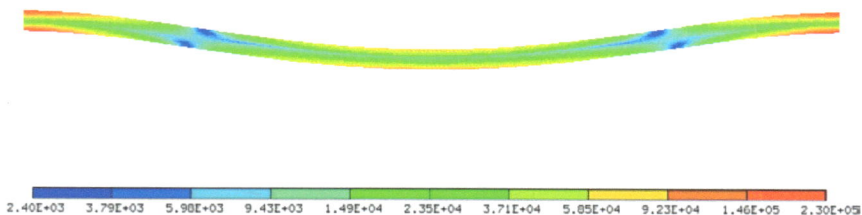

Bild 4.33 Vergleichsspannungsverlauf (VAN MISES) unter der Belastung $F_1 = 6\,000$ N; $\sigma_V = 2.44\,10^4 \div 1.92\,10^5$ mN/mm^2 ; Verschiebung w = 4, 71 mm

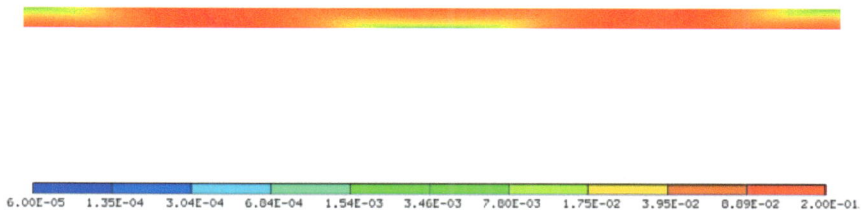

6.00E-05 1.35E-04 3.04E-04 6.84E-04 1.54E-03 3.46E-03 7.80E-03 1.75E-02 3.95E-02 8.89E-02 2.00E-01

Bild 4.34 Vergleichsspannungsverlauf (VAN MISES) nach der Entlastung von $F_1 = 6$ 000 N; $\sigma_V = 1.96\,10^{-3} \div 1.30\,10^{-1}\,\text{mN}/\text{mm}^2$; Verschiebung w = 2, 33·10^{-6} mm

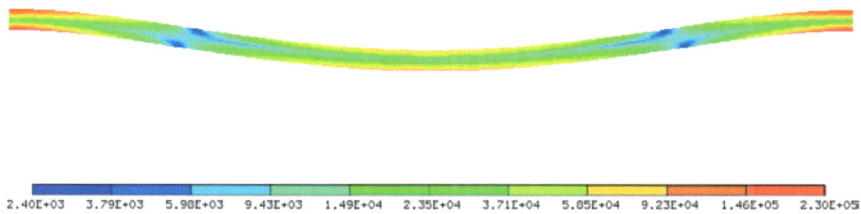

2.40E+03 3.79E+03 5.98E+03 9.43E+03 1.49E+04 2.35E+04 3.71E+04 5.85E+04 9.23E+04 1.46E+05 2.30E+05

Bild 4.35 Vergleichsspannungsverlauf (VAN MISES) unter der Belastung $F_2 = 6\ 250$ N; $\sigma_V = 2.50\,10^3 \div 2.00\,10^5\,\text{mN}/\text{mm}^2$; Verschiebung w = 4, 89 mm

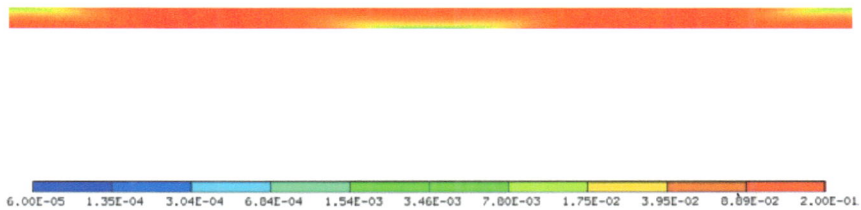

6.00E-05 1.35E-04 3.04E-04 6.84E-04 1.54E-03 3.46E-03 7.80E-03 1.75E-02 3.95E-02 8.89E-02 2.00E-01

Bild 4.36 Vergleichsspannungsverlauf (VAN MISES) nach der Entlastung von $F_2 = 6$ 250 N; $\sigma_V = 5.95\,10^{-4} \div 1.85\,10^{-1}\,\text{mN}/\text{mm}^2$; Verschiebung w = 3, 44 10^{-6} mm

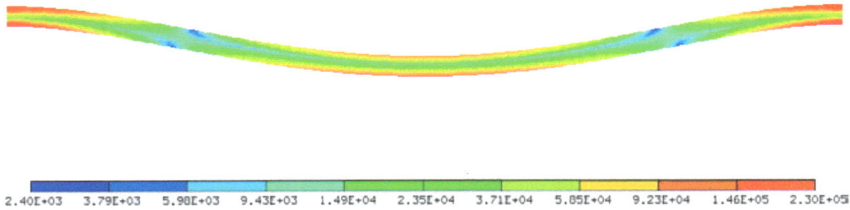

2.40E+03 3.79E+03 5.98E+03 9.43E+03 1.49E+04 2.35E+04 3.71E+04 5.85E+04 9.23E+04 1.46E+05 2.30E+05

Bild 4.37 Vergleichsspannungsverlauf (VAN MISES) unter der Belastung F_3 = 8 000 N; $\sigma_V = 3.10\,10^3 \div 2.22\,10^5$ **mN/mm^2; Verschiebung w = 6, 22 mm**

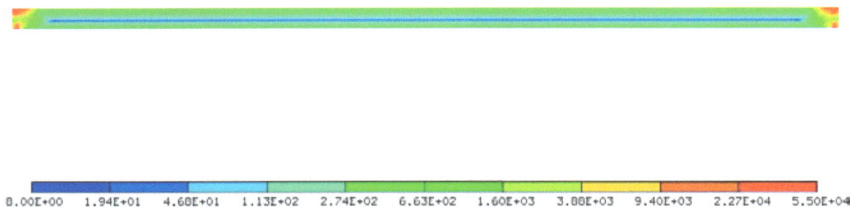

8.00E+00 1.94E+01 4.68E+01 1.13E+02 2.74E+02 6.63E+02 1.60E+03 3.88E+03 9.40E+03 2.27E+04 5.50E+04

Bild 4.38 Vergleichsspannungsverlauf (VAN MISES) nach der Entlastung von F_3 = 8 000 N; $\sigma_V = 0.81\,10^2 \div 5.5\,10^4$ **mN/mm^2; Verschiebung w = 5, 54·10^{-2} mm**

BEISPIEL

Eine Blattfeder aus Stahl ist beidseitig eingespannt und wird durch eine aufge-prägte Verformung $\Delta y = -10$ mm belastet (Bild 4.39).

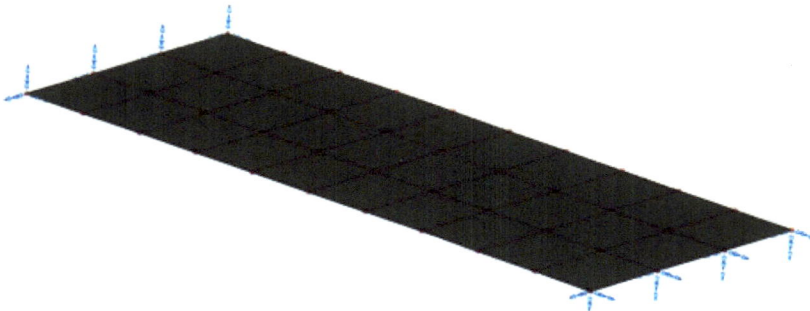

Bild 4.39 Approximation der Blattfeder

Die Verformungen und Spannungen der Blattfeder werden mit Hilfe einer linearen und einer nichtlinearen Berechnung untersucht.

Die lineare Berechnung erzeugt nur Biegespannungen in der Feder (Bild 4.40). Die Spannungen sind am rechten und linken Rand gleich groß, mit entgegengesetztem Vorzeichen. Diese gegenseitige Verschiebung der Federkanten erzeugt als Reaktionskräfte reine Querkräfte (Bild 4.42).

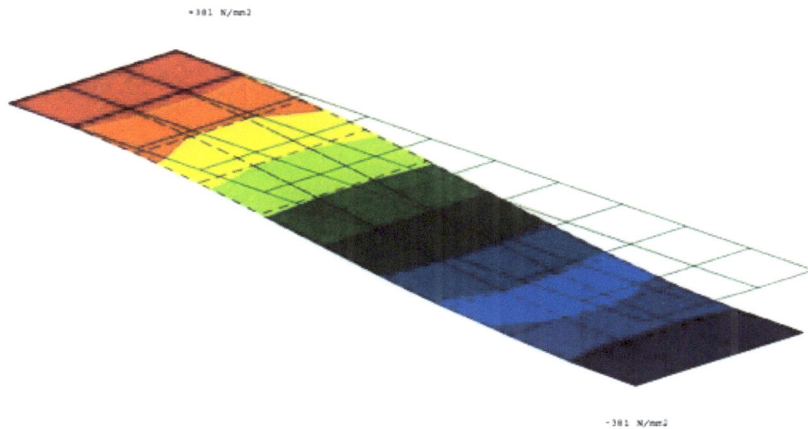

Bild 4.40 Verformter Spannungsverlauf der Blattfeder nach einer linearen Berechnung

Die nichtlineare Berechnung erzeugt sowohl Biege-als auch Zugspannungen in der Feder (Bild 4.42). Diese Zugspannungen entstehen durch die Verlängerung der Feder, um diesen vorgegebenen Verformungszustand zu erreichen. Dies realistisch ist, da es sich um eine große Verformung handelt.

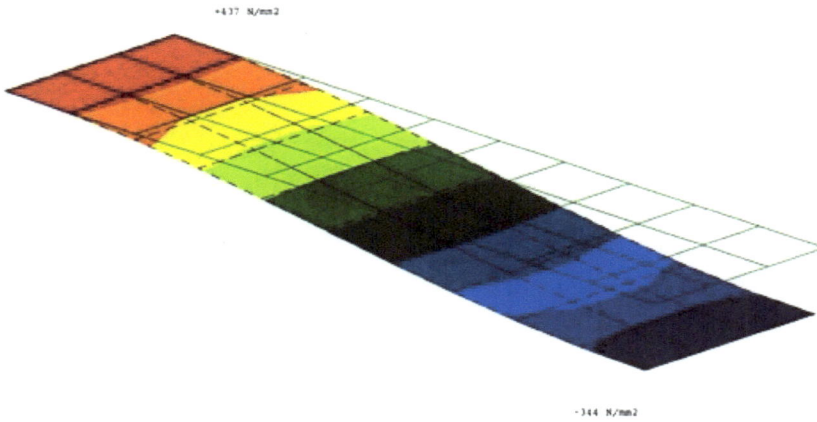

Bild 4.41 Verformter Spannungsverlauf der Blattfeder nach einer nichtlinearen Berechnung

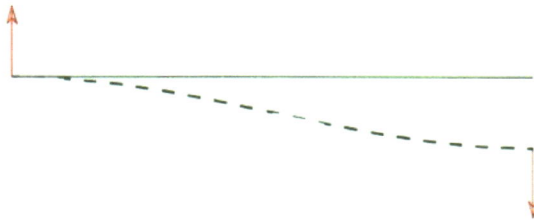

Bild 4.42 Verformungen der Blattfeder nach einer linearen Berechnung; Reaktionskraft 1, $57 \cdot 10^6 \div 7, 53 \cdot 10^6$ mN

Die Zugnormalspannungen überlagern sich am linken Lager zu größeren Normalspannungen, am rechten Auflager werden sie geringer. Diese gegenseitige Verschiebung der Federkanten erzeugt als Reaktionskräfte im wesentlichen Zugkräfte in der Feder (Bild 4.43).

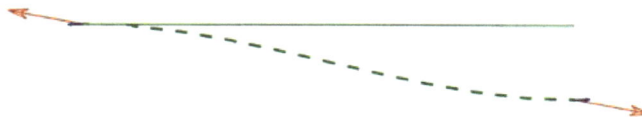

Bild 4.43 Verformungen der Blattfeder nach einer nichtlinearen Berechnung; Reaktionskraft 2, $86 \cdot 10^7 \div 4, 74 \cdot 10^7$ mN

4.3 Einige praktische Überlegungen

In den vorherigen Kapiteln wird immer wieder angesprochen, dass nur dann eine hinreichende Lösung des Finiten-Elemente-Problems gegeben ist, wenn das betrachtete Problem ausreichend verstanden wird und das Verfahren der Finiten-Elemente "richtig" angewendet wird.

Diese Variablen können aber erst gewählt werden, wenn man das gesamte zu berechnende Problem richtig interpretiert hat. Das heißt, dass es auf die Erfahrung des Anwenders ankommt und dass erst einige Vorberechnungen durchzuführen sind, falls es sich nicht um ein nichtlineares Routineproblem handelt, ehe man ein voll geeignetes Finite-Elemente-Modell aufstellen kann.

> **!** Unabhängigen Kontrollen sind besonders bei der nichtlinearen Berechnung unabdingbar.
>
> Diese Bemerkung trifft noch mehr auf die nichtlineare als die lineare Berechnung zu. Hier müssen einige Lösungsvariablen mit Ingenieurverstand gewählt werden, die sonst bei einer falschen Annahme zu völlig falschen Ergebnissen führen. Dies betrifft die nichtlinearen kinematischen Formulierungen, die Werkstoffmodelle und die inkrementellen Lösungsstrategien.

> **!** Nach einer goldenen Regel /5/ geht einer nichtlinearen Berechnung eines Problems eine lineare Berechnung voraus.

Dann kann die nichtlineare Berechnung als eine Ausweitung der Berechnung über die linearen Annahmen hinaus angesehen werden. Auf dieser Grundlage kann man dann eher voraussagen, welche Nichtlinearitäten von Bedeutung sind und wie sie am besten zu erfassen sind. Solche Ergebnisse zeigen, in welchen Bereichen geometrische Nichtlinearitäten bedeutsam sein können und wo der Werkstoff eventuell seine Elastizitätsgrenze überschreitet.

BEISPIEL

Eine lineare Berechnung führt zu örtlichen Überschreitungen der Elastizitätsgrenze in einem begrenzten Bereich.

Um die örtlichen Überschreitungen zu verlagern, kann für diesen begrenzten Bereich der Elastizitätsmodul iterativ abgemindert werden. Die benachbarten Bereiche tragen für den überlasteten Bereich mit im Sinne des Traglastverfahrens.

Die Elemente mit abgemindertem Elastizitätsmodul werden überprüft, ob sie noch entsprechend Last aufnehmen und die Überlast an den benachbarten Bereich abgeben. Dazu werden auch die Verformungen überprüft.

Schon in einer linearen Berechnung muss die gewählte Finite-Elemente-Idealisierung auf ihre Brauchbarkeit getestet werden.

> **!**
> Da eine nichtlineare Berechnung wesentlich aufwendiger als eine entsprechende lineare ist, ist es wichtig, dass man eine kosteneffektive Finite-Elemente-Idealisierung findet, bevor man die nichtlineare Berechnung beginnt.

Ein häufig gemachter Fehler bei einer nichtlinearen Berechnung ist, dass sofort mit einer großen Anzahl von Elementen begonnen wird und die allgemeinste verfügbare nichtlineare Formulierung zur Modellierung des Problems gewählt wird. Das führt für die Auswertung zu sehr langen Rechenzeiten mit erdrückend vielen Informationen, die nicht voll aufgenommen und interpretiert werden können.

Wenn dazu noch signifikante Modellierungs- oder Programmeingabefehler gemacht werden, wird man im Verlauf der Berechnung aufgeben, ohne brauchbare Ergebnisse vorweisen zu können. Auch ist es dann meist nicht einmal mehr möglich, den noch notwendigen Aufwand abzuschätzen, der für die Berechnung brauchbarer Ergebnisse notwendig wäre.

> **!**
> Ganz wichtig ist, dass man den ganzen zuvor beschriebenen Weg einer nichtlinearen Berechnung nicht auf einmal geht. Stattdessen sollte immer der erste Berechnungsschritt einer Finite-Elemente-Berechnung ein Modell

> mit möglichst wenigen Elementen, aber allen wichtigen, charakteristischen Eigenschaften des Problems sein.

Nachdem zuerst verschiedene lineare Vorbereitungen durchgeführt werden, die einen Einblick in das betrachtete Problem und das Verhalten des Systems liefern, sollte man die Nichtlinearitäten in die Berechnung mit einbeziehen. Aber möglichst nicht alle auf einmal. Dadurch können die nichtlinearen Formulierungen und Werkstoffmodelle besser kontrolliert werden.

Nachdem die Auswirkungen der zuerst berücksichtigten Nichtlinearitäten untersucht worden, kann entschieden werden, ob weitere Nichtlinearitäten in die Berechnung einbezogen werden müssen. Dazu werden weitere, kinematisch nichtlineare Formulierungen und Werkstoffmodelle eingefügt.

Das Ziel einer nichtlinearen Berechnung ist in vielen Fällen die Bestimmung der größten Last, die eine Struktur sicher tragen kann, bevor sie instabil wird oder versagt. Das Versagen einer Struktur beginnt meist dann, wenn die Verschiebung für eine kleine Lastzunahme stark anwächst, also die Gesamtsteifigkeit sehr klein.

FEEDBACK

Danke für eine positive Bewertung

Wenn Ihnen das Buch gefallen hat, schicken Sie mir bitte eine positive Bewertung bei Amazon Kindle.

Anmerkungen, Fragen oder Kritik

Hier können Sie mir Ihre Anmerkungen, Fragen oder Kritik zum Buch „Computed Aided Engineering" schicken.

Im Google-Formular können Sie mir direkt schreiben und eine Strategie-Session können sie hier buchen.

LITERATUR

/1/ Argyris, J., Mlejnek, H. P.: Dynamics of Structures: Second World Conference Proceedings, 1990); 1991

/2/ Adam, J.: Festigkeitslehre und FEM-Anwendungen. Heidelberg: Hüthig 1996

/3/ Baran, N. M.: Finite Element Analysis on Microcomputers. 1991

/4/ Bathe, K.-J.: Finite-Elemente-Methoden. Heidelberg, Berlin: Springer 2001

/5/ Bathe, K.-J.: Finite Element Procedures in Engineering Analysis, 1982

/6/ Braess, D.: Finite Elemente. Heidelberg, Berlin: Springer 1992

/7/ Dankert, J.: Numerische Methoden der Mechanik. Heidelberg, Berlin: Springer 1989

/8/ Deutsches Institut für Normung: DIN 18 800 Teil 1 bis 4. Berlin: Beuth 1990

/9/ EUROCODE 3 (draft) given as DINV ENV 1993 1-1: Stahlbau, Allgemeine Bemessungsregeln, Bemessung für den Hochbau. Berlin: Beuth 1993

/10/ Hahn, H. G.: Methode der finiten Elemente in der Festigkeitslehre. Wiesbaden: Aula 1982

Hahn, M., Reck, M.; Kompaktkurs Finite Elemente für Einsteiger: Theorie und Beispiele zur Approximation linearer Feldprobleme; Springer Vieweg; 2018

/11/ Hsg.: Buck, K., E., Scharpf, D. W., Wunderlich, W.: Finite Elemente in der Statik. Berlin, München, Düsseldorf: Wilhelm Ernst & Sohn 1973

/12/ Kämmel, G., Franeck, H., Recke, H. G.: Einführung in die Methoden der finiten Elemente. Leipzig: VEB Fachbuchverlag 1990

/13/ Knothe, K., Wessels, H.: Finite Elemente. Heidelberg, Berlin: Springer 1992

/16/ Kunow, A.: Kunow, Technische Mechanik I-III, Grundlagen und vollständig gerechnete Übungsaufgaben, BoD

/17/ Link, M.: Finite Elemente in der Statik und Dynamik. Stuttgart: Teubner 2002

/18/ Müller, G., Rehfeld, I., Katheder, W.: FEM für Praktiker. Esslingen: Expert 1993

/19/ Müller, G.: Finite Elemente. Heidelberg: Hüthig 1989

/20/ Nasitta, K., Hagel, H.: Finite Elemente. Heidelberg, Berlin: Springer 1992

/21/ Schwarz, H. R.: Methode der Finiten Elemente. Stuttgart Teubner 1989

/22/ Steinke, P.: Finite-Elemente-Methode. Bielefeld: Cornelsen 2007

/23/ Szabó, I.: Höhere Technische Mechanik. Heidelberg, Berlin: Springer 1984

/24/ Zienkiewicz, O. C.: The Finite Element Method. 2013

/25/ Zienkiewicz, O. C.: Methode der Finiten Elemente. München: Hauser 1987

/26/ Zienkiewicz, O. C.: Introductory Lectures on the Finite Element Method. Wien, New York: Springer 1982

SACHWÖRTERVERZEICHNIS

LISTE DER WARENZEICHEN

I – DEAS ist ein Produkt der SDRC, Milford, Ohio U. S. A.

TPS10 ist ein Produkt der TSE -GmbH, Reutlingen

ANHANG: LISTE DER LINKS

Kostenlose Strategie-Session http://bit.ly/2FBysxb

Kontakt https://www.kisp.de/kontakt

Blog „Selbstführung & Produktivität" https://www.kisp.de/blog

Google-Formular https://forms.gle/ZeTxjiKyupg41GvP6

Bonusmaterial zum Buch https://www.kisp.de/ocn4

ÜBER DIE AUTORIN

Prof. Dr. Annette Kunow lehrt nach mehrjähriger Industrietätigkeit seit 1988 an der Hochschule Bochum im Fachbereich Mechatronik und Maschinenbau.

Sie bietet u. a. Seminare und Vorlesungen zur Numerischen Dynamik, Höheren Mechanik und CAE an.

Zudem ist sie Gründerin und Geschäftsführerin der Firma KISP Prof. Kunow + Partner GbR.

Annette Kunow ist Autorin mehrerer Bücher.

Technische Mechanik Statik

Die Technische Mechanik ist eine Kernkompetenz eines jeden Ingenieurs. Ohne diese Kenntnisse können die physikalischen Eigenschaften von Systemen nicht erfasst werden.

Was Sie in diesem Buch lernen werden

- o Mathematische Grundlagen

- o Arbeitsbegriff der Statik

- o Gleichgewicht

- o Schnitt- und Reaktionskräfte

- o Haftung und Reibung

- o Raumstatik

Technische Mechanik Statik Übungen

Die Technische Mechanik ist eine Kernkompetenz eines jeden Ingenieurs. Ohne diese Kenntnisse können die physikalischen Eigenschaften von Systemen nicht erfasst werden.

Vollständig und mit möglichen Lösungsvarianten gelöste Übungsaufgaben

Was Sie in diesem Buch lernen werden

- o   Mathematische Grundlagen
- o   Arbeitsbegriff der Statik
- o   Gleichgewicht
- o   Schnitt- und Reaktionskräfte
- o   Haftung und Reibung
- o   Raumstatik

Technische Mechanik Elastostatik

Die Technische Mechanik ist eine Kernkompetenz eines jeden Ingenieurs. Ohne diese Kenntnisse können die physikalischen Eigenschaften von Systemen nicht erfasst werden.

Was Sie in diesem Buch lernen werden

- o Deformationen

- o Elastizitätsgesetz

- o Spannungen

- o Spannungszustände

- o Statische Bestimmtheit

- o Arbeitsbegriff der Elastostatik

Technische Mechanik Elastostatik Übungen

Die Technische Mechanik ist eine Kernkompetenz eines jeden Ingenieurs. Ohne diese Kenntnisse können die physikalischen Eigenschaften von Systemen nicht erfasst werden.

Vollständig und mit möglichen Lösungsvarianten gelöste Übungsaufgaben

Was Sie in diesem Buch lernen werden

- Deformationen
- Elastizitätsgesetz
- Spannungen
- Spannungszustände
- Statische Bestimmtheit
- Arbeitsbegriff der Elastostatik

Technische Mechanik Dynamik

Die Technische Mechanik ist eine Kernkompetenz eines jeden Ingenieurs. Ohne diese Kenntnisse können die physikalischen Eigenschaften von Systemen nicht erfasst werden.

Was Sie in diesem Buch lernen werden

- o   Kinematik

- o   Kinetik des Massenpunktes

- o   Kinetik des Massenpunktsystems

- o   Kinetik des Starrkörpers

- o   Ebene Bewegung

- o   Schwingungen

Technische Mechanik Dynamik Übungen

Die Technische Mechanik ist eine Kernkompetenz eines jeden Ingenieurs. Ohne diese Kenntnisse können die physikalischen Eigenschaften von Systemen nicht erfasst werden.

Vollständig und mit möglichen Lösungsvarianten gelöste Übungsaufgaben

Was Sie in diesem Buch lernen werden

- o   Kinematik
- o   Kinetik des Massenpunktes
- o   Kinetik des Massenpunktsystems
- o   Kinetik des Starrkörpers
- o   Ebene Bewegung
- o   Schwingungen

Finite-Elemente-Methode (CAE)

Anwendungen und Lösungen

Die Finite-Elemente-Methode (CAE) ist heute in den Konstruktions- und Entwicklungsbereichen der Industrie nicht mehr wegzudenken. Die heute übliche automatische Vernetzung kann ohne das Grundlagenwissen zu gravierenden Fehlern führen.

Was Sie in diesem Buch lernen werden

- Grundbegriffe und Gesamtsteifigkeit

- Flächen- und Volumenelemente

- Vernetzungsregeln

- Versuche

- Dynamische Berechnungen

- Nichtlinearität

Numerische Dynamik

Grundlagen-Modellbildung-Anwendungen

Die Numerische Dynamik ist ein bedeutender Bestandteil im Engineering. Sie vermittelt die physikalischen Zusammenhänge, um Konstruktionen unter bewegten Belastungen zu dimensionieren.

Was Sie in diesem Buch lernen werden

o   Grundbegriffe

o   Einmassensystem

o   Zweimassensystem

o   Mehrmassensystem oder Kontinuum

o   Numerische Lösung der NEWTON-EULER-Gleichung

o   Berechnungsbeispiele

Numerische Dynamik Übungen

Grundlagen-Modellbildung-Anwendungen

Die Numerische Dynamik ist ein bedeutender Bestandteil im Engineering. Sie vermittelt die physikalischen Zusammenhänge, um Konstruktionen unter bewegten Belastungen zu dimensionieren.

Übungen mit vollständigen Lösungen.

Was Sie in diesem Buch lernen werden

o   Einmassensystem

o   Zweimassensystem

o   Mehrmassensystem oder Kontinuum

www.ingramcontent.com/pod-product-compliance
Lightning Source LLC
Chambersburg PA
CBHW041725210326
41598CB00008B/776